新型芬顿催化材料的设计合成与高级氧化性能

于 岩 庄赞勇 著

科学出版社

北 京

内 容 简 介

本书系统介绍了芬顿氧化催化技术的起源、发展、应用现状等。针对芬顿催化法在实际应用时存在的瓶颈(反应需在酸性环境下进行、需要外加大量双氧水作为氧化助剂、产生大量铁淤泥造成二次污染等问题),从新型催化材料的设计、合成入手,主要介绍了层状氢氧化物芬顿催化材料、普鲁士蓝类芬顿催化材料、核壳结构类普鲁士蓝类芬顿催化材料、铜族 MOFs 芬顿催化材料等热点材料的合成、改性及对苯酚、双酚 A 等持久性有机污染物的高级氧化特性,探究了可在中性环境下起效,无需氧化助剂的新型芬顿催化材料的结构、特性及废水净化机制。主体内容创新性显著。

本书可供从事材料、环境、化学、化工等相关领域的科研和工程技术人员参考,也可作为相关学科的研究生和高年级本科生的教学参考书。

图书在版编目(CIP)数据

新型芬顿催化材料的设计合成与高级氧化性能／于岩,庄赞勇著. —北京:科学出版社,2022.4
ISBN 978-7-03-071798-6

Ⅰ. ①新… Ⅱ. ①于… ②庄… Ⅲ. ①催化剂-研究 Ⅳ. ①O643.36

中国版本图书馆 CIP 数据核字(2022)第 039653 号

责任编辑:李明楠 孙静惠 / 责任校对:杜子昂
责任印制:吴兆东 / 封面设计:蓝正设计

科 学 出 版 社 出版
北京东黄城根北街 16 号
邮政编码:100717
http://www.sciencep.com

北京虎彩文化传播有限公司 印刷
科学出版社发行 各地新华书店经销
*
2022 年 4 月第 一 版 开本:720×1000 B5
2024 年 1 月第二次印刷 印张:12 3/4
字数:257 000
定价:138.00 元
(如有印装质量问题,我社负责调换)

前 言

　　水在人类生活中扮演着举足轻重的角色，水安全关系着社会的可持续发展。如今，地球的生态环境面临巨大挑战，水污染形势更加严峻。我国水资源极其短缺，人均水资源占有率只有世界平均水平的 1/4。随着社会的发展和人民生活水平的快速提高，我国有限的水资源面临着污染持续加重的压力，解决水污染问题迫在眉睫。

　　本书系统介绍了芬顿催化氧化技术的起源、发展、应用现状等。芬顿催化氧化法的实质是二价铁离子(Fe^{2+})和双氧水之间的链反应催化生成羟基自由基，其具有较强的氧化能力，氧化电位仅次于氟，高达 2.80 V。另外，羟基自由基具有很高的电负性或亲电性，其电子亲和能高达 569.3 kJ，具有很强的加成反应特性，因而可无选择氧化水中的大多数有机物，特别适用于生物难降解或一般化学氧化难以奏效的有机废水的氧化处理。芬顿催化氧化法是现有废水净化技术中实用化程度最高的方法。

　　但据统计，我国的现有废水能够实现深度氧化的不足 3%，这是因为芬顿催化法在实际应用时存在瓶颈，主要表现在：反应需在强酸性环境下进行，以及需要外加大量双氧水作为氧化助剂，大大增加了废水处理的成本和工艺复杂程度，并产生大量铁淤泥，造成二次污染。针对这些关键应用瓶颈，本书从新型催化材料的设计、合成入手，主要介绍了四种新型芬顿催化材料：层状氢氧化物芬顿催化材料、普鲁士蓝类芬顿催化材料、核壳结构类普鲁士蓝类芬顿催化材料和铜族 MOFs 芬顿催化材料的设计、合成、改性及对苯酚、双酚 A 等持久性有机污染物的高级氧化特性，在国内外首次提出了利用催化材料本身的成分和特性与水体中的 H^+ 原位合成并高效分解双氧水的新理念，且进行了材料设计、表征和性能测试，系统探究了可在中性环境下起效，无需氧化助剂的新型芬顿催化材料的结构、特性及废水净化机制。主体内容创新性显著。

　　本书的核心内容是福州大学于岩教授和庄赞勇副教授多年以来的研究成果。

感谢著者的多名学生参与了撰写素材的整理工作。同时，对书中所参考的文献资料的中外作者致以崇高的敬意和衷心的感谢！

受著者水平限制，本书难免会存在疏漏，敬请各位专家和读者批评指正。

著 者

2022 年 2 月

目　录

前言

第1章　芬顿高级催化氧化技术概述 ··· 1

1.1　水环境中的持久性有机污染物 ··· 1

1.1.1　持久性有机污染物的来源及危害 ··· 1

1.1.2　持久性有机污染物的处理技术 ··· 5

1.2　高级氧化技术 ·· 8

1.2.1　高级氧化技术概述 ··· 8

1.2.2　芬顿与类芬顿技术 ··· 9

1.2.3　过硫酸盐高级氧化技术 ··· 13

参考文献 ··· 17

第2章　芬顿催化材料概述 ··· 24

2.1　芬顿催化材料的现状 ··· 24

2.1.1　铁基非均相芬顿催化材料研究现状 ······································· 25

2.1.2　非均相芬顿催化载体材料研究现状 ······································· 29

2.2　新型芬顿催化材料的设计与合成 ·· 32

2.2.1　新型铁基非均相芬顿催化材料设计与合成 ···························· 32

2.2.2　新型单原子非均相芬顿催化材料的合成 ······························· 34

参考文献 ··· 34

第3章　层状氢氧化物芬顿催化材料的合成与高级氧化性能 ···················· 41

3.1　层状氢氧化物及其衍生物概述 ··· 41

3.1.1　层状氢氧化物的结构及性质 ··· 41

3.1.2　层状氢氧化物的制备方法 ·· 43

3.1.3　层状氢氧化物及其衍生物的催化性能 ··································· 45

3.1.4　本章主要内容及意义 ··· 46

3.2　过渡金属层状氢氧化物的合成及表征 ·· 47

3.2.1　镁铝层状氢氧化物的合成及表征 ··· 47

3.2.2　氧化铜修饰镁铝层状氢氧化物的合成及表征 ························· 47

3.2.3　实验原料与设备 ··· 48

3.3　氧化铜修饰镁铝双金属氧化物的制备与表征 ················ 49
　　3.3.1　氧化铜修饰镁铝双金属氧化物的制备 ················ 49
　　3.3.2　氧化铜修饰镁铝双金属氧化物的表征 ················ 49
3.4　高级氧化性能实验 ·· 54
　　3.4.1　实验方法 ··· 55
　　3.4.2　性能测试 ··· 56
　　3.4.3　高级氧化性能对比分析 ······························ 56
　　3.4.4　高级氧化性能影响因素分析 ·························· 57
3.5　氧化铜修饰镁铝双金属氧化物的氧化机理 ················· 59
　　3.5.1　X 射线衍射分析 ····································· 59
　　3.5.2　扫描电镜分析 ······································· 59
　　3.5.3　X 射线光电子能谱分析 ······························ 60
　　3.5.4　氧化机理分析 ······································· 61
3.6　氧化铜修饰镁铝双金属氧化物的循环性能与活化 ··········· 64
　　3.6.1　氧化铜修饰镁铝双金属氧化物材料的循环性能 ········· 64
　　3.6.2　氧化铜-镁铝层状芬顿催化材料的活化 ················ 64
3.7　本章小结 ··· 65
参考文献 ·· 67
第 4 章　普鲁士蓝类芬顿催化材料的合成与高级氧化性能 ········ 71
4.1　MOFs 材料概述 ·· 71
　　4.1.1　类普鲁士蓝简介及研究现状 ·························· 72
　　4.1.2　类普鲁士蓝的制备方法 ······························ 73
　　4.1.3　类普鲁士蓝的尺寸和形貌控制 ························ 74
　　4.1.4　类普鲁士蓝的应用 ·································· 77
　　4.1.5　本章主要内容及意义 ·································· 79
4.2　实验部分 ··· 79
　　4.2.1　"Z" 型氧化物的合成及表征 ·························· 79
　　4.2.2　锰铁钴类普鲁士蓝的合成及表征 ······················ 80
　　4.2.3　实验路线 ··· 80
　　4.2.4　实验试剂及仪器设备 ·································· 81
　　4.2.5　材料表征方法 ······································· 82
4.3　"Z" 型氧化物芬顿催化材料的合成与高级氧化性能 ········· 83
　　4.3.1　样品的合成 ··· 83
　　4.3.2　样品的表征分析 ····································· 84
　　4.3.3　材料的高级氧化性能 ·································· 87

4.4 锰铁钴类普鲁士蓝芬顿催化材料的合成与高级氧化性能 94
4.4.1 锰铁钴类普鲁士蓝的制备以及腐蚀 94
4.4.2 样品的表征分析 95
4.4.3 新型芬顿催化材料的高级氧化性能 99
4.5 本章小结 102
参考文献 103
第5章 类普鲁士蓝类芬顿催化材料的合成与高级氧化性能 109
5.1 类普鲁士蓝材料及衍生物概述 109
5.1.1 核壳结构类普鲁士蓝及衍生物的合成 109
5.1.2 中空结构类普鲁士蓝及衍生物的合成 110
5.1.3 类普鲁士蓝及衍生物的应用 117
5.1.4 本章主要内容及意义 122
5.2 实验部分 124
5.2.1 实验试剂及仪器设备 124
5.2.2 材料表征方法 126
5.2.3 实验所需溶液的配制 127
5.2.4 性能测试 127
5.3 类普鲁士蓝类芬顿催化材料的制备、表征与高级氧化性能 128
5.3.1 核壳结构类普鲁士蓝及衍生氧化物的制备 128
5.3.2 中空结构类普鲁士蓝及衍生氧化物的制备 129
5.3.3 类普鲁士蓝类芬顿催化材料的形貌调控与形成机制 129
5.3.4 类普鲁士蓝类芬顿催化材料的表征 133
5.3.5 类普鲁士蓝类芬顿催化材料的高级氧化性能 135
5.4 本章小结 138
参考文献 139
第6章 MOFs芬顿催化材料的合成与高级氧化性能 148
6.1 MOFs及其衍生物合成方法和应用 148
6.1.1 中空多壳层结构MOFs 148
6.1.2 中空结构MOFs 148
6.1.3 核壳结构MOFs衍生物 149
6.1.4 不同孔道结构MOFs材料 150
6.1.5 其他MOFs衍生物 151
6.1.6 MOFs材料衍生物的应用 155
6.1.7 本章主要内容及意义 158
6.2 实验部分 160

6.2.1　实验试剂及仪器设备 ·· 160
6.2.2　材料主要表征方法 ·· 161
6.2.3　溶液配制及自由基检测 ·· 164
6.3　铜族 MOFs 芬顿催化材料的制备、表征与高级氧化性能 ············ 165
6.3.1　块状 $Cu_3(BTC)_2$ 的制备 ·· 166
6.3.2　低维 $Cu_2O/Cu_3(BTC)_2$ 的制备 ······························ 166
6.3.3　Cu_2O 芬顿催化材料的制备 ····································· 166
6.3.4　低维 $Cu_2O/Cu_3(BTC)_2$ 的形貌分析及表征 ···················· 167
6.3.5　CuO_x 的形貌分析及表征 ·· 174
6.3.6　CuO_x 样品的高级氧化性能 ····································· 177
6.3.7　本节小结 ·· 181
6.4　中空结构铜族 MOFs 芬顿催化材料的制备、表征与高级氧化性能 ··· 182
6.4.1　块体 $Cu_3(BTC)_2$ 的制备 ······································· 182
6.4.2　中空结构 $Cu_3(BTC)_2$ 的制备 ··································· 183
6.4.3　中空结构 $Cu_3(BTC)_2$ 样品的形貌分析及表征 ··················· 183
6.4.4　中空结构 $Cu_3(BTC)_2$ 样品煅烧后的表征及分析 ················ 188
6.4.5　中空结构 CuO_x 样品的高级氧化性能 ··························· 189
6.4.6　本节小结 ·· 189
6.5　本章小结 ·· 190
参考文献 ··· 191

第1章 芬顿高级催化氧化技术概述

1.1 水环境中的持久性有机污染物

持久性有机污染物(POPs)指人类合成的能持久存在于环境中、通过食物链(网)累积，并对人类健康造成有害影响的化学物质[1]。它具备四种特性：高毒性、持久性、生物积累性、远距离迁移性，而对位于生物链顶端的人类来说，这些毒性比最初放大了七万倍以上。

1.1.1 持久性有机污染物的来源及危害

1. 持久性有机污染物的来源

1) 国际 POPs 公约首批持久性有机污染物种类

国际 POPs 公约首批持久性有机污染物分为有机氯杀虫剂、工业化学品和生产中的副产物三类[2-4]。

第一类——有机氯杀虫剂。①艾氏剂(aldrin)：施于土壤中，用于清除白蚁、蚱蜢、南瓜十二星叶甲和其他昆虫。1949 年开始生产，已被 72 个国家禁止，10 个国家限制。②氯丹(chlordane)：控制白蚁和火蚁，作为广谱杀虫剂用于各种作物和居民区草坪中，1945 年开始生产，已被 57 个国家禁止，17 个国家限制。③滴滴涕(DDT)：用作农药杀虫剂，用于防治蚊蝇传播的疾病，1942 年开始生产，已被 65 个国家禁止，26 个国家限制。④狄氏剂(dieldrin)：用来控制白蚁、纺织品害虫，防治热带蚊蝇传播疾病，部分用于农业，产生于 1948 年，被 67 个国家禁止，9 个国家限制。⑤异狄氏剂(endrin)：喷洒棉花和谷物等作物叶片的杀虫剂，也用于控制啮齿动物，1951 年开始生产，已被 67 个国家禁止，9 个国家限制。⑥七氯(heptachlor)：用来杀灭火蚁、白蚁、蚱蜢、作物病虫害以及传播疾病的蚊蝇等带菌媒介，1948 年开始生产，已被 59 个国家禁止，11 个国家限制。⑦六氯苯(HCB)：首先用于处理种子，是粮食作物的杀真菌剂，已被 59 个国家禁止，9 个国家限制。⑧灭蚁灵(mirex)：用于杀灭火蚁、白蚁以及其他蚂蚁，已被 52 个国家禁止，10 个国家限制。⑨毒杀芬(toxaphene)：棉花、谷类、水果、坚果和蔬菜杀虫剂，1948 年开始生产，已被 57 个国家禁止，12 个国家限制。

第二类——工业化学品。包括多氯联苯(PCBs)和六氯苯(HCB)。①PCBs：用于电器设备如变压器、电容器、充液高压电缆和荧光照明整流器以及油漆和塑料中，是一种热交流介质。②HCB：化工生产的中间体。

第三类——生产中的副产物。二噁英[3,4]和呋喃，其来源：①不完全燃烧与热解，包括城市垃圾、医疗废弃物、木材及废家具的焚烧，汽车尾气，有色金属生产、铸造和炼焦、发电、水泥、石灰、砖、陶瓷、玻璃等工业及释放 PCBs 的事故。②含氯化合物的使用，如氯酚、PCBs、氯代苯醚类农药和菌螨酚。③氯碱工业。④纸浆漂白。⑤食品污染，食物链的生物富集、纸包装材料的迁移和意外事故引起食品污染。国际对 POPs 的控制：禁止和限制生产、使用、进出口、人为源排放，管理好含有 POPs 废弃物和存货。

2) 地区公约中的 POPs 名单

1998 年 6 月在丹麦奥胡斯召开的泛欧环境部长会议上，美国、加拿大和欧洲 32 个国家正式签署了《关于长距离越境空气污染公约》(LRTAP)框架下的持久性有机污染物协议书。该协议书规定，禁止或削减 POPs 物质的排放并禁止和逐步淘汰某些含有 POPs 产品的生产。该协议书中所提出的受控 POPs 共 16 种(类)，除了联合国环境规划署(UNEP)中提出的 12 种物质(上文中的三大类)之外，还包括：六溴联苯、林丹、多环芳烃和开蓬(十氯酮)。

3) 新 POPs 名单

事实上，符合 POPs 定义的化学物质还远远不止上面所提到的 12 种或 16 种，一些机构和非政府组织已相继提出了关于新 POPs 的建议，2009 年，在日内瓦的《关于持久性有机污染物的斯德哥尔摩公约》(以下简称《斯德哥尔摩公约》)第四次缔约方大会（COP4）上，各国达成共识，同意将 9 种严重危害人类健康与自然环境的新 POPs 增列入《斯德哥尔摩公约》。至此，列入禁止生产和使用名单的 POPs 数量增加到 21 种，这些新增物质包括：三种杀虫剂副产物（α-六氯环己烷、β-六氯环己烷、林丹）、三种阻燃剂（六溴联苯醚和七溴联苯醚、四溴联苯醚和五溴联苯醚、六溴联苯）、十氯酮、五氯苯以及 PFOS 类物质（全氟辛磺酸、全氟辛磺酸盐和全氟辛基磺酰氟）。其中α-六氯环己烷、β-六氯环己烷、六溴联苯醚和七溴联苯醚、四溴联苯醚和五溴联苯醚、十氯酮、六溴联苯、林丹、五氯苯将被列入《斯德哥尔摩公约》附录 A。2016 年 7 月 2 日，第十二届全国人民代表大会常务委员会第二十一次会议审议批准《〈关于持久性有机污染物的斯德哥尔摩公约〉新增列六溴环十二烷修正案》。

另外一些被学术界或非政府组织提名的新 POPs 物质包括：毒死蜱、阿特拉津和 PFOs 类。

2. 持久性有机污染物的危害

1) 对环境和生态系统的危害

POPs 可通过食物链传播与累积, 对动物和人类造成潜在的危害。研究表明, 持久性有机污染物影响鸟类和海洋哺乳动物的生殖能力, 如有机氯(OCs)杀虫剂特别是 DDE(DDT 的一种代谢产物)可影响食肉鸟蛋壳厚度。北海东南港口的海豹、波罗的海的鹰和北美五大湖的食鱼鸟等捕食 POPs 污染的鱼类后, 生殖能力降低, 数量减少。波罗的海和荷兰瓦登海的海豹、加拿大圣劳伦斯湾海上航道的白鲸表现出生殖功能受损, 这种现象主要与该地区多氯联苯的污染有关。事实上, 在某一地区种类繁多的 POPs 同时存在并在生物群落中累积, 对生态系统造成的危害和影响很难说明是由哪一种或哪一类化学物质造成的。POPs 及其代谢物或几类化学物质对动物及人类生殖能力的影响往往具有协同作用。POPs 由于具有干扰人类及野生动物的内分泌系统的作用, 被称为环境内分泌干扰化学物质或环境雌激素。许多 POPs 是已知和可疑致癌物, 如多环芳烃和二噁英(PCDD/Fs)等。PCDD/Fs 的健康影响研究属重大研究课题, 美国环保局和欧洲政府机构用于二噁英的研究经费已超过 10 亿美元。现代毒理学研究认为, 这些化合物的有害影响是通过芳基烃受体(AhR)介导基因表达或加成作用, 改变激酶活性, 改变蛋白质功能而起作用。一般通过国际毒性当量因子(I-TEF)和环境介质中的浓度数据来确定暴露组织目标生物体中的总毒性当量($\sum$ TEQ)(表 1-1)。据近期报道, POPs 的影响已扩大到高级食肉动物的免疫系统, 进一步证明了其对人类的致病可疑性和对动物行为模式的影响。

表 1-1　有毒二噁英(2,3,7,8-取代的 PCDD/Fs)的国际毒性当量因子

PCDD	I-TEF	PCDF[①]	I-TEF
2,3,7,8-TCDD	1.0	2,3,7,8-TCDF	0.1
1,2,3,7,8-P_5CDD	0.5	2,3,4,7,8-P_5CDF	0.5
1,2,3,4,7,8-H_6CDD	0.1	1,2,3,7,8-P_5CDF	0.05
1,2,3,6,7,8-H_6CDD	0.1	1,2,3,4,7,8-H_6CDF	0.1
1,2,3,7,8,9-H_6CDD	0.1	1,2,3,7,8,9-H_6CDF	0.1
1,2,3,4,6,7,8-H_7CDD	0.01	1,2,3,6,7,8-H_6CDF	0.1
OCDD	0.001	2,3,4,6,7,8-H_6CDF	0.1
		1,2,3,4,6,7,8-H_7CDF	0.01
		OCDF	0.001

2) 持久性有机污染物(POPs)对人类健康的危害

目前已知, 大气、土壤、水体及沉积物等多类环境介质均会受到 POPs 不同

---

① PCDF 表示多氯二苯并呋喃。

程度的污染。POPs 在环境中滞留时间长，可通过大气、水或食物链传播，具有极强的生物蓄积性，进而可以对人体产生多种负面影响，如致癌、内分泌紊乱、生殖发育障碍、神经系统损伤、心血管疾病等。环境 POPs 的人体暴露途径主要包括：①从空气吸入挥发性或颗粒性 POPs；②从污染饮用水中摄入 POPs；③食用来源于 POPs 污染区域的农牧产品或水产品；④皮肤暴露接触 POPs。长期以来，POPs 的环境暴露与人体健康效应受到广泛关注，全球科研工作者开展了大量研究证实其潜在的健康风险与危害。

(1) 致癌性。恶性肿瘤是严重威胁我国居民健康的一大类疾病。国家癌症中心发布的《2019 全国癌症报告》显示：近 10 多年来，我国恶性肿瘤发病率每年保持约 3.9%的增幅，癌症负担呈持续上升态势，城乡恶性肿瘤发病水平差距逐渐缩小，这与人口老龄化、工业化和城镇化、生活方式、环境污染等因素紧密相关。据估计，全球约 16%的癌症死亡与环境风险因素有关[5]。其中，环境 POPs 暴露与乳腺癌、前列腺癌、结直肠癌、甲状腺癌等多种癌症的风险增加有关[6]。

(2) 内分泌紊乱。绝大部分 POPs 属于内分泌干扰物，可作用于多类激素受体，进而干扰体内激素稳态[7]。相关研究表明，POPs 与甲状腺激素稳态失衡及胰岛素抵抗之间存在显著关联，并可通过干扰物质和能量代谢过程、影响体脂分布等途径[8]，增加甲状腺疾病[9]、肥胖[10]、糖尿病[11]和代谢综合征[12]等发生的风险。

(3) 生育发育障碍。POPs 可通过扰乱性激素水平，进而引起生殖系统发育受阻和生殖功能过早衰退。相关研究发现，POPs 暴露与促卵泡激素、促黄体生成素、总睾酮的升高[13]，以及雌二醇和抗米勒管激素(AMH)的下降存在显著关联[14]；并可导致女性原发性卵巢功能不全[15]、卵巢早衰[16]，以及男性睾丸发育不全综合征等问题[17]。此外，POPs 还可以通过胎盘从母体传递给后代，进而导致婴儿不良出生结局，如早产和低出生体重[18]。

(4) 神经系统损伤。POPs 可以通过阻碍多巴胺神经传递、影响促甲状腺激素和钙离子依赖信号传导、诱导氧化应激等多种途径导致神经系统损伤[19]。相关研究发现，儿童早期发育阶段的 POPs 暴露与神经发育迟缓[20]、自闭症障碍[21]、注意力缺陷和多动障碍[22]等神经系统发育异常有关。

(5) 心血管疾病。POPs 主要通过激活芳香烃受体信号通路、增加氧化应激、激活核因子 κB 并介导炎症反应、损害肾素-血管紧张素系统调节功能等途径影响心血管系统[23]。相关研究发现，POPs 暴露可显著改变循环系统的脂质水平[24]，引起血清总胆固醇与低密度脂蛋白胆固醇增高[25]，进而增加冠心病[26]、高血压[27]、脑卒中[28]、颈动脉粥样硬化[29]等风险。

这些物质在环境中的暴露对人类健康负面影响的证据也越来越多。

近年来的隐睾症、尿道下裂、子宫内膜异位、两性畸形、发育不全等发病率的上升，女孩青春期提前都被认为和环境内分泌干扰物的环境污染有关。虽然目前关于世界范围内男性精液量、精液密度以及精子数量的报道存在争议，但过去50 年中某些地区确实存在男性精液量和精子数量明显下降的趋势，它们甚至有引发生殖系统恶性肿瘤的可能性，所以有人将它们比喻为威胁人类存亡的"定时炸弹"。鉴于其深远的负面影响，POPs 的研究已经受到各国尤其是欧美以及日本等发达地区和国家的高度重视。随着我国经济的发展，环境问题日趋严重，各种疾病甚至癌症的发病率明显上升。据报道，1981~1996 年的 16 年间，对全国 39 个市县的万名健康男性的精液量、精子数目、精子活动能力的统计分析表明，各项指标分别下降了 10.3%、18.6%和 10.4%，其中工业化程度越高的地区下降越明显[30]。我国有关 POPs 的研究有一定基础，但与发达国家相比还存在较大差距，我国已有多家研究机构相继开展对有机氯农药、PCBs、PCDD/Fs 等传统 POPs 的分析检测及环境污染调查研究，但对这些污染物对人类及野生动物的生物降解、代谢产物、迁移和毒性机制的分子模型研究及新一类 POPs(如多溴联苯醚和毒杀芬等)的环境行为研究还处于起步阶段。因此我国不但要进一步加强 POPs 环境污染的分析检测能力，而且还要加大 POPs 环境污染安全与人体健康影响方面的研究力度，同时要研制 POPs 的替代品，防止和控制 POPs 进一步污染环境。

1.1.2　持久性有机污染物的处理技术

由于 POPs 污染的严重性和广泛性，许多国家相继投入大量人力物力，研究POPs 的控制和消除方法。按照处理原理来分，POPs 的处理技术大致可以概括为物理方法、化学方法和生物方法。

1. 物理方法

物理方法通常有吸附法、萃取法、蒸馏法和汽提法等。陈金龙等[30]用大孔吸附树脂 CHA-111 处理五氯酚钠(PCP-Na)生产废水，PCP 去除率大于 99%，COD_{Cr}去除率不低于 80%，树脂脱附液经酸化处理可回收 PCP。金重阳等[31]对活性炭纤维吸附处理含多氯联苯的废水进行了研究，确定了相关条件下的吸附容量，并实际应用于含多氯联苯废水的处理中，处理之后的废水可完全达标排放。物理法可对污染物起到浓缩富集并部分处理的作用，常作为一种预处理手段与其他处理方法联合使用。

2. 化学方法

化学方法在 POPs 污染治理中的应用十分广泛，主要有湿式氧化法、超临界水氧化法、光催化氧化法以及声化学氧化法等。

1) 湿式氧化法

湿式氧化(WAO)法是利用氧气与有机污染物在高温高压条件下的液相接触达到将该污染物氧化去除的目的,适用于高浓度或高毒性废水的处理[32]。考虑到反应所需的高能耗,近年来又发展了一种类似的湿式催化氧化法,其改进之处在于使用可溶性的过渡金属盐类如 Ag^+、Fe^{2+}、Cu^{2+} 等作为催化剂和以 H_2O_2 代替 O_2 分子作为氧化剂,这样反应可在低温常压下进行,与前一种方法相比,大大提高了反应速率和改善了反应条件。张秋波等[33]以 $Cu(NO_3)_2$ 为催化剂湿式氧化处理煤气化废水(COD 为 22.928 mg/L),在适当的处理时间内,COD 去除率可达 65%~90%,且对多环芳烃具有明显的去除作用。

2) 超临界水氧化法

超临界水氧化(SWO)法是近些年来广泛研究的一种新型氧化技术。它是以超临界水为反应介质,在氧化剂如氧气、过氧化氢等的存在下经由高温高压下的自由基反应将有机物氧化为 CO_2 等产物[34]。

Swallow 等[35]发现,在 600~630℃、25.6 MPa 条件下,四氯代二苯并 p-二噁英和八氯代二苯并 p-二噁英可在极短时间内被迅速破坏。一些发达国家,如美国、日本等对二噁英类化合物、DDT、联苯等污染物进行了超临界水氧化分解实验,结果表明,这些物质的转化率均大于 99.9%,而且停留时间很短。

3) 光催化氧化法

光催化氧化法是在可见光或紫外光(UV)作用下进行的反应过程,可分为均相光催化氧化和多相光催化氧化。前者是指 O_3/UV 或 O_3/H_2O_2/UV 系统,后者是以 n 型半导体(通常是 TiO_2)为催化剂。多相光催化氧化具有不需要另加化学试剂、可在低压下进行、对温度要求不高、催化剂 TiO_2 价廉无毒等优点。Pelizzetti 等[36]发现土壤中的五氯代二噁英能在模拟太阳光照射、TiO_2 存在下分解。张志军等[37]的研究表明,在中压汞灯照射、TiO_2 催化条件下,二噁英可发生显著光解,如 1, 2, 3, 7, 8-五氯代二噁英、八氯代二噁英在 4 h 内分别降解了 84.6%和 91.2%,在水相中几乎不进行光解的 2-氯代二噁英也以较快的速度发生了降解。

4) 声化学氧化法

声化学氧化法是 20 世纪 80 年代后期发展起来的一种有机污染物高效降解方法。它利用超声空化效应所带来的高温(>5000 K)、高压(大约 50 MPa)、强烈的冲击波和速度高达 400 km/h 的微射流,使几乎任何有机污染物在此条件下被完全降解。现在已进行了多种 POPs 的超声波降解研究[38,39],如五氯酚盐、艾氏剂、高丙体六六六以及 2,4,8-三氯苯并呋喃等。关于超声波降解多氯联苯和多环芳烃的研究也有报道[40],它们虽不能在空化气泡内被破坏,但易被空化气泡崩溃后释放到水中的自由基氧化,经过一系列反应,产生毒性小的中间体,总有机碳下降。

此外,人们还尝试了电化学法[41]、微波[42]、放射性γ射线[43]等高新技术,发现它们对多氯联苯、六氯苯、五氯苯酚以及二噁英等都有很好的去除作用。

上述几种化学方法处理 POPs 具有快速高效、反应彻底、降低或不产生二次污染等特点，存在的问题主要表现为：反应条件要求较高，反应器材质选用及制造困难等。反应条件控制与运行费用降低仍然是难点，因此这些化学方法只适合于小范围少量有机污染物的处理，要在工业规模上进行实际应用，还存在不少亟待解决的问题。

3. 生物方法

生物方法处理 POPs 又称生物修复(bioremediation)，它主要是通过微生物的作用，将土壤、地下水或海洋中的有机污染物就地降解成 CO_2 和 H_2O 或转化为无害物质。根据目前有关的文献资料，修复污染的生物主要是微生物(细菌和真菌)、植物和菌根。科研工作者通过富集培养等技术已发现了许多能够降解 POPs 的微生物(表 1-2)。

表 1-2　部分 POPs 的降解微生物

POPs	降解菌
艾氏剂	镰孢霉菌、青霉菌[44]
狄氏剂	芽孢杆菌、假单胞菌[45]
DDT 等多种 POPs	白腐真菌[46]
七氯	芽孢杆菌、链孢霉菌、小单孢菌、诺卡氏菌、曲霉菌、根霉菌、链球菌[47]
丙体六六六	梭状芽孢杆菌、埃希氏菌[48]

植物主要通过直接吸收降解、释放能直接降解有机污染物的酶或通过其根系与根区微生物的联合作用进行有机污染修复。菌根是土壤真菌与植物根系形成的共生体，从某种意义上说，这是微生物修复和植物修复的集合。目前，国内外科研人员已将菌根修复技术用于治理受农药、石油、多环芳烃等污染的土壤。

以上介绍的 POPs 处理方法中，物理方法易造成二次污染，化学方法费用高，生物方法处理时间长，加上环境中有机污染物的复杂性和多样性，单纯一种方法往往达不到预期目的。因此，除了继续研究开发高新技术外，还要考虑几种技术的联合使用，如把氧化技术作为预处理或后处理手段与其他处理方法结合，产生高效经济的联用技术，这也是 POPs 处理技术的一个发展趋势。

有效防治 POPs 对环境和人类的危害是一件刻不容缓的大事。我国 POPs 研究起步较晚，缺乏相关的环境背景资料，研究基础相对薄弱。因此，有必要大力开展有关 POPs 的基础研究和应用研究，从而制定符合国情的因地制宜的控制措施。综上所述，目前 POPs 的研究内容主要包括以下几个方面。

(1) 开发安全高效的替代品，从源头上消除 POPs 污染。

(2) 研究高灵敏度的可靠分析方法，建立和完善标准分析方法。

(3) 在全国范围内对POPs污染和残留情况进行实地调查，弄清我国目前POPs污染状况。

(4) 继续重视POPs在环境中的降解迁移转化和归宿的研究，运用QSAR毒性预测的系统模型，对未进入环境的有机化学品的潜在危害进行分析。

(5) 从分子水平上对POPs的生态效应进行研究，建立分子片段的生态毒性机制模型。

(6) 通过POPs敏感性生物标志物的研究，对其存在的种类和水平进行环境预警。

(7) 筛选和培育高效优势菌种，开发治理POPs污染的新技术。

(8) 将不同处理技术进行有效联合，研究最大限度消除POPs污染的新方法。

1.2   高级氧化技术

1.2.1   高级氧化技术概述

随着现代社会的快速发展，水污染已逐渐成为人类社会不可忽视的问题。常用的废水处理方法对废水中有机杂质的去除效果并不理想。在这种情况下，先进的氧化技术应运而生。高级氧化工艺(AOPs)克服了普通氧化工艺存在的问题，以其独特的优势越来越受到人们的关注。高级氧化技术又称深度氧化技术，其基础在于运用电、光辐照、催化剂，有时还与氧化剂结合，在反应中产生活性极强的自由基(如·OH)，再通过自由基与有机化合物之间的加合、取代、电子转移、断键等，使水体中的大分子难降解有机物氧化降解成低毒或无毒的小分子物质，甚至直接降解成为CO_2和H_2O，接近完全矿化。根据自由基的产生方式和种类不同，高级氧化技术可分为过硫酸盐氧化法[49]、臭氧氧化法[50,51]、光催化氧化法[52]、超声化学氧化法、电化学催化氧化法[53]、湿式氧化法和芬顿(Fenton)与类芬顿氧化法[54]等。

过硫酸盐氧化法产生的活性自由基为SO_4^-，其标准氧化电极电位可达2.7 V，几乎可以完全矿化所有有机污染物。SO_4^-是通过过硫酸盐活化生成的，活化方法有热活化、光活化、过渡金属离子活化和碱活化[49]。臭氧氧化法以臭氧为氧化剂，氧化电极电位为2.07 V[51]。臭氧在自然环境中容易分解，不能稳定存在，所以通常需要现场制造。制造臭氧的方法通过将空气或者O_2进行无声放电，得到含低浓度臭氧的混合气体再进行使用。光催化氧化是指在入射光子的作用下，光催化剂表面产生活性氧物种，从而氧化降解有机污染物[55-57]。电化学催化氧化是一种以电能为驱动力来实现有机氧化的方法。其氧化能力与电场强度直接相关，易于操作和自动化，应用方式灵活多变[53]。湿式氧化法的原理是在高温高压下引入空气，使正常情况下需要多年才能完全氧化的有机污染物，在短时间内迅速氧化成无害的小分子有机物或 CO_2 等[58,59]。芬顿与类芬顿技术是指利用 Fe^{2+} 或其他物质活化 H_2O_2，产生强氧化性的 ·OH 作为活性氧化物种。·OH 的标准氧化电极电位极高(2.80 V)，在自然界仅次于 F_2，几乎可以氧化所有有机污染物，所以是典型的广谱氧化剂。

上述方法中，臭氧氧化法需要昂贵的臭氧发生器，单位电能产生的臭氧含量有限，速率不高；光催化氧化法依靠光催化剂，催化剂表面容易发生变化，不利于长期使用，降解效率不理想，不适合快速降解含酚污水；电化学催化氧化法虽然效率很高，但存在功耗过大、电极材料成本高、阳极腐蚀等问题。湿式氧化法去除有机污染效果突出，但所需的高温高压环境需要昂贵的配套设备，限制了其广泛应用。芬顿与类芬顿技术具有极高的氧化能力，与 SO_4^- 相比，·OH 氧化有机污染物的最终产物只有 H_2O 或 CO_2，经济性方面比起硫酸盐氧化法更有优势。综合来看，在处理含酚类污水中，芬顿与类芬顿技术的前景十分广阔[60]。

1.2.2　芬顿与类芬顿技术

1. 芬顿技术

芬顿氧化技术可分为均相和非均相(类芬顿)反应。均相芬顿氧化反应是采用典型的芬顿试剂(Fe^{2+}催化剂)，用 H_2O_2 对有机物质进行化学氧化，使其分解为无机态的方法。1894 年，化学家芬顿首次发现酸性条件下，酒石酸在 H_2O_2 与 Fe^{2+} 组成的混合溶液中能被迅速氧化[61]，并把这种体系称为标准芬顿试剂。在 Fe^{2+} 的催化作用下，H_2O_2 的分解活化能较低(34.9 kJ/mol)，反应过程中产生大量的中间态活性物质羟基自由基(·OH)，·OH 的标准氧化电极电位为 2.80 eV，仅次于 F_2(2.87 eV)，远高于 O_3 的氧化电极电位(2.07 eV)，几乎是高锰酸盐(1.52 eV)、二氧化氯(1.5 eV)等强氧化剂氧化电极电位的 2 倍，因此可以促进许多难降解有机物的分解。反应结束后，产生大量的 Fe^{3+}，调节体系 pH 至碱性，可以通过 Fe^{3+} 的絮凝作用进一步去除废水的色度以及一定量的悬浮颗粒物。

芬顿技术作为一种经典的高级氧化技术，具有原料来源广泛、反应时间短、对难降解有机物去除效果好等优点。然而，传统的芬顿试剂也存在 H_2O_2 利用率低、有机物降解不完全的缺点。主要缺陷有[62]：①反应体系 pH 低。在中性条件下，反应生成的 Fe^{3+} 容易形成 $Fe(OH)_3$ 沉淀，反应效率大大降低。②传统芬顿体系产生的 Fe^{3+} 增加了出水色度，调节 pH 至碱性后产生的大量含铁污泥难以处理，造成二次污染。③催化剂难以分离和重复使用。为了解决上述问题，国内外研究者不断努力建立了类芬顿技术。

2. 类芬顿技术

类芬顿技术是在芬顿技术基础上发展起来的一种新的氧化技术。广义上讲，除了传统的芬顿技术，所有通过 H_2O_2 产生羟基自由基，促进有机物分解的方法都称为类芬顿法[63]。类芬顿技术的研究主要分为两个方面。一方面，研究了光芬顿、电芬顿和超声波芬顿等新体系；另一方面，研究了应用于类芬顿体系的新型催化剂。

1) 场辅助芬顿技术

光芬顿过程是 Fe^{2+}/H_2O_2 体系经过可见光、太阳光等光的作用，提高 Fe^{3+} 向 Fe^{2+} 的转化率，从而显著提高·OH 的产率。1991 年 Zepp 等[64]发现，在光照条件，芬顿体系在 pH 3~8 范围内对正辛醇、2-甲基-2-丙醇、硝基苯的氧化速率大大加快，表明在中性条件下，$hv/Fe^{2+}/H_2O_2$ 体系也可以有效产生·OH。紫外光照可以促进 Fe^{3+} 向 Fe^{2+} 的转化，维持铁离子在芬顿体系中的循环，保证反应体系稳定的催化氧化能力，避免因 Fe^{2+} 的连续加入而带来的额外处理成本。

在电芬顿过程中，向芬顿体系中引入电流，O_2 发生电化学还原，在阴极不断产生 H_2O_2，同时 Fe^{3+} 可以在阴极还原为 Fe^{2+}，从而增加芬顿体系的效率。Pimentel 等[65]以直径 60 mm 的 0.4 L 圆柱形玻璃容器为反应器，碳毡为阴极，圆柱形 Pt 为阳极，研究了电芬顿氧化苯酚的过程。反应开始前以气泡形式吹入压缩空气，初始 pH 控制在 3.0，Fe^{2+} 浓度为 0.05~1 mmol/L，电流密度为 2.56~5.29 mA/cm²。结果表明，当 Fe^{2+} 浓度为 0.1 mmol/L，电流密度为 2.56 mA/cm² 时，苯酚和总有机碳(TOC)去除率分别在 2 h 和 8 h 后达到 100%，体系效果最佳，且苯酚的降解符合准一级动力学。

超声波芬顿工艺利用超声波对水和 O_2 分子的解离能力，不仅可以增加·OH 的产量，还可以原位生成 H_2O_2。Ranjit 等[66]研究了超声波芬顿对 2,4-二氯苯酚(DCP)的降解。以 600 mL 烧杯作为反应器，将反应器浸入超声系统中，超声频率为 35kHz，初始 pH 范围为 2.5~7，H_2O_2 浓度为 300~580 mg/L，Fe^{2+} 浓度为 10~20 mg/L。最佳反应条件为：Fe^{2+} 浓度 10 mg/L，H_2O_2 浓度 400 mg/L，初始 pH 2.5，可分别降低 Fe^{2+} 和 H_2O_2 用量 50%和 31%，即使初始 pH 为 5，DCP 的去除率也可达 77.6%，DCP 的降解符合准一级动力学。

为了解决均相芬顿催化剂的两个缺点，即反应应在较低的 pH 下进行和反应产生难以处理的化学污泥，研究人员开始探索和研究类芬顿催化剂。研究表明，理想的芬顿催化剂应该表现出多种氧化态，因为具有特定氧化态的催化活性物质容易通过简单的氧化还原循环再生[63]。为了达到这个目的，催化剂的所有活性和非活性氧化还原状态都应该在较大的 pH 范围内稳定存在。目前常用的金属催化剂主要是 Fe、Cu、Ce、Co、Mn、Ru 和金属氧酸盐。具有多种氧化态的元素可以在均相和非均相反应中将 H_2O_2 有效分解为·OH，但具体的催化机理与催化剂本身的特性直接相关，还受体系 pH 和金属络合物的影响。更重要的是，由于 H_2O_2 随着 pH 的变化既可以作为氧化剂，也可以作为还原剂，所以这些金属催化剂很容易在各种氧化还原状态之间切换。这不仅扩大了芬顿体系的适用酸碱度范围，而且减少了催化剂的损失。

2) 均相类芬顿体系催化剂

Fe^{3+} 作为类芬顿体系催化剂的研究，主要集中在利用光照或者电化学的刺激作用，促进 Fe^{3+} 转化为 Fe^{2+}，从而激发反应，由于在 pH>5 时，Fe^{3+} 会发生沉淀，Fe^{3+}/H_2O_2 体系仅适用于酸性或者弱酸性条件。Plgnatello[67]在暗处和光照的类芬顿体系下，以 Fe^{3+} 为催化剂考察氯代苯氧型除草剂 2,4-D 和 2,4,5-T 的降解，研究表明在酸性曝气 Fe^{3+}/H_2O_2 体系中，除草剂在 40 min 内可以被完全矿化，除草剂的矿化速率对 pH 变化敏感，最佳 pH 为 2.7~2.8，同时甲醇和氯化物会导致·OH 的猝灭，硫酸盐会引起 Fe^{3+} 的络合，从而抑制体系的活性。将含有少量紫外光的可见光引入体系中，可以显著提高除草剂的矿化速率，除草剂可在 20 min 内完全降解，在 2 h 内可以完全矿化。

铜表现出与铁相似的氧化还原性质，Cu^+ 和 Cu^{2+} 两种价态均易与 H_2O_2 发生反应，分别生成·OH 和 HO_2·，铜与铁相比最大的不同是，Fe^{3+} 的水合物 $[Fe(H_2O)_6]^{3+}$ 在 pH>5 时不溶于水，而 Cu^{2+} 的水合物 $[Cu(H_2O)_6]^{2+}$ 在中性时占主要地位，意味着与传统芬顿体系相比，Cu^{2+}/H_2O_2 体系可适用于更广的 pH 范围。Nichela 等[68]在类芬顿体系下以 Cu^{2+} 为催化剂考察硝基苯的降解和反应体系的动力学模型，表明催化体系中催化剂浓度增加、反应体系 pH 高于 4.5、反应温度升高以及光刺激可以显著提高硝基苯的降解速率。反应温度在 35℃ 以下时，体系的活化能为 12.6 kcal/mol (1kcal/mol=4.18kJ/mol)，反应温度在 35℃ 以上时，体系活化能为 27.3 kcal/mol。Cu^{2+} 在 pH 为中性范围内有良好的催化性能，增加硝基苯的浓度会导致反应时间延长，而增加 H_2O_2 或催化剂的浓度则显著提高了反应速率。硝基苯在体系中可以被完全降解，Cu^{2+} 对 TOC 的去除率高于 Fe^{3+}，与 Fe^{3+} 为催化剂的体系相比(活化能为 7.5 kcal/mol)[69]，具有更高的催化活性。但是 Cu^+ 与 H_2O_2 之间的反应受到分子态氧的严重抑制，在酸性和近中性条件下，Cu^+ 被大量氧化为 Cu^{2+}，从而减小了与 H_2O_2 反应的有效性，这也与芬顿体系形成鲜明对比，在酸性条件下，Fe^{2+} 与 H_2O_2 的反应几乎与 O_2 浓度无关。由于实际处理工艺中，体系基本处于自然状态下，利用 Cu^{2+} 作为催化剂，需要更高浓度的 H_2O_2，降低了·OH 的产生效率，同时也增加了处理成本。

Co^{2+} 作为一种均相类芬顿催化剂，已经被人们广泛研究。Co^{2+}/Co^{3+} 氧化还原对 $[E^{\ominus}(Co^{3+}/Co^{2+}) = +1.92\ V]$ 方面的研究主要集中在激活过硫酸盐(PDS, $S_2O_8^{2-}$)或者过一硫酸盐(PMS, HSO_5^-)产生硫酸自由基(SO_4^-)。已经证实所有过渡金属中，

Co^{2+} 催化产生 (SO_4^{-}) 的效率最佳，而以 Co^{2+} 为催化剂产生·OH 的文献很少。Ling 等[70]研究 Co^{2+}/H_2O_2 体系中染料碱性蓝 9 和酸性红 183 的降解。在中性 26℃条件下，固定 Co^{2+} 的浓度为 13 mmol/L，H_2O_2 浓度范围为 2～120 mmol/L，降解 7ppm(ppm 为 10^{-6})的碱性蓝 9，当 H_2O_2 浓度为 80 mmol/L 时，体系中的碱性蓝 9 可以在 30min 内完全去除，H_2O_2/Co^{2+} 浓度比为 6 时，体系达到最大降解率。研究表明，Co^{2+}/H_2O_2 体系不能降解氯酚[71]，对染料的降解速率较慢，同时，Co^{2+} 作为类芬顿体系催化剂产生·OH 的过程并未完全被讨论和证实。

3) 非均相类芬顿体系催化剂

在均相溶液中，铝元素仅有一种氧化态 Al^{3+}，因此 Al^{3+} 与 H_2O_2 之间的转移是不可能的。另外，利用零价铝(Al^0 或 ZVAl)的价态改变作为电子的来源，在热力学上更具有可行性，与 $Fe^0[E^{\ominus}(Fe^{2+}/Fe^0) = -0.44\ V]$ 或 $Fe^{2+}[E^{\ominus}(Fe^{3+}/Fe^{2+}) = +0.776\ V]$ 相比，零价铝($E^{\ominus}(Al^{3+}/Al^0) = -1.66\ V$) 可以为电子转移到 $H_2O_2[pH = 7$ 时 $E^{\ominus}(H_2O_2/\cdot OH) = +0.8\ V]$ 提供更强的热力学驱动力。1991 年，Murphy[72]通过将硝酸盐转化为铵根证实了零价铝具有较高的电子转移能力。2009 年，Bokare 等[73]第一次研究出，仅使用零价铝作为类芬顿催化剂可以产生·OH，在酸性(pH<4.0)有 O_2 存在的条件下，金属腐蚀作用通过电子从零价铝转移到 O_2 上完成，同时产生 Al^{3+} 和 H_2O_2，零价铝将电子转移给 H_2O_2 产生·OH，并且氧化 4-氯酚、苯酚以及硝基苯。经过 2 h 的诱导，自然氧化膜溶解，降解反应开始发生。与传统芬顿体系相比，零价铝具有较广的 pH 范围和较低的污泥产量，但自然氧化膜在中性条件下难以去除，因此在实际应用中仅适用于酸性条件。

Ce 是唯一一种可以通过类芬顿体系催化机制促进 H_2O_2 分解产生·OH 的稀土金属，在溶液中可以表现为+3 和+4 两种氧化态。Ce^{3+} 是一种强还原剂，在碱性条件下很容易被 O_2 氧化，Ce^{4+} 在酸性条件下是强氧化剂。因此在合适的氧化还原条件下，Ce^{3+} 和 Ce^{4+} 这两种氧化态之间很容易形成循环[$E^{\ominus}(Ce^{4+}/Ce^{3+}) = +1.72\ V$]。其中最常用的催化剂是 CeO_2，由于催化剂表面存在氧化空位，在溶液中存在的 Ce^{3+} 和 Ce^{4+} 可以形成氧化还原循环[74]。Heckert 等[75]首先证明了 Ce 可以作为类芬顿体系催化剂，且·OH 的产生途径与 Fe^{2+}/H_2O_2 体系类似。Chen 等[76]利用沉淀的方法制备 CeO_2，并通过酸性橙 7(AO7)的降解动力学分析 CeO_2/H_2O_2 体系催化氧化的机理。研究表明 AO7 的降解与催化剂的表面吸附显著相关，H_2O_2 浓度增加，在开始阶段，AO7 的降解反应速率常数与之呈正线性相关，但随后 Ce^{3+} 与 H_2O_2 的络合作用抑制了 AO7 的进一步降解。由于 CeO_2/H_2O_2 体系中有机物的降解是由吸附过程触发的，在预吸附模式(在加入 H_2O_2 之前将 AO7 吸附在 CeO_2 上)和预混合模式(在加入 AO7 之前将 CeO_2 与 H_2O_2 混合)中 AO7 的降解动力学相当不同。CeO_2/H_2O_2 非均相氧化还原体系经催化剂表面改性后，在弱酸性条件下可以有效产生·OH，催化剂表面 Ce^{3+} 的种类显著影响了催化的效率，使用纳米级的 CeO_2 颗粒可以进一步增大催化剂表面的 Ce^{3+} 浓度，从而进一步提高·OH 的产量。但是，由于无论是离子态还是氧化态的 Ce 均有一定的急性细胞毒性，因此在实际应用之前，催化剂的稳定性和预处理都需要进一步研究。

Co 作为非均相催化剂主要包括 Co^{2+}/Al_2O_3、Co^{2+}/MCM-41、$Co^{2+}/$炭气溶胶以及 $Fe_{3-x}Co_xO_4$ 等，提出的催化机理为在催化剂表面形成过氧钴络合物，进一步可以与有机物反应生成有机自由基。Salem 等[77]研究 Al_2O_3 负载金属 Co 催化剂对亚甲基蓝脱色的动力学和机理。结果表明，4 h 后亚甲基蓝去除率可达到 90%以上，降解符合一级反应动力学。而 H_2O_2 的浓度变化动力学与催化剂的种类显著相关，当 H_2O_2 浓度很低时，反应符合一级动力学，随着 H_2O_2 浓度的增大，动力学级数变小。另外，反应速率受到溶液 pH 和离子强度的强烈影响，同时被阴离子表面活性剂抑制。Co(Ⅱ)催化剂具有良好的活性和重复使用性，在酸性和中性条件下，Co^{2+} 具有相似的氧化能力，而非均相钴催化剂在碱性条件下，表现出相当甚至更高的催化活性，但与铁系芬顿催化剂相比，H_2O_2 使用量大，Co^{2+} 溶出量高，且钴具有一定的环境毒性，这些缺点限制了钴催化剂在水处理中的应用。

目前铁系类芬顿催化剂主要分为两种：①铁或含铁氧化物催化剂，主要利用铁粉、Fe_2O_3、$Fe(OH)_3$ 等物质或者天然含铁矿石，催化 H_2O_2 分解为·OH 氧化有机物，这种催化剂具有原料来源广泛、稳定性好、具有一定吸附能力等优点，可以同时氧化分解和吸附污染物；②负载铁催化剂，主要将铁的氧化物通过沉积、浸渍等方法与较稳定的载体结合在一起形成组合体，再与 H_2O_2 共同降解有机污染物[78]，这种催化剂具有溶出铁量少、使用寿命长、可以在较宽的 pH 下使用等优点，目前常用的催化剂载体为树脂[79]、沸石[80]、Al_2O_3[81]、黏土等[82]。Wang 等[83]利用水热方法制备施氏矿物(一种含铁的羟基硫酸矿物，化学式为[$Fe_8O_8(OH)_{8-2x}(SO_4)_x$，$1 \leqslant x \leqslant 1.75$])，并利用其作为类芬顿体系催化剂氧化苯酚。合成的铁氧化物的化学式为 $Fe_8O_8(OH)_{4.5}(SO_4)_{1.75}$，其具有软弱的晶体结构，比表面积为 325.52 m^2/g。在 pH 为 5.0 时，苯酚去除率可在 5 h 后达到 95%以上，并且在含有 0.5 mol/L NO_3^-、Cl^-、SO_4^{2-} 等高盐分废水中依然有良好的催化性能，在重复使用 12 次后，苯酚去除率仍然可以达到 98%以上。

1.2.3　过硫酸盐高级氧化技术

过硫酸盐反应速率比较快，氧化能力较强，反应体系中的氧化剂产生的自由基可将大分子有机物裂解为小分子有机物，或者矿化成无机物 CO_2 和 H_2O[84]，但以过氧化氢为活化剂的过硫酸盐存在一些问题，只有在酸性条件下其反应效果较好，而且体系产生的自由基存活时间较短、利用率低和氧化剂自身反应分解较快。

过硫酸盐高级氧化法基于两种氧化剂产生自由基，它们相对于传统活性氧自由基有优势，由过硫酸盐(PDS, $S_2O_8^{2-}$)产生硫酸根(SO_4^{2-})，或由过一硫酸盐(PMS, HSO_5^-)产生硫酸根和羟基自由基($\cdot OH$)，但两种氧化剂在反应体系中都是以其产生的$SO_4^{-\cdot}$和$\cdot OH$为主要活性物质降解有机污染物，PDS 和 PMS 的不同之处在于它们的氧化还原电位不同，PDS 的氧化还原电位为 2.01 V，而 PMS 的氧化还原电位为 1.82 V，较 PDS 低[85]。

传统的高级氧化技术是以活性物质$\cdot OH$作为氧化剂来去除难降解的污染物，但该方法存在很大的弊端，如$\cdot OH$存在的时间短，来不及反应就消失，且易被碳酸根等无机离子猝灭而失活等。过硫酸盐具有强氧化性，在室温下稳定，水溶性良好。过硫酸根含有—O—O—键，其键能高，不易直接与有机物发生反应，通常需要通过活化来破坏其中的—O—O—键，产生硫酸根自由基[86]。过硫酸盐高级氧化技术作为代替传统技术的高级氧化技术发展起来，因为其在活化的条件下可以产生$SO_4^{-\cdot}$，$SO_4^{-\cdot}$是一种强氧化剂，即使在中性酸碱度下也能降解有机物，在处理含有碳碳双键和苯环的化合物的废水时可以有更多的选择。过硫酸盐的活化可以通过各种方法完成，包括热活化，加入过渡金属、碱(升高酸碱度，>11)，光活化等。

1. 热活化过硫酸盐技术

热活化是一种清洁型且较成熟的活化过硫酸盐的方法，操作简便，不向环境中引入新的污染物，实用性强，主要用于地下水处理和土壤原位化学氧化修复，特别是去除水中挥发性有机污染物和大分子难降解有机物等[87]。热活化过硫酸盐主要利用升高温度提供足够的活化能，从而迫使键断裂，产生硫酸根自由基。反应原理见式(1-1)，热活化过程主要受到离子强度、温度、pH 值和过硫酸盐浓度等影响[87]。

$$S_2O_8^{2-} \xrightarrow{\text{热活化}} 2SO_4^{-\cdot} \tag{1-1}$$

Waldemer 等[84]采用热活化方法，并用热活化后的过硫酸盐降解去除地下水中所含有的氯代乙烯，结果表明：当温度设定为 60℃，反应时间为 1 h，几乎可以全部氧化去除氯代乙烯。刘小宁[88]在研究中发现热活化过硫酸盐对氯苯降解的反应速率常数在 20~60℃范围内随温度升高而升高。

杜肖哲[89]研究了热活化过硫酸盐新型高级氧化技术深度处理水中对氯苯胺，热活化过程中对氯苯胺可以快速降解，完全矿化过程需要较长时间。研究发现当过硫酸盐大量过量时，对氯苯胺的降解符合一级反应动力学，温度升高去除率增加，反应所需活化能为 49.97 kJ/mol。对氯苯胺降解速率与初始氧化剂浓度成正比，中性及碱性条件利于氯苯胺氧化降解，而酸性条件不利，酸性条件 $SO_4^{\cdot-}$ 较多，在溶液中占主导地位，pH 越大，羟基自由基越多，两者共同占主导地位影响对氯苯胺的去除效果，处理过程中溶液中共存的 HCO_3^- 和 $H_2PO_4^-$ 相对 Cl^- 更易于促进对氯苯胺降解。

热活化过硫酸盐技术要求简单，且在一定范围内增高温度会促进污染物的降解，说明在一定范围内，温度的升高会促进 $S_2O_8^{2-}$ 向 $SO_4^{\cdot-}$ 转化，加快反应物的消除。但是并不是 $SO_4^{\cdot-}$ 大量同时存在的情况下处理效果好，反而会因为在传递过程中被消耗，从而降低利用率，所以控制温度是提高降解速率的有效方法[86]。

2. 过渡金属离子活化过硫酸盐技术

过渡金属离子催化过硫酸盐和过一硫酸氢盐产生 $SO_4^{\cdot-}$，反应体系简单，可不需要外加热源和光源。过渡金属 Fe^{2+}、Co^{2+}、Ti^{3+}、Cu^{2+}、Ag^+、Mn^{2+}、Ce^{2+} 等在常温下通过单电子还原 $S_2O_8^{2-}$ 生成 $SO_4^{\cdot-}$ 和 SO_4^{2-}，利用过渡态的 Co^{2+} 催化 $KHSO_5$ 产生以 $SO_4^{\cdot-}$ 为主的活性物种，条件简单温和，自由基生成率高[86]。反应原理见式(1-2)：

$$S_2O_8^{2-} + M^n \longrightarrow M^{n+1} + SO_4^{2-} + SO_4^{\cdot-} \tag{1-2}$$

过渡金属活化过硫酸盐的机制主要包括自由基机制、单线态氧的驱动机制、高价态金属作用机制等[90]。

自由基机制是指过渡金属化合物在活化过硫酸盐降解有机污染物的过程中产生的硫酸根自由基作为活性物种氧化去除有机污染物。自由基机制也是最常见的过渡金属化合物活化过硫酸盐的机制。在这一过程中，过渡金属与过硫酸盐发生反应，使得过硫酸盐结构中的—O—O—断裂，继而产生硫酸根自由基。常见的过渡金属离子(V^{3+}、Mn^{2+}、Fe^{2+}、Ni^{2+}、Ce^{3+}、Ru^{3+}、Cu^{2+}、Ag^+、Co^{2+})、过渡金属氧化物等活化剂活化过硫酸盐的机制都属于自由基机制[91]。

单线态氧是一类具有高选择性的氧化物种，可与有机物发生多种类型的反应，如与烯烃发生 1,2-环加成、1,3-环加成，将其降解产生全部或部分降解为小分子。在过硫酸盐活化过程中，单线态氧的产生主要来自过一硫酸盐的自分解[92]。

在过渡金属离子活化过硫酸盐的过程中，过渡金属离子往往也会被氧化到更高的价态，高价态金属离子的氧化性使得该体系中污染物的去除具有多种氧化可能。过硫酸盐氧化催化体系中过渡金属生成的具有强氧化能力的高价态金属同样也会氧化去除有机污染物。高价态金属形成的原因是过渡金属被过硫酸盐氧化，即过渡金属与过硫酸盐反应形成两种氧化物质：自由基与高价态金属，这两种强氧化物质都可以去除有机污染物。高价态金属的贡献应当视具体污染物而定，并不是所有的污染物都能被高价态金属氧化去除。目前只发现通过高价态金属这一作用机制可转化污染物，但并不能将有机污染物进一步矿化后完全去除[90]。

过渡金属这一过硫酸盐活化剂自被提出以来发展迅速，不断有过渡金属活化剂被科研人员发现。尽管目前的过渡金属活化剂大都存在获得成本高、离子溶出风险等诸多问题，但随着技术手段的不断进步，新的低成本、高效率、环境友好的过渡金属催化剂一定会在未来出现。

3. 光活化过硫酸盐技术

光活化技术通常指的是利用紫外光(波长：10～400 nm)或可见光(波长：400～750 nm)来提供能量使过硫酸根离子中的过氧键在光的激发下发生断裂，生成硫酸根自由基，从而达到活化的目的[93]。其反应的机理如式(1-3)所示：

$$S_2O_8^{2-} + h\nu \longrightarrow 2SO_4^{\cdot -} \tag{1-3}$$

光活化技术中光源的波长和穿透速率是影响光活化效率的重要因素之一[94]。紫外光或可见光范围内波长较短的光源会具有更高的能量，从而可以更有效地活化过硫酸盐。Malato 等[95]研究发现，波长限制在 270 nm 下 O—O 键断裂，Neppolian 等[96]也发现波长 254 nm 的紫外光可有效对过硫酸盐活化，而且太阳光谱也有能力活化过硫酸盐产生 $SO_4^{\cdot -}$，但在较低的光辐射能量(波长 270～300 nm，315～400 nm)下光激活过硫酸盐能力较弱。Neppolian 等[96]研究发现，波长在 254 nm 左右的紫外光相较于其他波长的光对过硫酸盐的活化效果更好，更有利于硫酸根自由基的生成；王韩纳[97]研究发现，波长在 420 nm 的可见光对过硫酸盐的活化对于杀灭大肠杆菌的效果最好，但在 450 nm、550 nm、650 nm 波长时，体系的杀菌效果明显下降。

此外，光活化技术可与其他活化方法联用，起到强化或协同的作用。范星等[98]研究发现，在使用 Fe^{2+} 活化过硫酸盐降解罗丹明 B 时会反应生成 Fe^{3+}，而 Fe^{3+} 对于过硫酸盐的活化能力较弱，所以导致体系中过硫酸盐的活化效率降低，但是当使用紫外光联用 Fe^{2+} 活化时，紫外光能使 Fe^{3+} 转化为 Fe^{2+}，进而使活化效率增加。Xu 等[99]在研究中发现，使用可见光活化过硫酸盐降解邻苯二甲酸二甲酯(DMP)时效果不佳，但使用可见光与石墨相氮化碳联用活化过硫酸盐降解 DMP 时，降解效果得到明显提升。

4. 碱活化过硫酸盐技术

碱活化应用比较方便，在碱性的条件下过硫酸盐可以通过分解产生硫酸根自由基，而硫酸根自由基又会进一步转化为羟基自由基，两种自由基均可以对过硫酸盐产生活化作用，但是起主要氧化作用的是硫酸根自由基[100]，转化的机理如下：

$$2S_2O_8^{2-} + 2H_2O \xrightarrow{\ OH^-\ } 3SO_4^{2-} + SO_4^{-} + O_2^{-} + 4H^+ \tag{1-4}$$

$$SO_4^{-} + OH^- \longrightarrow SO_4^{2-} + \cdot OH \tag{1-5}$$

由于碱活化过硫酸盐需要在碱性的环境下进行，体系的 pH 对于碱活化过硫酸盐有着至关重要的作用，需要添加碱性物质(如 NaOH、KOH 等)使得体系的 pH 保持在较高的范围内，所以碱活化过硫酸盐在应用方面有一定的限制[92]。

热活化和碱活化都是过硫酸盐活化的手段，两者协同作用可以达到更好的效果。Huang 等[101]研究发现，氧化率随着温度、pH 和过硫酸盐浓度的增加而增加。当 pH 为 12 时，各测试点和预测点在 20 min 内可达到较好的降解效果。因此，在热活化和碱活化(即热-碱协同活化)的协同作用下，可以实现快速降解。研究初始 pH(2～12)对聚磷酸铵降解的影响，过硫酸盐初始浓度为 1.2 g/L，温度为 80℃。结果表明，在 pH 为 2(酸性条件)时，降解速率较慢。当 pH 分别为 6 和 9 时，其降解速率基本相似，略高于 pH = 2，其原因为在正常条件下，过硫酸盐会产生两个 SO_4^{-}，但是在酸性条件下，由于氢离子的参与，仅仅可以产生一个 SO_4^{-}，所以降解速率比较低。当 pH 增加到 12 时，降解速率在初始阶段大大提高，然后逐渐变得平缓，10 min 和 20 min 内的降解速率可以分别达到 88.4%和 93.8%，热-碱协同活化可以达到更好的效果。

参 考 文 献

[1] 沈平. 《斯德哥尔摩公约》与持久性有机污染物(POPs)[J]. 化学教育, 2005, (6): 6-10.

[2] 任仁. 《斯德哥尔摩公约》禁用的 12 种持久性有机污染物[J]. 大学化学, 2003, (3): 37-41.

[3] 姜安玺, 刘丽艳, 李一凡, 等. 我国持久性有机污染物的污染与控制[J]. 黑龙江大学自然科学学报, 2004, (2): 97-101.

[4] 王春雷. 我国某城市大气中二噁英类持久性有机污染物的污染水平研究[D]. 重庆: 西南大学, 2010.

[5] Paolo V, Daniela F. Environment, cancer and inequalities—The urgent need for prevention[J]. European Journal of Cancer, 2018, 103: 317-326.

[6] Fernández-Martínez N F, Ching-López A, Lima A, et al. Relationship between exposure to mixtures of persistent, bioaccumulative, and toxic chemicals and cancer risk: a systematic review[J]. Environmental Research, 2020, 188: 109787.

[7] Casals-Casas C, Desvergne B. Endocrine disruptors: from endocrine to metabolic disruption[J]. Annual Review of Physiology, 2011, 73(1): 135-162.

[8] Zong G, Grandjean P, Wu H, et al. Circulating persistent organic pollutants and body fat distribution: evidence from NHANES 1999-2004[J]. Obesity, 2015, 23(9): 1903-1910.

[9] Han X, Meng L, Li Y, et al. Associations between exposure to persistent organic pollutants and thyroid function in a case-control study of East China[J]. Environmental Science and Technology, 2019, 53(16): 9866-9875.

[10] Vafeiadi M, Georgiou V, Chalkiadaki G, et al. Association of prenatal exposure to persistent organic pollutants with obesity and cardiometabolic traits in early childhood: the Rhea mother-child cohort (Crete, Greece)[J]. Environmental Health Perspectives, 2015, 123(10): 1015-1021.

[11] Kwa B, Bwcbb C, Asa B, et al. Persistent organic pollutants and the incidence of type 2 diabetes in the CARLA and KORA cohort studies[J]. Environment International, 2019, 129: 221-228.

[12] Mustieles V, Fernández M F, Martin-Olmedo P, et al. Human adipose tissue levels of persistent organic pollutants and metabolic syndrome components: combining a cross-sectional with a 10-year longitudinal study using a multi-pollutant approach[J]. Environment International, 2017, 104: 48-57.

[13] Eskenazi B, Rauch S A, Tenerelli R, et al. In utero and childhood DDT, DDE, PBDE and PCBs exposure and sexhormones in adolescent boys: the CHAMACOS study[J]. International Journal of Hygiene and Environmental Health, 2017, 220(2): 364-372.

[14] Yin S S, Tang M L, Chen F F, et al. Environmental exposure to polycyclic aromatic hydrocarbons (PAHs): the correlation with and impact on reproductive hormones in umbilical cord serum[J]. Environmental Pollution, 2017, 220: 1429-1437.

[15] Pan W, Ye X, Yin S, et al. Selected persistent organic pollutants associated with the risk of primary ovarian insufficiency in women[J]. Environment International, 2019, 129: 51-58.

[16] Ye X Q, Pan W Y, Li C M, et al. Exposure to polycyclic aromatic hydrocarbons and risk for premature ovarian failure and reproductive hormones imbalance[J]. Journal of Environmental Sciences, 2020, 91: 1-9.

[17] Sweeney M F, Hasan N, Soto A M, et al. Environmental endocrine disruptors: effects on the human male reproductive system[J]. Reviews in Endocrine and Metabolic Disorders, 2015, 16(4): 341-357.

[18] Bell G A, Perkins N, Louis G B, et al. Exposure to persistent organic pollutants and birth characteristics: the upstate KIDS study[J]. Epidemiology, 2019, 30: 94-100.

[19] Pessah I N, Lein P J, Seegal R F, et al. Neurotoxicity of polychlorinated biphenyls and related organohalogens[J]. Acta Neuropathologica, 2019, 138: 363-387.

[20] Kim S, Eom S, Kim H J, et al. Association between maternal exposure to major phthalates, heavy metals, and persistent organic pollutants, and the neurodevelopmental performances of their children at 1 to 2years of age- CHECK cohort study[J]. Science of the Total Environment, 2018, 624: 385-395.

[21] Brown A S, Cheslack-Postava K, Rantakokko P, et al. Association of maternal insecticide levels with autism in offspring from a national birth cohort[J]. American Journal of Psychiatry, 2018, 175(11): 1094-1101.

[22] Lenters V, Iszatt N, Forns J, et al. Early-life exposure to persistent organic pollutants (OCPs, PBDEs, PCBs, PFASs) and attention-deficit/hyperactivity disorder: a multi-pollutant analysis of a Norwegian birth cohort[J]. Environment International, 2019, 125: 33-42.

[23] Perkins J T, Petriello M C, Newsome B J, et al. Polychlorinated biphenyls and links to cardiovascular disease[J]. Environmental Science and Pollution Research, 2016, 23(3): 2160-2172.

[24] Penell J, Lind L, Salihovic S, et al. Persistent organic pollutants are related to the change in

circulating lipid levels during a 5 year follow-up[J]. Environmental Research, 2014, 134: 190-197.

[25] Singh K, Hing M C, et al. Association of blood polychlorinated biphenyls and cholesterol levels among Canadian Inuit[J]. Environmental Research, 2018, 160: 298-305.

[26] Sergeev A V, Carpenter D O. Hospitalization rates for coronary heart disease in relation to residence near areas contaminated with persistent organic pollutants and other pollutants[J]. Environmental Health Perspectives, 2005, 113(6): 756-761.

[27] Arrebola J P, Fernandez M F, Martin O P, et al. Historical exposure to persistent organic pollutants and risk of incident hypertension[J]. Environmental Research, 2015, 138: 217-223.

[28] Lim J E, Lee S, Lee S, et al. Serum persistent organic pollutants levels and stroke risk[J]. Environmental Pollution, 2018, 233: 855-861.

[29] Lind P M, van Bavel B, Salihovic S, et al. Circulating levels of persistent organic pollutants (POPs) and carotid atherosclerosis in the elderly[J]. Environmental Health Perspectives, 2012, 120(1): 38-43.

[30] 陈金龙, 许昭怡, 赵玉明, 等. 树脂吸附法处理五氯酚钠生产废水[J]. 离子交换与吸附, 1996, (2): 129-135.

[31] 金重阳, 刘辉, 荆志严. 活性炭纤维处理含多氯联苯废水的研究[J]. 环境保护科学, 1997, (3): 6-7.

[32] Hao O J, Phull K K, Chen J M. Wet oxidation of TNT red water and bacterial toxicity of treated waste[J]. Water Research, 1994, 28(2): 283-290.

[33] 张秋波, 李忠, 王菊思, 等. 煤加压气化废水的催化湿式氧化处理[J]. 环境科学学报, 1988, (1): 98-106.

[34] Thornton T D, Ladue D E, Savage P E. Phenol oxidation in supercritical water: formation of dibenzofuran, dibenzo-*p*-dioxin, and related compounds[J]. Environmental Science & Technology, 1991, 25(8): 1507-1510.

[35] Swallow K C, Killilea W R. Comments on "Phenol oxidation in supercritical water: formation of dibenzofuran, dibenzo-*p*-dioxin, and related compounds"[J]. Environmental Science & Technology, 1992, 26(9): 1849-1850.

[36] Pelizzetti E, Minero C, Carlin V, et al. Photocatalytic soil decontamination[J]. Chemosphere, 1992, 25(3): 343-351.

[37] 张志军, 包志成, 王克欧, 等. 二氧化钛催化下的氯代二苯并-对-二噁英光解反应[J]. 环境化学, 1996, (1): 47-51.

[38] Petrier C, Micolle M, Merlin G, et al. Characteristics of pentachlorophenate degradation in aqueous solution by means of ultrasound[J]. Environmental Science & Technology, 1992, 26(8): 1639-1642.

[39] Catallo W J, Junk T. Sonochemical dechlorination of hazardous wastes in aqueous systems[J]. Waste Management, 1995, 15(4): 303-309.

[40] Okouchi S, Nojima O, Arai T. Cavitation-induced degradation of phenol by ultrasound[J]. Water Science and Technology, 1992, 26: 9-11.

[41] Zhang S P, RuslingJ F. Dechlorination of polychlorinated biphenyls on soils and clay by electrolysis in a bicontinuous[J]. Environmental Science & Technology, 1995, 29: 1195-1199.

[42] Peters D L. Decomposition of PCB's and other polychlorinated aromatics in soil using microwave energy[J]. Chemosphere, 1998, 37(8): 1427-1436.

[43] Hilarides R J, Gray K A, Guzzetta J, et al. Feasibility, system design, and economic evaluation of radiolytic degradation of 2,3,7,8-tetrachlorodibenzo-*p*-dioxin on soil[J]. Water Environment Research, 1996, 68(2): 178-187.

[44] Kennedy D W, Aust S D, Bumpus J A. Comparative biodegradation of alkyl halide insecticides by the white rot fungus, *Phanerochaete chrysosporium* (BKM-F-1767) [J]. Applied and Environmental Microbiology, 1990, 56(8): 2347-2353.

[45] Beit I, Wheelock J V, Cotton D E. Factors affecting soil residues of dieldrin, endosulfan, γ-HCH, dimethoate, and pyrolan[J]. Ecotoxicology & Environmental Safety, 1981, 5(2): 135-160.

[46] 林刚, 文湘华, 钱易. 应用白腐真菌技术处理难降解有机物的研究进展[J]. 环境污染治理技术与设备, 2001, (4): 1-8.

[47] Carter F L, Stringer C A. Residues and degradation products of technical heptachlor in various soil types[J]. Journal of Economic Entomology, 1970, 62(2): 625-628.

[48] Syvanen M, Zhou Z, Wharton J, et al. Heterogeneity of the glutathione transferase genes encoding enzymes responsible for insecticide degradation in the housefly[J]. Journal of Molecular Evolution, 1996, 43(3): 236-240.

[49] 杨世迎, 陈友媛, 胥慧真, 等. 过硫酸盐活化高级氧化新技术[J]. 化学进展, 2008, 20(9): 1433-1438.

[50] Suzuki H, Araki S, Yamamoto H. Evaluation of advanced oxidation processes (AOP) using O_3, UV, and TiO_2 for the degradation of phenol in water[J]. Journal of Water Process Engineering, 2015, 7: 54-60.

[51] Shen Y, Xu Q, Wei R, et al. Mechanism and dynamic study of reactive red X-3B dye degradation by ultrasonic-assisted ozone oxidation process[J]. Ultrasonics Sonochemistry, 2017, 38: 681-692.

[52] Clarizia L, Russo D, Di Somma I, et al. Homogeneous photo-Fenton processes at near neutral pH: a review[J]. Applied Catalysis B: Environmental, 2017, 209: 358-371.

[53] Fajardo A S, Seca H F, Martins R C, et al. Electrochemical oxidation of phenolic wastewaters using a batch-stirred reactor with NaCl electrolyte and Ti/RuO_2 anodes[J]. Journal of Electroanalytical Chemistry, 2017, 785: 180-189.

[54] Mohammadi S, Kargari A, Sanaeepur H, et al. Phenol removal from industrial wastewaters: a short review[J]. Desalination and Water Treatment, 2015, 53(8): 2215-2234.

[55] Wang Y, Liang M, Fang J, et al. Visible-light photo-Fenton oxidation of phenol with rGO-α-FeOOH supported on Al-doped mesoporous silica (MCM-41) at neutral pH: performance and optimization of the catalyst[J]. Chemosphere, 2017, 182: 468-476.

[56] Tian A, Xu Q, Shi X, et al. Pyrite nanotube array films as an efficient photocatalyst for degradation of methylene blue and phenol[J]. RSC Advances, 2015, 5(77): 62724-62731.

[57] Masih D, Ma Y, Rohani S. Graphitic C_3N_4 based noble-metal-free photocatalyst systems: a review[J]. Applied Catalysis B: Environmental, 2017, 206: 556-588.

[58] Pinho M T, Gomes H T, Ribeiro R S, et al. Carbon nanotubes as catalysts for catalytic wet peroxide oxidation of highly concentrated phenol solutions: towards process intensification[J]. Applied

Catalysis B: Environmental, 2015, 165: 706-714.

[59] Taran O P, Ayusheev A B, Ogorodnikova O L, et al. Perovskite-like catalysts LaBO₃ (B= Cu, Fe, Mn, Co, Ni) for wet peroxide oxidation of phenol[J]. Applied Catalysis B: Environmental, 2016, 180: 86-93.

[60] Fu F, Dionysiou D D, Hong L. The use of zero-valent iron for groundwater remediation and wastewater treatment: a review[J]. Journal of Hazardous Materials, 2014, 267(3): 194-205.

[61] Fenton H J H. Oxidation of tartaric acid in presence of iron [J]. Journal of the Chemical Society, Transactions, 1894, 65: 899-910.

[62] Andreozzi R, D'Apuzzo A, Marotta R. Oxidation of aromatic substrates in water/goethite slurry by means of hydrogen peroxide [J]. Water research, 2002, 36(19): 4691-4698.

[63] Bokare A D, Choi W Y. Review of iron-free Fenton- like systems for activating H₂O₂ in advanced oxidation processes [J]. Journal of Hazardous Materials, 2014, 275: 121-135.

[64] Zepp R G, Faust B C, Holgne J. Hydroxyl radical formation in aqueous reactions (pH 3-8) of iron(II) with hydrogen peroxide: the photo Fenton reaction[J]. Environmental Science and Technology, 1992, 26: 313-319.

[65] Pimentel M, Oturan N, Dezotti M, et al. Phenol degradation by advanced electrochemical oxidation process electro-Fenton using a carbon felt cathode [J]. Applied Catalysis B: Environmental, 2008, 83(1-3): 140-149.

[66] Ranjit P J D, Palanivelu K, Lee C S. Degradation of 2,4-dichlorophenol in aqueous solution bysono-Fenton method [J]. Korean Journal of Chemical Engineering, 2008, 25(1): 112-117.

[67] Plgnatello J J. Dark and photoassisted Fe³⁺-catalyzed degradation of chlorophenoxyl herbicides by hydrogen peroxide [J]. Environmental Science and Technology, 1992, 26: 944-951.

[68] Nichela D A, Berkovic A M, Costante M R, et al. Nitrobenzene degradation in Fenton-like systems using Cu(II) as catalyst. Comparison between Cu(II)- and Fe(III)-based systems [J]. Chemical Engineering Journal, 2013, 228: 1148-1157.

[69] Nichela D, Carlos L, Einschlag F G. Autocatalytic oxidation of nitrobenzene using hydrogen peroxide and Fe(III) [J]. Applied Catalysis B: Environmental, 2008, 82: 11-18.

[70] Ling S K, Wang S, Peng Y. Oxidative degradation of dyes in water using Co²⁺/H₂O₂ and Co²⁺/peroxymonosulfate [J]. Journal of Hazardous Materials, 2010, 178(1-3): 385-359.

[71] Choi J, Kim H H, Lee K M, et al. Bicarbonate-enhanced generation of hydroxyl radical by visible light-induced photocatalysis of H₂O₂ over WO₃: alteration of electron transfer mechanism[J]. Chemical Engineering Journal,2022,432(15):134401.

[72] Murphy A P. Chemical removal of nitrate from water [J]. Nature, 1991, 350: 223-225.

[73] Bokare A D, Choi W Y. Zero-valent aluminum for oxidative degradation of aqueous organic pollutants [J]. Environmental Science and Technology, 2009, 43(18): 7130-7135.

[74] Campbell C T, Peden C H. Chemistry. Oxygen vacancies and catalysis on ceria surfaces [J]. Science, 2005, 309: 713-714.

[75] Heckert E G, Seal S, Self W T. Fenton-like reaction catalyzed by the rare earth inner transition metal cerium [J]. Environmental Science and Technology, 2008, 42 (13): 5014-5019.

[76] Chen F, Shen X, Wang Y, et al. CeO₂/H₂O₂ system catalytic oxidation mechanism study via a

kinetics investigation to the degradation of acid orange 7[J]. Applied Catalysis B: Environmental, 2012, 121-122: 223-229.

[77] Salem I A, El-Maazawi M S. Kinetics and mechanism of color removal of methylene blue with hydrogen peroxide catalyzed by somesupported alumina surfaces [J]. Chemosphere, 2000, 41: 1173-1180.

[78] 张家欢. LiFe(WO₄)₂ 催化非均相芬顿脱色亚甲基蓝的研究[D]. 哈尔滨: 哈尔滨工业大学, 2010.

[79] 程伟健, 韩永忠, 储开明. 树脂吸附-Fenton 试剂氧化法处理水杨醛生产废水[J]. 化工环保, 2008, 28(4): 348-352.

[80] Gonzalez-Olmos R, Martina M J, Georgi A, et al. Fe-zeolites as heterogeneous catalysts in solar Fenton-like reactions at neutral pH[J]. Applied Catalysis B: Environmental, 2012, 125: 51-58.

[81] 何新华, 倪建玲, 陈芳艳. 光助 Fenton 反应催化剂 Fe/Al₂O₃ 的制备及其对六氯苯的催化活性研究[J]. 环境保护与循环经济, 2010, 4: 41-43.

[82] Hassan H, Hameed B H. Fe-clay as effective heterogeneous Fenton catalyst for the decolorization of Reactive Blue 4 [J]. Chemical Engineering Journal, 2011, 171(3): 912-918.

[83] Wang W M, Song J, Han X. Schwertmannite as a new Fenton-like catalyst in the oxidation of phenol by H₂O₂[J]. Journal of Hazardous Materials, 2013, 262: 412-419.

[84] Waldemer R H, Tratnyek P G, Johnson R L, et al. Oxidation of chlorinated ethenes by heat-activated persulfate: kinetics and products.[J]. Environmental Science & Technology, 2007, 41(3): 1010-1015.

[85] 吴晨炜, 王震, 代海波, 等. 过硫酸盐高级氧化技术在工业废水处理中的应用[J]. 四川化工, 2018, 21(5): 50-53.

[86] 李丽, 刘占孟, 聂发挥. 过硫酸盐活化高级氧化技术在污水处理中的应用[J]. 华东交通大学学报, 2014, 31(6): 114-118.

[87] Zhang Y Q, Tran H P, Hussain I, et al. Degradation of *p*-chloroaniline by pyrite in aqueous solutions[J]. Chemical Engineering Journal, 2015, 279: 396-401.

[88] 刘小宁. 利用热活化过硫酸盐修复氯苯污染地下水的研究[D]. 上海: 华东理工大学, 2013.

[89] 杜肖哲. 基于热活化过硫酸盐新型高级氧化技术深度处理水中对氯苯胺的研究[D]. 广州: 华南理工大学, 2012.

[90] 王肖磊, 吴根华, 方国东, 等. 过渡金属活化过硫酸盐在环境修复领域的研究进展[J]. 生态与农村环境学报, 2021, 37(2): 145-154.

[91] Anipsitakis G P, Dionysiou D D. Radical generation by the interaction of transition metals with common oxidants[J]. Environmental Science & Technology, 2004, 38(13): 3705-3712.

[92] 刘楚汉, 于海洋, 梁永森, 等. 过硫酸盐活化技术研究进展及展望[J]. 伊犁师范学院学报(自然科学版), 2020, 14(2): 48-54.

[93] Lange A, Brauer H D. On the formation of dioxiranes and of singlet oxygen by the ketone-catalysed decomposition of Caro's acid[J]. Journal of the Chemical Society Perkin Transactions, 1996, (5): 805-811.

[94] Matzek L W, Carter K E. Activated persulfate for organic chemical degradation: a review[J]. Chemosphere, 2016, 151: 178-188.

[95] Malato S, Blanco J, Richter C, et al. Enhancement of the rate of solar photocatalytic mineralization of organic pollutants by inorganic oxidizing species[J]. Applied Catalysis B: Environmental, 1998, 17(4): 347-356.

[96] Neppolian B, Celik E, Choi H. Photochemical oxidation of arsenic(Ⅲ) to arsenic(Ⅴ) using peroxydisulfate ions as an oxidizing agent[J]. Environmental Science & Technology, 2008, 42(16): 6179-6184.

[97] 王韩纳. 过硫酸盐的可见光活化及其对细菌的杀灭机理研究[D]. 广州: 广东工业大学, 2019.

[98] 范星, 唐玉朝, 姚顺顺. UV 增强 Fe^{2+} 活化过硫酸氢钾降解罗丹明 B[J]. 环境科学与技术, 2019, 42(2): 45-51.

[99] Xu L J, Qi L Y, Sun Y, et al. Mechanistic studies on peroxymonosulfate activation by g-C_3N_4 under visible light for enhanced oxidation of light-inert dimethyl phthalate[J]. Chinese Journal of Catalysis, 2020, 41(2): 322-332.

[100] Liang C, Su H W. Identification of sulfate and hydroxyl radicals in thermally activated persulfate[J]. Industrial & Engineering Chemistry Research, 2009, 48(11): 472-475.

[101] Huang Z H, Ji Z Y, Zhao Y Y, et al. Treatment of wastewater containing 2-methoxyphenol by persulfate with thermal and alkali synergistic activation: kinetics and mechanism[J]. Chemical Engineering Journal, 2020, 380: 122411.

第 2 章　芬顿催化材料概述

近年来，为了解决水污染问题，环境科学家们不断尝试开发高效、经济、绿色的水处理技术。高级氧化技术以产生具有强氧化性的自由基为特点，将水中难降解的有机物转化为低毒或无毒的物质，甚至矿化，实现对有机污染物的无害化处理，在处理有毒、有害、生物难降解有机污染物方面展现出极大的潜力[1-7]。以芬顿催化为代表的高级氧化技术，因其可以产生高效的羟基自由基，而且反应物和产物都不会对环境造成二次污染，被认为是处理难降解有机污染物的有效途径。因此，利用芬顿技术处理水中有机污染物已成为近年来环境领域的研究热点[8-14]。在对芬顿技术的研究中，催化剂材料的选择直接影响了整个催化体系的降解性能。因此，对催化剂材料的研究是促进芬顿催化技术发展的至关重要的一环。

2.1　芬顿催化材料的现状

传统的芬顿反应是利用溶液中的亚铁离子活化双氧水产生强氧化性的物质，称为均相芬顿反应。但是，随着反应的进行，Fe^{3+} 和 OH^- 不断增多，在无外界调节 pH 的情况下，反应体系会产生絮凝状的"铁泥"，造成体系中 Fe^{2+} 损失，影响芬顿体系的降解活性和稳定性。为了克服传统芬顿反应存在的缺点，科学家们尝试用含铁的固体材料作为催化剂代替均相芬顿反应中的亚铁离子，进而发展了非均相芬顿技术。非均相芬顿技术解决了均相芬顿反应中存在的 pH 适用范围受限、铁泥需处理及催化剂不可回收等问题，至此，非均相芬顿技术成为研究者们研究的热点和焦点。

因此，对于不同的芬顿催化技术，其所对应的催化材料也有所不同，可大致分为均相芬顿催化材料和非均相芬顿催化材料。

Fe^{2+} 是典型的均相芬顿催化剂，其芬顿反应的重要机理特征是外层单电子由 Fe^{2+} 至 H_2O_2 转移的过程中生成自由基·OH 和 OH^-。但在实际体系中存在着许多竞争副反应，如式(2-1)～式(2-4)。这些竞争的副反应会导致芬顿反应中·OH 和 H_2O_2 消耗，使得其利用率降低，从而进一步影响有机物降解的效率。

$$Fe^{2+} + \cdot OH \longrightarrow Fe^{3+} + OH^- \tag{2-1}$$

$$H_2O_2 + \cdot OH \longrightarrow H_2O + HOO\cdot \tag{2-2}$$

$$Fe^{3+} + HOO \cdot \longrightarrow Fe^{2+} + O_2 + H^+ \tag{2-3}$$

$$Fe^{2+} + HOO \cdot \longrightarrow Fe^{3+} + HOO^- \tag{2-4}$$

由此可见，传统的均相催化材料对于解决当前水资源的污染问题是远远不够的。而克服了均相芬顿材料的缺点的非均相芬顿催化材料也逐渐成为当前研究的热点。

2.1.1　铁基非均相芬顿催化材料研究现状

非均相芬顿和均相芬顿技术的本质区别在于：非均相芬顿技术是在固体催化剂表面催化 H_2O_2，分解产生强氧化性的活性物种，如羟基自由基。同时，有机分子也会吸附于固体材料的表面，并与活性物种发生反应。在非均相芬顿体系中，由于催化剂本身就是固体，其一个突出的优点就是可以实现在近中性的 pH条件下降解有机物，从而降低实际水处理过程中对设备、场地及后续处理的要求。另外，由于反应过程主要是在催化剂表面发生，所以非均相芬顿体系所释放的铁离子极少，因此在非均相芬顿体系中，可以有效避免铁泥的产生，从而提高反应体系的效率，降低处理成本。反应结束后，还可以采用各种手段实现对催化剂的分离、回收，并重复利用，不仅可以提高体系的反应效率，而且还可以减少二次污染。

由于铁具有成本低，易分离，天然丰度高，环境友好，稳定性强等优点，因此铁基的非均相芬顿催化剂在废水处理方面备受研究者们的关注。目前，用于非均相芬顿催化剂的铁基固体材料主要有含铁的无机矿物类、零价铁(ZVI)等。其中，含铁的无机矿物类主要包括磁铁矿(Fe_3O_4)、赤铁矿(α-Fe_2O_3)、磁赤铁矿(γ-Fe_2O_3)、针铁矿(α-FeOOH)等。铁矿物质及零价铁作为芬顿催化剂的应用具有以下优点：①出水 pH 可以在 5～9 的范围内；②使用后的催化剂容易回收；③催化剂寿命长；④无机碳酸盐对反应的影响不显著。

1. 磁铁矿(Fe_3O_4)

磁铁矿是一种混合价态的氧化铁，也是具有独特氧化还原特性尖晶石族中的一员[15]。根据经典的 Haber-Weiss 机理，在芬顿反应开始时，其结构内的 Fe^{2+} 可在引发芬顿反应的过程中发挥重要作用，同时磁铁矿中的八面体可以同时容纳 Fe^{2+} 和 Fe^{3+}，从而使铁物种在同一个位置发生可逆的氧化还原反应[16,17]。除此之外，在地球上所有天然存在的矿物中，磁铁矿是最具磁性的。磁铁矿颗粒在水的纯化过程中可以通过磁分离的方法从含水介质中分离出来[18]。而且磁铁矿能够作为一种稳定的非均相催化剂，在应用的过程中损失较少[19]。最近的研究表明，磁铁矿是一种有效的非均相芬顿催化剂，用于去除各种持久性有机污染物。Sun 等[18]使

用 Fe_3O_4 作为非均相芬顿催化剂降解对硝基苯酚，并可观察到在最佳条件下反应 10 h 后污染物降解达 90%。Pastrana-Martínez 等[20]用溶剂热法在碱性条件下合成了 Fe_3O_4，其作为非均相光芬顿催化剂用于氧化苯海拉明，观察到即使在催化剂浓度较低的情况下，也可从水中完全去除污染物。He 等[21]合成了比表面积为 57.84 m^2/g 的 Fe_3O_4，并测试了它的芬顿活性，用于降解邻苯二酚和 4-氯邻苯二酚。作者观察到在 Fe_3O_4 催化剂的存在下，水中污染物可矿化 40%。Nidheesh 等[22]用化学沉淀法制备了各种不同 Fe^{2+}/Fe^{3+} 物质的量比的 Fe_3O_4，并观察到 Fe^{2+}/Fe^{3+} 比例为 2:1 的 Fe_3O_4 对罗丹明 B 降解具有最高的芬顿催化活性。随着铁离子浓度的增加，材料的结晶度和粒度增加。仅用铁离子制备的 Fe_3O_4 本质上仅是晶体，并且不形成任何黑色的磁铁矿沉淀，该颗粒由 NaCl、NaOCl、FeOOH 和 Fe_2O_3 组成。在最佳条件下，在电解 180 min 后，超过 97%的染料被除去。Xavier 等[23]也使用类似的材料对活性染料 Magenta MB 进行芬顿氧化。作者比较了均相和非均相芬顿催化过程的效率，发现两个过程有类似的效率。

2. 赤铁矿(α-Fe_2O_3)

赤铁矿是一种重要的铁矿石，存在于各种矿石中，如铁矿、铁玫瑰和镜铁矿；赤铁矿具有稳定的刚玉结构，是铁氧化物中最常见的多晶，具有较好的热稳定性和化学稳定性，成本低，来源广，比表面积较大，拓扑结构明确及环境友好等优点而广泛用于非均相芬顿体系中[24,25]。虽然赤铁矿的芬顿催化活性较低，但是通过对其进行改性，如提高其比表面积、改变结晶度及通过金属和非金属离子的掺杂可提高其催化活性。

一般来说，催化剂的比表面积是影响非均相芬顿催化过程中反应速率的主要因素，比表面积越大，其催化活性越高。这是因为高的比表面积可以为催化剂提供更多的吸附位点和活性位点。除了比表面积之外，结晶度也对催化剂的催化活性有显著的影响。例如，Hermanek 等[26]研究了具有不同比表面积和结晶度的α-Fe_2O_3 催化分解 H_2O_2 的活性，其中具有最高比表面积(401 m^2/g)但无定形的α-Fe_2O_3 表现出最低的催化活性，而具有较低比表面积(337 m^2/g)但结晶度高的却表现出最高的催化活性，其对 H_2O_2 分解速率常数可达到 26.4×10^{-3} min^{-1}。此外，许多文献报道了使用金属离子或非金属离子掺杂来提高α-Fe_2O_3 的活性。例如，Silva 等[27]报道了 Nb 掺杂的 Fe_2O_3/Fe_3O_4 复合非均相芬顿催化剂氧化降解有机污染物。在制备过程中，固体催化剂经 H_2O_2 预处理后形成了过氧化铌络合物，并且导致其表面和结构的改变，由此显著增强了复合催化剂的活性。Guo 等[28]报道了 S 掺杂的α-Fe_2O_3，在紫外或者可见光照射下具有很好的催化活性。研究表明，S 元素在α-Fe_2O_3/S 中以 FeS 或 FeS_2 的形式存在，掺杂 S 元素可以抑制光生电荷载流子的复合，促进 H_2O_2 和界面铁离子之间的电子传递，从而提高其催化活性。

3. 磁赤铁矿(γ-Fe₂O₃)

磁赤铁矿属于立方晶系，具有与磁铁矿类似的尖晶石结构，在这种尖晶石结构中，Fe^{3+} 占据着四面体和八面体空隙，同时在八面体位有缺陷。因此，磁赤铁矿与磁铁矿具有相同的结构，但是由于缺少 Fe^{2+}，其催化活性要低于磁铁矿。但是纳米尺寸的磁赤铁矿活性得到明显的提高。例如，Voinov 等[29]报道在与生物相关的条件下过氧化物驱动的芬顿反应过程中，直径 20～40 nm 的γ-Fe₂O₃ 表面产生高反应活性的·OH。电子顺磁共振证明自由基主要产生于纳米粒子表面，而非从纳米粒子上沥出的金属离子。此外，在纳米粒子表面催化中心产生·OH 的能力是沥出的铁离子产生·OH 能力的 50 倍以上。Xia 等[30]报道了介孔氧化硅包覆的γ-Fe₂O₃ 核壳结构的纳米复合催化剂，其比表面积高达 908.70 m²/g，在催化剂浓度为 5 g/L、pH 为 4.0、H₂O₂ 浓度为 0.98 mmol/L 时，2 h 内对 200 mg/L 的苯酚水溶液总有机碳(TOC)去除率达到 78%。

4. 针铁矿(α-FeOOH)

针铁矿是一种铁的羟基氧化物，存在于土壤和其他低温环境中。铁锈和褐铁矿的主要成分是针铁矿。针铁矿属于正交晶系，Fe^{3+} 处于 6 个 O^{2-} 所构成的配位八面体中。针铁矿因具有良好的亲水性，高的热力学稳定性，成本低，来源广，环境友好而受到研究者们的广泛关注，也是一种常用的非均相芬顿催化剂。Muruganandham 等[31]使用α-FeOOH 作为非均相超声芬顿催化剂，用于从水溶液中降解橙 39 染料，超声处理 90 min 后观察到 80%以上的染料被去除。类似地，Huang 等[32]利用α-FeOOH 作芬顿催化剂，观察到在乙二胺-N, N'-琥珀酸螯合剂、紫外辐射及近中性的条件下可完全除去双酚 A。Ortiz de la Plata 等[33]通过研究α-FeOOH 催化剂的光学性质分析其针对 Henyey-Greenstein 相函数的比吸收系数、比散射系数和不对称因子，发现其吸收波长在 310 nm 和 500 nm 之间。从这些结果中，作者总结出这种催化剂非常适合在太阳辐射下的光芬顿过程。

5. 零价铁(ZVI)

相对于 Fe₂O₃、FeOOH 和 Fe₃O₄ 等铁基材料，零价铁(ZVI)在反应过程中可通过归一反应生成更多的 Fe^{2+}，具有较高的活化 H₂O₂ 的潜力。商用的 ZVI 是通过球磨机械破碎之后，再通过筛选得来，成本低、效率高，粒径尺寸在微米级[34]。纳米材料 ZVI 由于尺寸在纳米级，具有单位比表面积大、表面能高、催化反应活性好等特点，被认为是目前 ZVI 发展的重要方向。其中，制备方法主要是以 NaBH₄ 或葡萄糖等为还原剂，以硫酸亚铁、氯化铁或氯化亚铁等为铁源，通过化学还原反应制得 ZVI[35-39]，具体反应式见反应(2-5)。通过控制温度、反应时间、反应物浓度等参数，控制纳米铁的粒径和形貌。另外，由于纳米铁的活性极高，制备过程中需要 N_2 保护等[40]。

$$Fe^{2+} + 2BH_4^- + 6H_2O === Fe + 2B(OH)_3 + 7H_2 \qquad (2-5)$$

张礼知等分别配制 $FeCl_3$ 溶液和 $NaBH_4$ 溶液，通过控制 $NaBH_4$ 溶液滴入 $FeCl_3$ 溶液的速度，调节 Fe 的成核和生长速率，制得了不同形貌的 $Fe@Fe_2O_3$ 纳米材料。滴入速度较快时，制得纳米线结构的 $Fe@Fe_2O_3$，降低滴入速度，得到纳米项链结构的 $Fe@Fe_2O_3$。图 2-1 为样品的元素面扫描分析，氧元素主要分布在外壳层，这说明纳米铁在环境中极易被氧化。另外，降解实验表明，在 pH 2.0 的情况下，$Fe@Fe_2O_3$ 纳米线具有比均相 Fe^{2+} 更好的类芬顿催化剂活性。

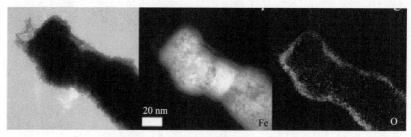

图 2-1　$Fe@Fe_2O_3$ 纳米线的高分辨 EDS 面扫描[41]

Gong 等[41]通过水热法和煅烧法合成 ZVI@C 纳米颗粒。第一步，将 6g 尿素和 1.46g $FeCl_3$ 溶解在 40 mL 浓度为 150 g/L 的葡萄糖溶液中，通过水热法在 200℃下处理 14 h，制得 $Fe_3O_4@C$ 材料。第二步，将 $Fe_3O_4@C$ 在管式炉中氮气条件下 800℃热处理，一方面将碳源彻底碳化，另一方面通过碳还原作用将 Fe_3O_4 转化为 Fe，最终得到核壳结构的 ZVI@C。六价铬还原实验表明，表面的碳层不仅有利于吸附 $Cr_2O_7^{2-}$ 到样品表面，还可以提高内部 Fe 核的稳定性。

纳米材料表面能高，其在降解体系中极易发生聚集，形成较大的团聚体从而导致性能损失，严重影响了材料的长期使用性。为此，Liu 等[42]设计了一种蛋黄壳结构 $FeO@SiO_2$ 纳米颗粒，具体方法如下：首先利用正硅酸乙酯和十六烷基三甲基溴化铵等合成具有中空结构的介孔 SiO_2。然后以 $FeSO_4$ 为铁源，$NaBH_4$ 作为还原剂，通过浸渍还原法在介孔 SiO_2 内部形成 FeO 核。这种蛋黄壳结构作为微反应容器，吸附苯酚分子和双氧水到 Fe_3O_4 核周围，减少了反应物扩散到活性位点所需的时间和距离，从而大大提高反应速率。此外，外层的 SiO_2 壳也避免了有效铁物种的损失。微纳枝状多级结构材料整体上处于微米级，而其次级结构具有纳米尺寸。这种独特的结构赋予了其微米级材料良好的分散性和纳米级材料高活性的特点，获得了研究人员的广泛关注。Sun 等[43]首先利用铁氰化钾水热法制得枝状多级结构的 Fe_2O_3，之后再通过 H_2 气氛下高温还原得到 Fe_3O_4 和 Fe，如图 2-2

所示。枝状 Fe_2O_3 转化为 Fe，原来的第三级结构消失，融合组成了第二级结构。这种结合和组成的变化导致了材料电磁特性的改变。

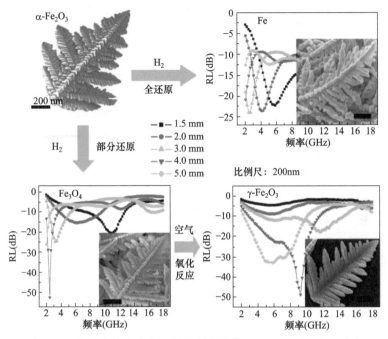

图 2-2　通过水热法-氢气还原法制得枝状 Fe、Fe_3O_4 和 γ-Fe_2O_3[43]

2.1.2　非均相芬顿催化载体材料研究现状

过渡金属及其氧化物负载型催化剂是一种具有应用前景的非均相芬顿催化剂。其主要的优势是此类催化剂易于回收，活性组分可在载体表面高度分散，可调整催化剂自身的化学选择性、区域选择性和择形选择性。常见的载体材料包括 SiO_2、Al_2O_3、分子筛、黏土以及碳材料等。

SiO_2 由于其价格便宜、合成简单、无毒无害以及易塑形性成为最常使用的催化剂载体之一。Meeks 等[44]将固定于磺酸化 SiO_2 颗粒上的铁离子还原为零价铁，而后零价铁外层被氧化，形成铁氧化物包裹零价铁纳米颗粒，研制出负载型"铁基纳米颗粒/SiO_2"非均相芬顿催化剂，此催化剂可以高效催化氧化三氯乙烯(TCE)脱氯。Sharma 等[45]通过固载化四磺酸酞菁镍于二氧化硅基底上得到一种新型的负载型非均相芬顿催化剂，研究表明该催化剂在室温中性条件下对染料的降解率高达 96%，而且循环利用多次其催化降解污染物活性基本不变，体现出良好的稳定性。Martínez 等[46]利用溶胶-凝胶结合聚集法合成出负载型材料 Fe_2O_3/SiO_2，并将其用作非均相芬顿催化剂降解苯酚。研究发现，铁物种质量分数为 5%~20%的 Fe_2O_3/SiO_2 对于苯酚的降解均表现出一致的良好效果：苯酚降解率高于 90%，TOC

去除率大于 50%，而反应溶液中铁离子却随着不同的 Fe 的负载量呈现不同的释放趋势。此外他们还发现用硅酸钠作为硅源比用正硅酸乙酯(TEOS)作为硅源合成的 Fe_2O_3/SiO_2 具有更高的稳定性。Yang 等[47]将 FeOCl 负载于 SiO_2 基底上合成出 $FeOCl/SiO_2$ 催化剂。研究发现，在 $FeOCl/SiO_2$ 芬顿体系中，双酚 A(BPA)在 30 min 时已被极大降解，在 180 min 时可被完全降解。此外，研究者对该体系对于双酚 A 的降解进行了动力学研究，发现其降解情况符合拟一级动力学方程，其活化能为 42.2 kJ/mol。

Al_2O_3 是一种极其稳定的载体材料，其具有高的比表面积的同时，具有离子交换能力。Wang 等[48]利用湿式浸渍法合成出铁锰双金属负载于γ-Al_2O_3基底的非均相芬顿催化剂 Fe-Mn/γ-Al_2O_3，研究表明，Fe-Mn/γ-Al_2O_3 芬顿体系对于活性黑 5 的降解活性远远高于γ-Al_2O_3、Fe/γ-Al_2O_3 和 Mn/γ-Al_2O_3 芬顿体系。在 Fe-Mn/γ-Al_2O_3 投加量为 2.5 g/L、H_2O_2 浓度为 7 mol/L 以及 pH 为 3 的条件下，反应 75 min，活性黑 5(50 mg/L)的脱色率高达 98.02%，且 Fe-Mn/γ-Al_2O_3 表现出极佳的稳定性。di Luca 等[49]利用负载型芬顿催化剂 Fe_2O_3/γ-Al_2O_3 活化 H_2O_2 降解高浓度苯酚，并分别考察了反应温度、催化剂浓度、苯酚浓度以及 H_2O_2 与苯酚物质的量比对于催化活性的影响。研究表明，0.9 g/L Fe_2O_3/γ-Al_2O_3 在 H_2O_2/苯酚物质的量比为 16.8 且反应温度为 70℃的条件下进行芬顿反应 4 h，使得 5000 ppm 高浓度的苯酚被完全去除，且 TOC 去除率为 42%。Bradu 等[50]将 NiO/Al_2O_3 和 CuO/Al_2O_3 用作负载型多相芬顿催化剂降解偶氮染料活性黑 5。对照研究表明，NiO/Al_2O_3 对偶氮染料仅仅存在吸附作用，不具备活化 H_2O_2 的功能，而 CuO/Al_2O_3 却能够高效催化降解偶氮染料。在 CuO/Al_2O_3 芬顿体系中，初始 O_2 浓度为 40 mmol/L，反应 4 h 后，偶氮染料可被完全去除，且体系矿化率高达 90%以上。但是此芬顿体系存在铜离子的释放，导致其循环活性有所降低。Inchaurrondo 等[51]也考察了 CuO/Al_2O_3 作为芬顿催化剂对苯酚的去除情况，研究发现，为了抑制催化剂在反应过程中的铜物种的释放，反应需在较高 pH 条件进行，但高的 pH 条件又使催化降解苯酚的效率降低。

分子筛具有良好的择形选择性和阳离子交换性，因而常被用作催化剂或载体。离子交换作用可以将过渡金属离子固定在分子筛上形成负载型多相芬顿催化剂，与 H_2O_2 发生氧化还原反应产生活性氧物种。Kondru 等[52]将 Fe-Y 分子筛用作多相芬顿催化剂降解偶氮染料刚果红。结果显示，在初始 pH 7，反应温度 90℃的条件下，芬顿反应 4 h，刚果红的去除率高达 97%，COD 去除率为 58%。Prihod'ko 等[53]利用铁粉与盐酸原位产生 Fe^{2+}，经阳离子交换 ZSM-5 制备出 Fe-ZSM-5(IE)并将其用作芬顿催化剂降解染料玫瑰红 G。研究表明，Fe-ZSM-5(IE)比常规 Fe^{3+} 交换 ZSM-5 得到的 Fe-ZSM-5(CE)具有更高的催化活性。Fe-ZSM-5(IE)在 pH 4.9、反应温度 50℃条件下，芬顿反应 150min 可将玫瑰红 G 完全脱色，且其 TOC 去除率可达到 80%。Wang 等[54]利用共沉淀法合成出 Fe 和 Al 共掺杂的 MCM-41-

Fe/Al 分子筛,并在此基础上,用浸渍法负载锰氧化物,从而制备出 MCM-41-Fe/Al-Mn 负载型催化剂。他们将此催化剂用于芬顿反应降解甲基蓝,发现在催化剂投加量为 0.2 g/L、H_2O_2 浓度 0.1 g/L 以及 pH 4 条件下,反应 120 min,甲基蓝(5 ppm)的脱色率为 93.3%,反应 200 min,COD 去除率为 30%。Li 等[55]利用等体积浸渍法合成出 Pd/PdO/Fe_2O_3 纳米颗粒负载于 SBA-15 分子筛基底的多组分负载型催化剂 Pd/PdO/Fe_2O_3NPs/SBA-15,由于使用 SBA-15 分子筛作为载体,该催化剂表现出较大的比表面积(369 m^2/g)。研究表明,该催化剂中 Pd 组分可以催化甲酸和 O_2 原位产生 H_2O_2,H_2O_2 进而在活性组分 Pd/PdO/Fe_2O_3 的催化作用下分解产生 ·OH。该催化剂在酸性条件下(pH 3)对于染料酸性红 73 的降解具有很好的活性,60 min 内其降解率高达 98.6%。

　　碳材料具有很好的吸附性能,常被用作吸附剂。然而,其结构的多样性和良好的电导性也使得很多碳材料被用作催化剂或催化剂载体。常被用作非均相芬顿催化剂载体的碳材料包括活性炭、碳纤维、碳凝胶、碳纳米管、石墨烯以及金刚石等。Soria-Sánchez 等[56]用具有不同织构-结构及表面化学性质的碳材料,如活性炭、石墨、碳纤维以及碳纳米管等,作为非均相芬顿催化剂降解水中染料 C.I.活性红 241,通过对比研究发现,碳纳米管是这一系列材料中催化活性最高的催化剂。Yang 等[57]将金负载于苯乙烯基活性炭上制备出负载型非均相芬顿催化剂 Au/SRAC(SRAC 为活性炭载体)。通过表征发现纳米金颗粒非常均匀地分散于活性炭的表面。作者认为,芬顿反应过程中,活性炭基底大量的未成对电子可将纳米金颗粒部分充电极化形成 Au$^\delta$,Au$^\delta$可将 H_2O_2 还原产生 ·OH,自身被氧化为 Au^0,产生的 ·OH 会破坏双酚 A 的结构。研究表明,在 pH 3 的酸性条件下,125 mg/L 催化剂与 530 ppm 的 H_2O_2 芬顿反应 12 h,双酚 A(114 ppm)的降解率可达到 89%。此外,Au/SRAC 表现出很好的循环稳定性。

　　Yoo 等[58]利用静电纺丝法将 Fe_3O_4/Fe/Fe_3C 复合纳米颗粒负载于多孔碳纳米纤维(PCNF)上从而合成出多组分负载型芬顿催化剂 Fe_3O_4/Fe/Fe_3C@PCNF,发现此催化剂对于染料甲基蓝具有很好的去除效果,最优条件下 10 min 之内即可将其完全去除。Duarte 等[59]利用多种方式制备出含过渡金属 Fe、Co 或 Ni 的碳凝胶非均相芬顿催化剂,发现不同制备方法和过渡金属会显著影响催化剂的活性和稳定性。利用浸渍法制备出的催化剂具有更好的活性,但是其稳定性较低,这不仅与所用过渡金属组分有关,也与载体多孔架构有关,微孔有助于染料等物质的吸附且减少金属溶出,介孔则可增加金属物种分散度,从而提升其催化活性。相比之下,Fe 物种活性最高且离子释放少,而 Co 虽然活性高但其离子释放较多。Variava 等[60]利用碳纳米管作为载体,通过浸渍和煅烧的方式将铁组分负载到载体上,从而制备出铁氧化物负载碳纳米管非均相芬顿催化剂。研究表明,利用微波协助多元醇法研制的 Fe$_x$O$_y$ MWNT 催化剂对染料橙黄 G 的去除显示出高的活性和稳定性：在中性条件下反应 30 min，橙黄 G(50 mg/L)几乎完全脱色。Wan 等[61]利用多元醇法制备 Mn_3O_4，然后在此基础上通过浸渍法和水合肼还原法制备出 Fe_3O_4-Mn_3O_4复合体负载于还原性氧化石墨烯的非均相芬顿催化剂 Fe_3O_4/Mn_3O_4-RGO，并将其用于活化 H_2O_2 降解磺胺二甲基嘧啶(SM2)。研究表明，在最优条件(pH 3、温度 35℃、Fe_3O_4/Mn_3O_4-RGO 投加量 0.5 g/L 和 H_2O_2 初始浓度 6 mmol/L)下，120 min 内，SM2(0.07 mmol/L)的去除率高达 98%。Garcia 研究组[62-65]多年致力于金/金刚石负载型芬顿催化剂 Au/OH-npD(OH-npD 为芬顿处理的纳米金刚石粒子，npD 为纳米金刚石粒子)的研究，他们最初将 Au 负载于芬顿法处理的金刚石上获得 Au/OH-npD，并将此催化剂用于苯酚降解，发现在 pH=4 条件下，此催化剂催化效率比其他固体催化剂高 4 个数量级，后来发现在加光条件下催化剂在中性及弱碱性环境中的芬顿催化活性大大提升。该研究组还初步探索了基于 Au/OH-npD 的芬顿催化氧化技术与生物后处理相结合的可行性技术，取得很好的结果。近期，该研究组将金刚石系列催化剂进行了拓展，利用多元醇还原 $Cu(NO_3)_2$ 的方式将纳米零价铜颗粒负载到金刚石上，获得 Cu/D 催化剂。研究表明，Cu/D 用作非均相芬顿催化剂并在加光的条件下对于苯酚的降解也具有很好的效果。Cu/D 的活性和稳定性都略低于 Au/D，即便如此，研究者仍然认为 Cu/D 是一种有前景的芬顿催化剂，因为其成本更加低廉。

2.2　新型芬顿催化材料的设计与合成

　　尽管非均相芬顿催化材料在一定程度上解决了传统均相芬顿材料的适用 pH 范围狭小、产生铁泥等问题，然而仍然存在在中性条件下活性低、稳定性差以及 H_2O_2 利用率低等问题。故对于原有的非均相芬顿催化材料在设计和合成上改变是尤为重要的。此外，基于前人的研究，开发新型芬顿催化材料也是迫在眉睫的。下面将阐述通过金属原子掺杂构筑氧空位，从而构建新型铁基非均相芬顿催化材料，并总结最新的非均相芬顿催化材料的设计与合成思路。

2.2.1　新型铁基非均相芬顿催化材料设计与合成

　　除了 Fe 和铁基材料之外，很多变价金属如 Ni、Cu、Co、Mn 和 Ce 等都具有一定的活化双氧水的能力，故这些变价金属也被用作改良类芬顿催化剂。

　　Fe_3O_4 中金属的掺杂也对催化效率的提高起了重要作用。与掺铬的 Fe_3O_4 相比，钒掺杂 Fe_3O_4 显示出更高的污染物降解效率[66]。钒的掺杂提高了铁离子的浓度和 Fe_3O_4 颗粒的比表面积。Liang 等[67]发现，随着钒在 Fe_3O_4 中的掺入，表面羟基增加和磁赤铁矿转变为赤铁矿的相转变温度降低。此外，还观察到非均相催化剂具有较高的催化活性，主要是由于改善了吸附活性，强化了钒酸根离子在 Fe_3O_4

表面分解双氧水生成羟基自由基的能力，并且增强了钒离子的再生。同样，Ti[68]、Pd[69]、Nb[70]等的掺杂也提高了 Fe_3O_4 的催化活性。Li 等[71]比较了芬顿和光芬顿 Fe_3O_4 催化剂在 Ti、Cr、Mn、Co 和 Ni 中的增强作用。在非均相芬顿反应中，Cr、Mn 和 Co 的置换增加了 Fe_3O_4 的活性，促进了羟基自由基的形成速率。然而，在 Fe_3O_4 中添加 Ni 和 Ti 显示出负面影响。Ti、Mn 和 Cr 的加入提高 Fe_3O_4 的芬顿光催化活性，而添加 Ni 和 Co 时，芬顿活性没有明显变化。

Yamaguchi 等[72]利用湿式氧化法在 ZVI 负载了零价铜，并将其应用于污水处理。研究表明，在无 H_2O_2 存在的情况下，ZVI 可以通过溶氧反应原位产生 H_2O_2，进一步活化产生 ·OH，用于污染物的氧化降解。相比于单一的 ZVI，铁铜双金属在 pH 3.0 的情况下，会加速污染物的降解效率，但 Cu 并非能促进表面·OH 的产生，相反还有一定的抑制效果。这是因为 Cu 在 ZVI 表面的沉积，增强催化剂表面对偶氮染料橙 II (Orange II)的吸附能力，才导致了类芬顿反应速率加快。溶氧降解实验证明，Cu 对降解反应具有促进作用，还可以通过改变催化剂表面化学状态，从反应物扩散的角度来提高均相反应速率。

Wang 等[73]制备了不同 Cu/Fe 比例的介孔氧化硅空心球非均相类芬顿催化剂，通过降解酸性橙来研究其降解性能。在反应过程中，芬顿反应出现了 Fe^{2+}/Fe^{3+} 和 Cu^+/Cu^{2+} 两个氧化还原电对，相互促进对 H_2O_2 的活化能力。Cu/Fe 的最优比例是 1∶3，最佳实验参数为 0.10 g/L 酸性橙、27.4 mmol/L H_2O_2、1.0 g/L 催化剂，在 pH 7.0 和 30℃条件下具备最优性能，可在 120 min 内达到 99%的去除率。

Wang 等[74]通过浸渍法制得了 Fe_3O_4/CeO_2 磁性纳米复合材料，并研究了其异相类芬顿催化性能。结果表明，该催化剂的降解污染物的反应符合准一级反应动力学。降解过程中，Fe^{2+} 可促进 Ce^{4+} 转化为 Ce^{3+}，Ce^{3+} 进一步与 H_2O_2 反应生成 ·OH，H_2O_2 的利用率被提高至 79.2%，Fe_3O_4/CeO_2 复合材料可被有效循环使用 6 次。与单一的 Fe_3O_4 材料相比，循环性能大大提高。

近年来，氧空位(OVs)作为一种晶格缺陷，在催化反应过程中能够发挥独特的作用机制，逐渐为人们所重视[75]。氧空位的构筑方法有两种，一种是通过在金属氧化物中掺杂低价金属，替代原来高价金属处的格点位置，诱导形成氧空位；另外一种是在超高真空的乏氧状态或者还原性环境处理金属氧化物，造成晶格中的氧脱离，形成氧空位。氧空位要比单原子催化剂更易制得，被认为是开发高催化活性且成本可控的类芬顿催化剂的有效途径之一。张礼知课题组深入研究了 OVs 对催化活性的影响[76]，在超真空条件下，对 BiOCl 样品进行热处理或者光照处理，均能激发表面的 O 原子脱离，从而在 BiOCl 表面构筑氧空位。Bi 元素 L 边的扩展 X 射线吸收精细结构(EXAFS)结果显示，修饰了氧空位后的 Bi

原子和 O 原子之间的相互作用力减弱，Bi—O 键长被拉伸，配位数也相应降低。OVs 提供了局域欠电子态，改变了周围原子的物理化学状态。表面光电压谱(SPS)证明，相对于其他催化剂，含 OVs 的光催化剂在可见光区域具有明显的光电压响应，反应活性增强。此外，该课题组还研究了位于不同晶面上的氧空位对类芬顿活性的影响。首先通过调节 pH 分别制得不同晶面裸露的 BiOCl 层，在超高真空热处理的条件下，BiOCl 表面构筑 OVs 缺陷。研究发现，OVs 显著提高了催化剂表面的活性，相比于无 OVs 的表面，·OH 的产率大大增加。另外，暴露(001)晶面的 BiOCl 样品生成的 ·OH 大部分从催化剂表面扩散到液相中，形成游离态的 ·OH；而暴露(010)晶面的 BiOCl 样品生成的 ·OH 主要参与表面的异相反应，优先降解表面的目标污染物。该工作开阔了类芬顿催化剂的制备思路，为未来大规模应用奠定了理论基础。

2.2.2　新型单原子非均相芬顿催化材料的合成

具有超小团簇和单原子中心的催化剂由于具有高的原子利用率，在氧还原反应、脱除挥发性有机物和电催化等领域的应用引起了人们的极大兴趣。例如，Fei 等[77]获得了具有高活性中心密度的单原子 Cu-N@石墨烯催化剂，金属负载量高达 8.5%(质量分数)，这表明该催化剂具有良好的实际应用潜力。最近，一些研究人员发现，具有原子分布的活性金属中心(如 Fe 和 Co)的单原子催化剂通过获得最大的原子效率而表现出高的芬顿/类芬顿反应活性[77,78]。

An 等[79]将采用一步热解法制备的一种具有超小团簇和单原子 Fe 中心嵌入石墨氮化碳(FeN_x/g-C_3N_4)的催化剂，用于高级氧化工艺。在这种催化剂中，g-C_3N_4 具有高密度的均匀 N 原子分布和有效捕获过渡金属的能力，是稳定高密度超小金属团簇和单原子 Fe 中心的良好载体。所有复合材料中的大部分 Fe 原子都是以 Fe^{2+} 状态存在的，能够促进 H_2O_2 活化生成 ·OH，同时对各种典型有机物都有很好的去除效果。

Li 等[80]将单个钴原子锚定在多孔氮掺杂石墨烯上，通过活化过氧—硫酸盐催化氧化双酚 A，合成了活性高、稳定性好的双反应中心类芬顿催化剂。在这种单 Co 原子催化剂中，具有单— Co 原子的 CoN_4 中心是 PMS 活化的最佳结合能的活性中心，而相邻的吡咯酸 N 中心吸附 BPA，这大大缩短了 PMS 活化产生的单线态氧的迁移距离，提高了 PMS 的催化性能。

参 考 文 献

[1] Babuna F G, Camur S, Alaton I A, et al. The application of ozonation for the detoxification and

biodegradability improvement of a textile auxiliary: naphtalene sulphonic acid[J]. Desalination, 2009, 249: 682-686.

[2] Bautista P, Mohedano A F, Menendez N, et al. Catalytic wet peroxide oxidation of cosmetic wastewaters with Fe-bearing catalysts[J]. Catalysis Today, 2010, 151: 148-152.

[3] Zhao X, Qu J, Liu H, et al. Photoelectrochemical treatment of landfill leachate in a continuous flow reactor[J]. Bioresource Technology, 2010, 101: 865-869.

[4] Pliego Q, Zazo J A, Blasco S, et al. Treatment of highly polluted hazardous industrial wastewaters by combined coagulation-adsorption and high-temperature Fenton oxidation[J]. Industrial & Engineering Chemistry Research, 2012, 51: 2888-2896.

[5] Pliego Q, Zazo J A, Casas J A, et al. Case study of the application of Fenton process to highly polluted wastewater from power plant[J]. Journal of Hazardous Materials, 2013, 252-253: 180-185.

[6] Munoz M, Pliego G, de Pedro Z M, et al. Application of intensified Fenton oxidation to the treatment of sawmill wastewater[J]. Chemosphere 2014, 109: 34-41.

[7] Zangeneh H, Zinatizadeh A L, Feizy M. A comparative study on the performance of different advanced oxidation processes (UV/03/H_2O_2) treating linear alkyl benzene (LAB)production plant's wastewater[J]. Journal of Industrial and Engineering Chemistry, 2014, 20: 1453-1461.

[8] Bautista P, Mohedano A F, Gilarranz M A, et al. Application of Fenton oxidation to cosmetic wastewaters treatment[J]. Journal of Hazardous Materials, 2007, 143: 128-134.

[9] Rosales E, Pazos M, Sanroman M A. Advances in the electro-Fenton process for remediation of recalcitrant organic compounds[J]. Chemical Engineering & Technology, 2012, 35: 609-617.

[10] Wang N N, Zheng T, Zhang G S, et al. A review on Fenton-like processes for organic wastewater treatment[J]. Journal of Environmental Chemical Engineering, 2016, 4: 762-787.

[11] Baba Y, Yatagai T, Harada T, et al. Hydroxyl radical generation in the photo Fenton process: effects of carboxylic acids on iron redox cycling[J]. Chemical Engineering Journal,2015, 277: 229-241.

[12] Ioan I, Wilson S, Lundanes E, et al. Comparison of Fenton and sono-Fenton bisphenol A degradation[J]. Journal of Hazardous Materials, 2007, 142: 559-563.

[13] Yin Y, Shi L, Liw, et al. Boosting Fenton-like reactions via single atom Fe catalysis[J]. Envionmental Science and Technology, 2019, 53: 11391-11400.

[14] Wang N N, Zheng T, Jiang J P, et al. Pilot-scale treatment of p-nitrophenol wastewater by microwave-enhanced Fenton oxidation process: effects of system parameters and kinetics study[J]. Chemical Engineering Journal, 2014, 239: 351-359.

[15] Sun S P, Lemley A T. p-Nitrophenol degradation by a heterogeneous Fenton-like reaction on nano-magnetite: process optimization, kinetics, and degradation pathways[J]. Journal of Molecular Catalysis A: Chemical, 2011, 349: 71-79.

[16] 王彦斌, 赵红颖, 赵国华, 等. 基于铁化合物的异相 Fenton 催化氧化技术[J]. 化学进展, 2013, 25: 1246-1259.

[17] Pouran S R, Abdul Aziz A R, Daud W M A W, et al. Estimation of the effect of catalyst physical characteristics on Fenton-like oxidation efficiency using adaptive neuro-fuzzy computing technique[J]. Measurement, 2015, 59: 314-328.

[18] Sun Z X, Su F W, Forsling W, et al. Surface characteristics of magnetite in aqueous suspension[J].

Journal of Colloid and Interface Science, 1998, 197: 151-159.

[19] Hu X, Liu B, Deng Y, et al. Adsorption and heterogeneous Fenton degradation of 17α-methyltestosterone on nano Fe_2O_3/MWCNTs in aqueous solution[J]. Applied Catalysis B: Environmental, 2011, 107: 274-283.

[20] Pastrana-Martínez L M, Pereira N, Lima R, et al. Degradation of diphenhydramine by photo-Fenton using magnetically recoverable iron oxide nanoparticles as catalyst[J]. Chemical Engineering Journal, 2015, 261: 45-52.

[21] He J, Yang X, Men B, et al. Heterogeneous Fenton oxidation of catechol and 4-chlorocatechol catalyzed by nano-Fe_3O_4: role of the interface[J]. Chemical Engineering Journal, 2014, 258: 433-441.

[22] Nidheesh P V, Gandhimathi R, Velmathi S, et al. Magnetite as a heterogeneous electro Fenton catalyst for the removal of Rhodamine B from aqueous solution[J]. RSC Advances, 2014, 4: 5698-5708.

[23] Xavier S, Gandhimathi R, Nidheesh P V, et al. Comparison of homogeneous and heterogeneous Fenton processes for the removal of reactive dye Magenta MB from a queoussolution[J]. Desalination and Water Treatment, 2015, 53: 109-118.

[24] Araujo F V F, Yokoyama L, Teixeira L A C, et al. Heterogeneous Fenton process using the mineral hematite for the discolouration of a reactive dye solution[J]. Brazilian Journal of Chemical Engineering, 2011, 28: 605-616.

[25] Cao Z, Qin M, Jia B, et al. One pot solution combustion synthesis of highly mesoporous hematite for photocatalysis[J]. Ceramics International, 2015, 41: 2806-2812.

[26] Hermanek M, Zboril R, Medrik N, et al. Catalytic efficiency of iron(III) oxides in decomposition of hydrogen peroxide: competition between the surface area and crystallinity of nanoparticles[J]. Journal of the American Chemical Society, 2007, 129: 10929-10936.

[27] Silva A C, Cepera R M, Pereira M C, et al. Heterogeneous catalyst based on peroxoniobium complexes immobilized over iron oxide for organic oxidation in water[J]. Applied Catalysis B: Environmental, 2011, 107: 237-244.

[28] Guo L Q, Chen F, Fan X Q, et al. S-doped α-Fe_2O_3 as a highly active heterogeneous Fenton-like catalyst towards the degradation of acid orange 7 and phenol[J]. Applied Catalysis B: Environmental, 2010, 96: 162-168.

[29] Voinov M A, Pagan J O S, Morrison E, et al. Surface-mediated production of hydroxyl radicals as a mechanism of iron oxide nanoparticle biotoxicity[J]. Journal of the American Chemical Society, 2011, 133: 35-41.

[30] Xia M, Chen C, Long M C, et al. Magnetically separable mesoporous silica nanocomposite and its application in Fenton catalysis[J]. Microporous and Mesoporous Materials, 2011, 145: 217-223.

[31] Muruganandham M, Yang J S, Wu J J. Effect of ultrasonic irradiation on the catalytic activity and stability of goethite catalyst in the presence of H_2O_2 at acidic medium[J]. Industrial & Engineering Chemistry Research, 2007, 46: 691-698.

[32] Huang W, Brigante M, Wu F, et al. Effect of ethylenediamine-N,N'-disuccinic acid on Fenton and

photo-Fenton processes using goethite as an iron source: optimization of parameters for bisphenol A degradation[J]. Environmental Science and Pollution Research, 2013, 20: 39-50.

[33] Ortiz de la Plata G B, Alfano O M, Cassano A E. Optical properties of goethite catalyst for heterogeneous photo-Fenton reactions: comparison with a titanium dioxide catalyst[J]. Chemical Engineering Journal, 2008, 137: 396-410.

[34] Tan C, Dong Y, Fu D, et al. Chloramphenicol removal by zero valent iron activated peroxymonosulfate system: kinetics and mechanism of radical generation[J]. Chemical Engineering Journal, 2018, 334: 1006-1015.

[35] Ambika S, Devasena M, Nambi I M. Assessment of meso scale zero valent iron catalyzed Fenton reaction in continuous-flow porous media for sustainable groundwater remediation[J]. Chemical Engineering Journal, 2018, 334: 264-272.

[36] Le T X H, Esmilaire R, Drobek M, et al. Design of a novel fuel cell-Fenton system: a smart approach to zero energy depollution[J]. Journal of Materials Chemistry A, 2016, 4(45): 17686-17693.

[37] Han Y, Yan W. Reductive dechlorination of trichloroethene by zero-valent iron nanoparticles: environmental reactivity enhancement through sulfidation treatment[J]. Science & Technology, 2016, 50(23): 12992-13001.

[38] Fan D, O'Brien Johnson G, Tratnyek P G, et al. Sulfidation of nano zerovalent iron (nZVI) for improved selectivity during *in-situ* chemical reduction (ISCR)[J]. Environmental Science & Technology, 2016, 50(17): 9558-9565.

[39] Xue W, Huang D, Zeng G, et al. Nanoscale zerovalent iron coated with rhamnolipid as an effective stabilizer for immobilization of Cd and Pb in river sediments[J]. Journal of Hazardous Materials, 2018, 341: 381-389.

[40] Lu L, Ai Z, Li J, et al. Synthesis and characterization of $Fe-Fe_2O_3$ core-shell nanowires and nanonecklaces [J]. Crystal Growth & Design, 2007, 7(2): 459-464.

[41] Gong K, Hu Q, Xiao Y, et al. Triple layered core-shell ZVI@carbon@ polyaniline composite enhanced electron utilization in Cr(Ⅵ) reduction[J]. Journal of Materials Chemistry A, 2018, 6(24): 11119-11128.

[42] Liu C, Li J, Qi J, et al. Yolk-shell $FeO@SiO_2$ nanoparticles as nanoreactors for Fenton-like catalytic reaction[J]. ACS Applied Materials & Interfaces, 2014, 6(15): 13167-13173.

[43] Sun G, Dong B, Cao M, et al. Hierarchical dendrite-like magnetic materials of Fe_3O_4, γ-Fe_2O_3, and Fe with high performance of microwave absorption[J]. Chemistry of Materials, 2011, 23(6): 1587-1593.

[44] Meeks N D, Smuleac V, Stevens C, et al. Iron-based nanoparticles for toxic organic degradation: silica platform and green synthesis[J]. Industrial & Engineering Chemistry Research, 2012, 51(28): 9581-9590.

[45] Sharma R K, Gulati S, Pandey A, et al. Novel, efficient and recyclable silica based organic-inorganic hybrid nickel catalyst for degradation of dye pollutants in a newly designed chemical reactor[J]. Applied Catalysis B: Environmental, 2012, 125: 247-258.

[46] Martínez F, Molina R, Pariente M I, et al. Low-cost Fe/SiO₂ catalysts for continuous Fenton processes[J]. Catalysis Today, 2017, 280: 176-183.

[47] Yang X J, Xu X M, Xu X C, et al. Modeling and kinetics study of bisphenol A (BPA) degradation over an FeOCl/SiO₂ Fenton-like catalyst[J]. Catalysis Today, 2016, 276: 85-96.

[48] Wang Y, Wang J, Zou H, et al. Heterogeneous activation of hydrogen peroxide using γ-Al₂O₃ supported bimetallic Fe, Mn for the degradation of reactive black 5[J]. RSC Advances, 2016, 6(19): 15394-15401.

[49] di Luca C, Ivorra F, Massa P, et al. Alumina supported Fenton-like systems for the catalytic wet peroxide oxidation of phenol solutions[J]. Industrial & Engineering Chemistry Research, 2012, 51(26): 8979-8984.

[50] Bradu C, Frunza C, Mihalche N, et al. Removal of reactive black 5 azo dye from aqueous solutions by catalytic oxidation using CuO/Al₂O₃ and NiO/Al₂O₃[J]. Applied Catalysis B: Environmental, 2010, 96(3-4): 548-556.

[51] Inchaurrondo N, Cechini J, Font J, et al. Strategies for enhanced CWPO of phenol solutions[J]. Applied Catalysis B: Environmental, 2012, 111: 641-648.

[52] Kondru A K, Kumar P, Chand S. Catalytic wet peroxide oxidation of azo dye (Congo red) using modified Y zeolite as catalyst[J]. Journal of Hazardous Materials, 2009, 166(1): 342-347.

[53] Prihod'ko R, Stolyarova I, Gündüz G, et al. Fe-exchanged zeolites as materials for catalytic wet peroxide oxidation. Degradation of Rodamine G dye[J]. Applied Catalysis B Environmental, 2011, 104(1-2): 201-210.

[54] Wang Z, Lin X, Huang Y, et al. The role of hydroxylation on ·OH generation for enhanced ozonation of benzoic acids: reactivity, ozonation efficiency and radical formation mechanism[J]. Journal of Hazardous Materials, 2022, 431: 128620.

[55] Li X, Liu X, Xu L, et al. Highly dispersed Pd/PdO/Fe₂O₃ nanoparticles in SBA-15 for Fenton-like processes: confinement and synergistic effects[J]. Applied Catalysis B Environmental, 2015, 165: 79-86.

[56] Soria-Sánchez M, Castillejos-López E, Maroto-Valiente A, et al. High efficiency of the cylindrical mesopores of MWCNTs for the catalytic wet peroxide oxidation of C.I. Reactive Red 241 dissolved in water[J]. Applied Catalysis B Environmental, 2012, 121-122: 182-189.

[57] Yang X, Tian P F, Zhang C, et al. Au/carbon as Fenton-like catalysts for the oxidative degradation of bisphenol A[J]. Applied Catalysis B: Environmental, 2013, 134/135: 145-152.

[58] Yoo S H, Jang D, Joh H I, et al. Iron oxide/porous carbon as a heterogeneous Fenton catalyst for fast decomposition of hydrogen peroxide and efficient removal of methylene blue[J]. Journal of Materials Chemistry A, 2017, 5: 748-755.

[59] Duarte F, Maldonado-Hódar F J, Pérez-Cadenas A F, et al. Fenton-like degradation of azo-dye Orange II catalyzed by transition metals on carbon aerogels[J]. Applied Catalysis B Environmental, 2009, 85(3-4): 139-147.

[60] Variava M F, Church T L, Harris A T. Magnetically recoverable FeₓOᵧ-MWNT Fenton's catalysts that show enhanced activity at neutral pH[J]. Applied Catalysis B Environmental, 2012, 123-124:

200-207.

[61] Wan Z, Wang J. Degradation of sulfamethazine using Fe_3O_4-Mn_3O_4/reduced graphene oxide hybrid as Fenton-like catalyst[J]. Journal of Hazardous Materials, 2016, 324: 653.

[62] Navalon S, Miguel M D, Martin R, et al. Enhancement of the catalytic activity of supported gold nanoparticles for the Fenton reaction by light[J]. Journal of the American Chemical Society, 2011, 133(7): 22-18.

[63] Martín R, Navalon S, Alvaro M, et al. Optimized water treatment by combining catalytic Fenton reaction using diamond supported gold and biological degradation[J]. Applied Catalysis B Environmental, 2011, 103(1-2): 246-252.

[64] Martin R, Navalon S, Delgado J J, et al. Influence of the preparation procedure on the catalytic activity of gold supported on diamond nanoparticles for phenol peroxidation[J]. Chemistry, 2011, 17(34): 9494-9502.

[65] Espinos J C, Navalon S, Alvaro M, et al. Copper nanoparticles supported on diamond nanoparticles as cost-effective and efficient catalyst for natural sunlight assisted Fenton reaction[J]. Catalysis Science & Technology, 2016, 6: 7077-7085.

[66] Junior I L, Millet J M M, Aouine M, et al. The role of vanadium on the properties of iron based catalysts for the water gas shift reaction[J]. Applied Catalysis A:General, 2005, 283: 91-98.

[67] Liang X, Zhu S, Zhong Y, et al. The remarkable effect of vanadium doping on the adsorption and catalytic activity of magnetite in the decolorization of methylene blue[J]. Applied Catalysis B: Environmental, 2010, 97: 151-159.

[68] Zhong Y, Liang X, Zhong Y, et al. Heterogeneous W/Fenton degradation of TBBPA catalyzed by titanomagnetite: catalyst characterization, performance and degradation products[J]. Water Research, 2012, 46: 4633-4644.

[69] Luo M, Yuan S, Tong M, et al. An integrated catalyst of Pd supported onmagnetic Fe_3O_4 nanoparticles: simultaneous production of H_2O_2 and Fe^{2+} for efficient electro-Fenton degradation of organic contaminants[J]. Water Research, 2014, 48: 190-199.

[70] Oliveira D Q L, Oliveira L C A, Murad E, et al. Niobian iron oxides as heterogeneous Fenton catalysts for environmental remediation[J]. Hyperfine Interactions, 2010, 195: 27-34.

[71] Li H, Li J, Ai Z, et al. Oxygen vacancy-mediated photocatalysis of BiOCl: reactivity, selectivity and perspective[J]. Angewandte Chemie International Edition, 2018, 57(1): 122-138.

[72] Yamaguchi R, Kurosu S, Suzuki M, et al. Hydroxyl radical generation by zero-valent iron/Cu (ZVI/Cu) bimetallic catalyst in wastewater treatment: heterogeneous Fenton/Fenton-like reactions by Fenton reagents formed *in-situ* under oxic conditions[J]. Chemical Engineering Journal, 2018, 334: 1537-1549.

[73] Wang J, Liu C, Hussain I, et al. Iron-copper bimetallic nanoparticles supported on hollow mesoporous silica spheres: the effect of Fe/Cu ratio on heterogeneous Fenton degradation of a dye[J]. RSC Advances, 2016, 6(59): 54623-54635.

[74] Xu L, Wang J. Magnetic nanoscaled Fe_3O_4/CeO_2 composite as an efficient Fenton-like heterogeneous catalyst for degradation of 4-chlorophenol[J]. Environmental Science & Technology, 2012,

46(18): 10145-10153.

[75] Nair R G, Mazumdar S, Modak B, et al. The role of surface O-vacancies in the photocatalytic oxidation of Methylene blue by Zn-doped 2: a mechanistic approach[J]. Journal of Photochemistry and Photobiology A: Chemistry, 2017, 345: 36-53.

[76] Jiang J, Zhao K, Xiao X, et al. Synthesis and facet-dependent photoreactivity of BiOCl single-crystalline nanosheets[J]. Journal of the American Chemical Society, 2012, 43(27): 4473-4476.

[77] Fei H, Dong J, Feng Y, et al. General synthesis and definitive structural identification of Mn4C4 single-atom catalysts with tunable electrocatalytic activities[J]. Nature Catalysis, 2018, 1: 63-72.

[78] Chen Y, Gao J, Huang Z, et al. Sodium rivals silver as single-atom active centers for catalyzing abatement of formaldehyde[J]. Environmental Science and Technology, 2017, 51(12): 7084-7090.

[79] An S, Zhang G, Wang T, et al. High-density ultrasmall cluster and single-atom Fe sites embedded in g-C3N4 for highly efficient catalytic advanced oxidation processes[J]. ACS Nano, 2018, 12: 9441-9450.

[80] Li X, Huang X, Xi S, et al. Single cobalt atoms anchored on porous N-doped graphene with dual reaction sites for efficient Fenton-like catalysis[J]. Journal of the American Chemical Society, 2018, 140(39): 12469-12475.

第3章 层状氢氧化物芬顿催化材料的合成与高级氧化性能

3.1 层状氢氧化物及其衍生物概述

自发现机械剥离的石墨烯以来，关于二维(2D)纳米材料在凝聚态物理、材料科学、化学和纳米技术领域的研究已经成倍增长。2D 结构是许多功能材料达到优异物理、电子、化学性能独一无二且必不可少的特征[1]。对其他类似石墨烯的 2D 纳米材料的研究也日益增长，如六方氮化硼(h-BN)、过渡金属硫化物、石墨相氮化碳(g-C₃N₄)、层状双金属氧化物(LDO)和层状双金属氢氧化物(LDH)都是典型的 2D 纳米材料，还有一些新晋贵金属、金属有机骨架(MOFs)、共价有机骨架(COF)、聚合物、黑磷(BP)、无机钙钛矿等[1-3]。这些材料的多方面性能得益于它们的 2D 结构特征与不同的组成成分。

作为大量 2D 纳米材料中，成分调节范围广、价格低廉、制备简单的一种典型层状材料，LDH 在众多领域都扮演了重要角色[4,5]。特别是与生俱来的 2D LDH 与难形成 2D 结构的过渡金属氧化物结合，不仅赋予了 LDH 丰富的功能和诱人的应用前景，更为简单、环保地制备特定 2D 过渡金属氧化物材料提供了重要参考。

3.1.1 层状氢氧化物的结构及性质

1. 层状氢氧化物的结构

早在 19 世纪 40 年代，Circa 就发现了天然层状双金属氢氧化物(layered double hydroxide，LDH)矿物——水滑石，一个世纪后，Feitknecht 等首次合成了 LDH[6]。经过几十年的发展，LDH 及其焙烧产物的研究进展更为迅速，不断挖掘出与时俱进的潜在功能和应用前景。

LDH 是以 $[M^{2+}_{1-x}M^{3+}_x(OH)_2]^{m+}(A^{n-})_{m/n}\cdot yH_2O$ 为通式的一类层状材料，由带正电层板和平衡电荷的层间阴离子或起溶剂化作用的分子和水分子组成[7]。大多数情况下，M^{2+} 和 M^{3+} 分别代表二价(如 Mg^{2+}，Zn^{2+}，Ni^{2+})和三价金属离子(如 Fe^{3+}，Al^{3+}，Cr^{3+}，Mn^{3+})，使得 $m=x$[8]。这些阳离子占据类水滑石层的八面体空隙。A^{n-} 是无框架的电荷平衡阴离子或溶剂分子，如 CO_3^{2-}，Cl^-，SO_4^{2-}，RCO_2^- 等，位于

层间水分子的空隙中。另外，M^{2+}也有由 Li^+ 与 Al^{3+}、Ti^{4+} 组成的情况[5,7]。y 值与层间阴离子、水的蒸气压和温度有关。典型的 LDH 晶体结构如图 3-1 所示。由于多样的阳离子(M^{2+} 或 M^{3+})、层间阴离子(A^{n-})、M^{2+}/M^{3+} 比，LDH 包含了一大类同构材料。其中，层间为碳酸根的 MgAl-LDH 是最常见的一类[8]。

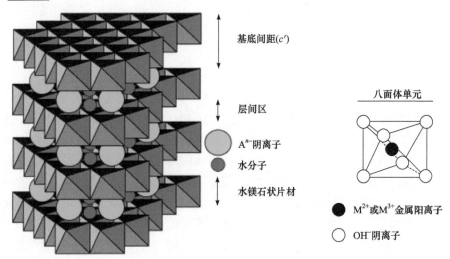

LDH结构

基底间距(c')

层间区

八面体单元

A^{n-}阴离子

水分子

水镁石状片材

M^{2+}或M^{3+}金属阳离子

OH 阴离子

图 3-1　LDH 结构示意图[9]

2. 层状氢氧化物的性质

LDH 结构特点决定了 LDH 具有特殊的性能。

1) 可调控性

LDH 的可调控性表现在许多方面。最显著的就是其层板金属元素的种类和数量调控，以及层间阴离子或溶剂的交换[4,10]。例如，含 Ni、Fe、Zn、Co 的 LDH 材料最常被用于各种电催化反应，有 NiFe-LDH、NiTi-LDH、NiAl-LDH、ZnCo-LDH 等[11-13]。这些不同层板元素的组合还会与不同层间阴离子搭配，主要取决于不同研究方向的研究人员的需求及精细制备某种 LDH 的配方，用于制备各种各样、各有所长的功能材料几乎具有无限的可能。例如，Abellán 等制备了磁性 CoAl-LDH 插层偶氮苯分子，通过偶氮苯的光致异构变化，实现了紫外光控制 CoAl-LDH 的层间结构变化从而改变材料的磁性状态[14]；北京师范大学的 Ma 等制备的 MoS_4^{2-} 离子插层的 MgAl-LDH 具有非常好的吸附重金属离子的效果，能对 Cu^{2+}，Pb^{2+}，Ag^+ 和 Hg^{2+} 进行高效的选择吸附，对 Ag^+ 和 Hg^{2+} 都达到了迄今为止最高的吸附容量和超高的分布系数[10]。同时，也有对二元 LDH 掺杂第三种元素甚至更多的报道[15]。这也表明了 LDH 本身的优异性质赋予了它们无限的潜力。

此外，通过调整 LDH 制备过程中的晶化时间、碱类型和用量、金属盐浓度、温度等，可以调控其晶粒尺寸及分布。目前，LDH 纳米粒子直径在不同水热条件下可以从 30 nm 到 10 μm[5]。通过各种剥离手段或自上而下法也可以制备单层 LDH 纳米片。因此，LDH 本身具有极大的可调性。

2) 碱性

LDH 表面有许多基团和缺陷导致的不同强度的碱性位点[10]。不同 LDH 的碱性强弱与其组成中二价金属氢氧化物的碱性强弱基本一致。一般来说，LDH 的比表面积较小，表观碱性较小，而其焙烧产物双金属氧化物常表现出更强的碱性和更高的比表面积[4,16,17]。由于大部分金属元素能均匀分布在 LDH 的层板中并较为有序地排列，所以 LDH 在多相催化中扮演了重要角色，而 LDH 经过煅烧的拓扑转化，保留了均匀分布的金属元素，形成的金属氧化物或尖晶石相为主要成分的 LDO 也是一种应用于各种化学反应的良好催化剂[4]。

3) 热稳定性

LDH 层板内、层间、层板与层间存在着静电引力、氢键、共价键等弱结合和强结合作用，具有一定的热稳定性。当 LDH 被加热到一定温度，会发生热分解。热分解过程包括脱除层间水(200℃以下)、脱除层间阴离子、层板羟基脱水(250～550℃)和新相生成等步骤。以 MgAl-LDH 为例，通常，加热到 450～600℃时，脱水比较完全，CO_3^{2-} 生成 CO_2 挥发，而 MgAl-LDH 生成 MgAl-LDO。当加热温度超过 600℃，则分解后形成的双金属氧化物开始部分烧结，通常形成尖晶石，致使表面积降低，孔体积减小[16]。

4) 记忆效应

在一定温度下(通常600℃以下)，LDH 焙烧为 LDO 后，通式为 $M_{1-x}^{2+}M_x^{3+}O(OH)_x$，焙烧样品进入水环境会吸收溶液中的水和阴离子等而恢复其原有的层状结构，这被称为记忆效应，是 LDH 的重要特征[18]。水处理中也常以重构的 LDO 作为阴离子吸附剂。当焙烧温度过高时，会生成尖晶石相，则其难以恢复层状结构。

基于这些特点，简单的二元 LDH 就能成为潜在的多相固体催化剂。适当煅烧后得到的混合金属氧化物有更大的比表面积和大量的碱性位点，随后在碱性溶液中的再水合过程可以吸收羟基成为活化的 LDH。将这些层板或层间含功能阴阳离子的 LDH 或 LDO 用于多相催化有极大发展空间和应用前景[19]。

3.1.2　层状氢氧化物的制备方法

人们对 LDH 类化合物的制备已经做了大量的工作，研究出不同的制备方法，但较为成熟的 LDH 的合成方法主要有以下四种[5,7]。

1. 共沉淀法

共沉淀法是最常用也最简便的 LDH 制备方法，该方法以构成 LDH 的金属离子混合盐溶液与碱溶液作用组成 LDH 层板，最常见的是镁铝盐前驱体，然后溶液中的阴离子和水进入 LDH 的层间，沉淀物在一定条件下晶化即可得到目标产物[20]。为了确保两种或更多种金属离子能同时沉淀，共沉淀反应需要在过饱和的情况下进行。共沉淀法一般分为两种，低过饱和共沉淀和高过饱和共沉淀[9]。

共沉淀法应用范围广、制备操作简单、能耗低，几乎所有符合 LDH 形成条件的都可以形成相应的 LDH。

2. 水热合成法

水热合成法是将构成 LDH 的金属离子混合盐溶液与碱性沉淀剂混合均匀后转移至水热釜，在高压不同温度下晶化形成 LDH，通过选取不同的金属原材料和不一样的沉淀剂，可以制备出性能相差很大的 LDH 材料[9]。其中，尿素水解法的报道有很多，因为尿素由于其水解速率易控制而成为沉淀许多其他金属离子形成LDH 的重要试剂。因此，这种方法同样制备操作容易，并且能有效控制晶体的生长情况，有利于合成应用性强的水滑石材料[14]。

3. 离子交换法

离子交换法是利用 LDH 层间阴离子可交换性，将前驱体 LDH 分散在待交换离子溶液中进行离子交换，从而获得目标 LDH[9]。这种方法能制备在碱性溶液中不稳定的多金属离子体系，可以制备出较大的阴离子柱撑的水滑石材料，并且常常是剥离单层 LDH 的步骤之一。通常，由于碳酸根对 LDH 层板具有很高的亲和性，因而在弱酸性的条件下离子交换法是合成非碳酸根阴离子 LDH 的最好方法，最常见的是用硝酸根替换碳酸根后再进行其他改性。

研究表明，离子的交换能力、层板的溶胀性与溶胀剂、交换过程的 pH、LDH的组成、层板电荷密度等都会对离子交换反应进行程度产生影响。离子交换法操作步骤较为烦琐，制备时间相对长，但十分有用[10]。

4. 焙烧重构法

焙烧重构法是利用 LDH 结构的记忆效应，将 LDH 的煅烧产物 LDO 加入到含待插层阴离子溶液中，LDO 吸收阴离子结构自动重建，进而获得目标 LDH 的方法，是合成特定无机、有机阴离子插层的用于特定用途的重要方法[19]。

除了这四个 LDH 制备方法外，还有微波辐射法、微乳液法和溶胶-凝胶法曾经被报道过。

3.1.3　层状氢氧化物及其衍生物的催化性能

赋予 LDH 作为潜在催化材料的是其两个显著的特点。其一是 LDH 丰富的碱性位点可用于多相固体催化剂，其二是 LDH 及其煅烧产物 LDO 层板金属离子在原子层面的均匀分布使得活性的过渡金属拥有高催化活性和选择性[20]。如今，合成低维固体在基础研究和实际应用(电子、光电、磁性、机械、催化)中都具有重大意义。LDH 凭借天然的层状二维结构，可以无需复杂的剥离过程或形核过程，直接应用或作为二维载体与其他纳米材料复合，应用在生物医药、环境修复、能源转化和存储等方面[4]。其中，LDH 及其煅烧后的 LDO 在环境修复方面有良好的应用前景。二维层状结构的 LDH 或 LDO 与其他纳米材料的复合不仅会发挥各部分的优势，还能互相促进，提高效率。

用平价催化剂代替稀有金属及贵金属催化剂、用各种可再生能源相关的化学过程代替高成本的化学过程对于化工过程的可持续发展有重要意义。许多过渡金属都是地球上较为丰富的元素，使用成本低，且过渡金属存在的不同氧化态赋予其的独特物理、化学特性，被广泛地应用于电磁、光电以及催化等领域[21]。研究表明，含过渡金属的复合氧化物，特别是 Co、Cu、Mn、Cr、Zn、Fe 和 Ni 的氧化物，可作为碱性催化剂、氧化还原催化剂以及酸碱双功能催化剂等以代替稀有金属与贵金属活跃在可持续发展研究的热门材料中[22,23]。

含过渡金属 Ni、Co、Zn 的 LDH 材料被广泛应用于电催化领域。例如，与传统的单组分 $Co(OH)_2$ 和 Co_3O_4 相比，ZnCo-LDH 被用于电催化氧化水有更低的过电压和与 $Co(OH)_2$ 和 Co_3O_4 相当的交叉频率，可能归功于 Zn^{2+} 的协同效应[24]。除了 LDH 组成和结构对性能的决定性影响，形貌对于电催化活性也有重要影响。例如，王周成等以 NiGa-LDH 纳米片为前驱体通过选择性浸出 Ga^{3+}，制备了多孔金属氢氧化物纳米片用于电催化的析氧反应(OER)和析氢反应(HER)[12]。NiGa-LDH 良好的形貌和稳定的二维结构是该材料制备的前提。

对于半导体光催化剂的研究一直是水处理领域的热点。传统的含 Ti^{4+}、Nb^{5+}、Ta^{5+} 成分的层状化合物常常有团聚和低转化效率的问题。好在 LDH 的层板离子具有分散均匀的特点，成为解决这类问题的方法之一。据报道，二元的 ZnTi-LDH 和 ZnFe-LDH 由于优异的可见光吸收性能被用于光催化降解有机污染物。此外，尺寸、形状和形貌对半导体材料表面缺陷有明显影响，因为这些表面缺陷正是影响电荷分离和光转化效率的关键。反相微乳液法制备的 NiTi-LDH 纳米片提高了 Ti^{3+} 的表面密度，该材料表现出非常高的可见光光催化水分解活性[约 $2148\ \mu mol/(g \cdot h)$][4]。

LDH 可通过制备过程将过渡金属定量引入，对复合金属氧化物进行修饰，形成二元、三元甚至四元掺杂的 LDH 材料，赋予其更多样的功能或更高的催化活性。近年来，氧化铁参与的芬顿/类芬顿反应、CuO 参与的过硫酸盐高级氧化处理酚类有机物的体系中，LDH 也占据一席之地。朱志良等制备了 CuZnFe-LDH 用于多相类芬顿催化剂和吸附剂去除对乙酰氨基酚和 As(Ⅲ)[25]。陈梦舫等通过共沉淀法成功制备了 CuMgAl-LDH，将煅烧后的 CuMgFe-LDO 用于激活过硫酸盐(PS)降解 0.1 mmol/L 的苯酚溶液，在 pH 范围 5.0～11.0 该体系降解效率可观，稳定性较好，金属溶出量低于美国饮用水标准[26]。虽然已有一些 LDH 材料用于高级氧化过程的文献，但与其他催化领域相比尚不够丰富，过渡金属与 LDH 或 LDO 的结合用于高级氧化技术有其特殊的优势，这方面的研究还存在很大潜力。

3.1.4　本章主要内容及意义

为解决过渡金属氧化物二维纳米片的制备难问题，以及发挥 LDH 材料独特的二维层状结构、记忆效应等优异性质，本章将过渡金属氧化物，尤其是 CuO，与 LDH 材料通过简单的方法结合，挖掘了其在高级氧化技术中的突出应用。

本章首先将 MgAl-LDH 煅烧为 LDO，再通过充分均匀的吸附法在室温搅拌下获得了含铜的 MgAl-LDO，干燥的固体经过煅烧处理获得均匀分布 CuO 量子点的 LDO 纳米片(c-CuLDO)。该材料以 LDO 为主相，微观形貌为二维纳米片组成的花状，在激活过硫酸盐降解苯酚中效率卓越。这主要得益于 LDO 二维片表面的 CuO 活性位点和一些更深入的机理，本章对其进行了探讨，发现 c-CuLDO 降解苯酚的过程是材料中的 CuO 尤其是 Cu(Ⅱ)价态的成分激活了过硫酸根，产生了硫酸根自由基为主、羟基自由基参与的自由基降解过程。进一步的研究发现，LDO 吸附 Cu^{2+} 的过程中存在的 Mg^{2+} 与 Cu^{2+} 的离子交换作用以及 LDO 材料的记忆效应奠定了该材料应用的基础，最终使得降解效果优异。

最后，c-CuLDO 材料的循环性能也得到了肯定，通过简单的水热法可以使 c-CuLDO 材料恢复高活性，经过三次循环都能保持高效降解。受到以上制备过渡金属铜氧化物材料的方法的启发，考虑使其他过渡金属离子通过类似的方式均匀进入 LDO 材料，赋予其新的功能的同时，保持其二维片的结构优势和材料本身的优异特性。这个制备方法及机理分析有望为往后非层状结构过渡金属氧化物的纳米片的环保、简单制备和应用领域拓展提供启发和参考。

虽然目前过渡金属氧化物用作各种功能材料受到广泛研究，但大多是零维(纳米点、纳米颗粒)、一维(纳米线、纳米管)、三维介孔结构和纳米团簇[27]。二维(2D)过渡金属氧化物(TMOs)由于其本身为非层状结构，而很难通过机械或化学剥离法获得二维结构的 TMOs。相反，自下而上法，包括软模板(有机模板)法和硬模板(盐类)法，常被用来制备 2D TMOs[28-30]。虽然许多 2D TMOs (TiO_2，Fe_2O_3，NiO，ZnO，MnO_2，Co_3O_4)已经通过自下而上法成功制备，但是这些方法依然面临难以找到合适又环保的模板、成本高、过程复杂、难以量产等困难[27]。此外，无论是剥离法还是模板法，都存在易重新堆叠的缺点，限制了纳米片的使用活性和重复利用性,因此制备过渡金属氧化物纳米片的方法还有待研究。

LDH 在制备过程中进行多元掺杂时,有些离子常常无法配合形成良好的 LDH 结构和保持规则的二维形貌,对层板结构的危害可能导致煅烧后结构崩塌,因此,在其二元层板的基础上进行改进以及更加精细地调控,才能更好地发挥 LDH 或 LDO 的结构优势,吸纳越来越多的金属离子为其所用,更好地挖掘它们潜在的应用,LDO 材料优异的结构和记忆效应等特性更激发了我们去探究。

基于 CuO 材料的研究有不少,包括锂电池、超级电容器、传感器、催化剂(如 CO 的氧化、有机污染物的降解)等领域[22, 30]。铜元素是能进入 LDH 层板的过渡金属之一,然而,共沉淀法直接将 Cu 元素掺杂到层板会因为姜-泰勒效应(Jahn-Teller effect)引起严重的晶格畸变,导致低结晶度和不规则形貌的 LDH,因此制备结构良好的含铜 LDH 纳米片状材料仍然是个挑战[25,32],但在二元层板基础上进行的改进修饰可能会带来令人惊艳的效果,恰如本章所研究的 c-CuLDO 材料在激活过硫酸钾降解苯酚中的突出表现。

在过硫酸盐高级氧化技术中的两种盐中,PDS 具有类似于高锰酸钾的高稳定性,较少在降解和矿化有机污染物的过程中表现出应有的潜力。然而 PDS 使用安全,处理方便,易储存和运输,成本低廉等优势吸引我们去解决其难激活的问题。目前,基于 PDS 激活的非均相高级氧化技术的研究较少,文献报道的激活 PDS 的非均相催化剂主要有铁和铜基材料。纯 CuO 材料的效率虽好,但缺点在于制备过程中通常使用较高浓度的铜盐,降解过程中的离子溶出量较高,循环性能较低。

3.2　过渡金属层状氢氧化物的合成及表征

3.2.1　镁铝层状氢氧化物的合成及表征

利用合成的 LDH 和煅烧的 LDO 材料进行 Cu^{2+} 吸附实验及机理探讨。实验主要内容包括:

(1) 通过共沉淀法合成 MgAl-LDH,将 LDH 在 450℃煅烧后得到 LDO。

(2) 通过共沉淀法合成 CuMgAl-LDH(T-LDH),将 T-LDH 在 450℃煅烧后得到 c-T-LDO。

(3) 用 XRD、SEM、TEM、N_2 吸附-脱附及 AFM 等表征手段对 LDH 及 LDO 基体材料的组成与结构进行分析表征,并用 T-LDH、c-T-LDO 作对照。

(4) LDO 对不同浓度 Cu^{2+} 的吸附容量。

3.2.2　氧化铜修饰镁铝层状氢氧化物的合成及表征

将吸附了铜离子的 LDH 和 LDO 煅烧后分别得到 c-CuLDH 及 c-CuLDO,并用于苯酚降解。实验内容主要包括：

(1) 将吸附了铜离子的 LDH 和 LDO(分别记为 CuLDH 和 CuLDO 以与基体区别)分别煅烧 450℃得到 c-CuLDH 和 c-CuLDO。

(2) 用 XRD、SEM、TEM、N$_2$ 吸附-脱附及 AFM 等表征手段对 c-CuLDH 和 c-CuLDO 材料的组成与结构进行分析表征。

(3) 对比几种含铜 LDH 或 LDO 材料(CuLDH、CuLDO、c-CuLDH、c-CuLDO、MgAlCu-LDO)对苯酚的降解效率，查阅已报道文献与 c-CuLDO 性能进行对比，探讨 c-CuLDO 的优势。

(4) 探讨 c-CuLDO 降解苯酚的影响因素：①pH 对 c-CuLDO 降解苯酚的影响；②含铜量对 c-CuLDO 降解苯酚的影响。

3.2.3　实验原料与设备

1. 实验原料

本实验所用的主要化学药品如表 3-1 所示。

表 3-1　主要实验化学药品

药品名称	分子式	纯度	生产厂家
六水合氯化镁	$MgCl_2 \cdot 6H_2O$	分析	国药集团化学试剂有限公司
六水合氯化铝	$AlCl_3 \cdot 6H_2O$	分析	国药集团化学试剂有限公司
氨水	$NH_3 \cdot H_2O$	分析	国药集团化学试剂有限公司
乙醇	CH_3CH_2OH	分析	国药集团化学试剂有限公司
叔丁醇	$C_4H_{10}O$	分析	国药集团化学试剂有限公司
硝酸铜	$Cu(NO_3)_2$	分析	国药集团化学试剂有限公司
苯酚	C_6H_5OH	分析	国药集团化学试剂有限公司
过硫酸钾	$K_2S_2O_8$	分析	国药集团化学试剂有限公司
氢氧化钠	$NaOH$	分析	国药集团化学试剂有限公司
盐酸	HCl	化学	国药集团化学试剂有限公司
甲醇	CH_3OH	分析	国药集团化学试剂有限公司
DMPO	$C_6H_{11}NO$	分析	阿拉丁试剂(上海)有限公司
亚铁氰化钾	$K_4Fe(CN)_6 \cdot 3H_2O$	分析	国药集团化学试剂有限公司
硝酸锌	$Zn(NO_3)_2 \cdot 6H_2O$	分析	国药集团化学试剂有限公司
硝酸钴	$Co(NO_3)_2 \cdot 6H_2O$	分析	国药集团化学试剂有限公司

2. 实验设备

实验主要设备如表 3-2 所示。

表 3-2　实验主要设备

仪器名称	仪器型号	仪器名称	仪器型号
X 射线衍射仪	Rigaku Miniflex600	反应釜	钛材 CJ-2
扫描电子显微镜	PhiliPDS XL30	高速离心机	LG10-2.4A
透射电子显微镜	FEI Tecnai G2 F20	磁力搅拌器	IKA RT5
X 射线光电子能谱仪	Thermo 250XI	冷冻干燥机	FD-1D-50
原子力显微镜	Veeco MultiMode V	ICP 光谱仪	Thermo iCAP7400
N_2 吸附-脱附仪	Micromeritics ASAP 2460	电子分析天平	BS124S
高效液相色谱仪	Agilent 1200	原子吸收分光光度计	AA-7003
pH 计	PH 510	马弗炉	KSL-1200X

3.3　氧化铜修饰镁铝双金属氧化物的制备与表征

3.3.1　氧化铜修饰镁铝双金属氧化物的制备

为证明 LDH 二维纳米片的优势以及发挥氧化铜材料的应用，将所有含铜样品煅烧。一方面，将 CuLDH、CuLDO 分别在空气气氛下，450℃煅烧 3 h，获得含氧化铜的镁铝层状双金属氧化物材料 c-CuLDH 和 c-CuLDO。另一方面，三相共沉淀的 T-LDH 相同条件下煅烧得到的 c-T-LDH 作为对照组，通过对比研究进一步挖掘三种材料性能与结构的关系。

3.3.2　氧化铜修饰镁铝双金属氧化物的表征

1. X 射线衍射(XRD)

X 射线衍射(XRD)是一种通过发射波长很短(约为 20～0.06 Å)的 X 射线打在晶体上，在这个过程中晶体充当光栅的作用，使得 X 射线由于相干散射产生干涉，使散射的 X 射线的强度发生了变化的方法。XRD 分析技术在对材料进行物相分析时能够发挥至关重要的作用。通过衍射峰的位置和衍射峰的强度与标准 PDF 卡片的数据进行对照，可以推测检测物质中存在的物相组成，还可以根据峰宽来测定晶粒的平均粒径。

两个吸铜样品煅烧后的物相分析如图 3-2 所示。由图可知，两样品都表现为主要与 LDO 对应的方镁石相。铜的进入削弱了 c-CuLDH 的峰，但 c-CuLDO 依然能保持与原 LDO 峰位相同、强度相当的衍射峰，说明氧化物的结晶性较好。两个样品煅烧后氧化铜的量较少，且峰位相差不远，不足以从 XRD 图中分辨出来，需通过随后的表征方法，如 HRTEM 和 XPS 等分析来进一步确认。

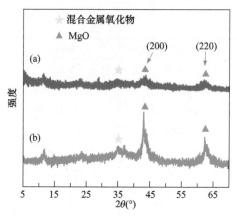

图 3-2　(a)c-CuLDH、(b)c-CuLDO 的 XRD 图

2. 扫描电镜(SEM)

扫描电镜(SEM)是表征样品形貌的重要检测手段。进行表征时能从图像上获取形貌特征、尺寸大小等样品的信息，是一种常见且必要的表征手段。SEM 的样品一般要求为粉末或者表面平整的块状样品。

煅烧样品的 SEM 分析如图 3-3 所示，由图 3-3(a、a′、b、b′)可以看出 c-CuLDH、c-CuLDO 继承了 LDH、LDO 基体的形貌特征，显示出原位长大的规则的纳米片交叉的花状，纳米片之间有充分的空间可供进行催化反应。c-CuLDO 片比 c-CuLDH 片更大的原因在于前者煅烧次数比后者多一次，煅烧过程中不仅使层间水分和离子脱出，还会促进晶体的生长。相应的 EDS 元素分布图[图 3-3(a″、b″)]说明两种材料中的金属元素都是均匀分布的，没有发生铜的团聚，与 XRD 没有出现杂相相呼应。EDS 得出的铜的质量分数列在表 3-3 中，c-CuLDH 和 c-CuLDO

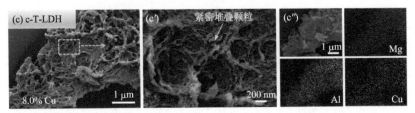

图 3-3　(a~a″)c-CuLDH、(b~b″)c-CuLDO、(c~c″)c-T-LDH 的 SEM 图和 EDS 元素分布图

中 Cu 的质量分数分别为 11.0%和 16.7%，可见 c-CuLDO 必然含有丰富的均匀分布的 Cu(Ⅱ)位点，这对于以 Cu(Ⅱ)为主的催化反应将很有帮助。

表 3-3　样品的 EDS 元素分析数据(质量分数，%)

元素	c-T-LDH	c-CuLDH	c-CuLDO
Mg	17.3	21.3	20.9
Al	29.2	27.4	25.1
Cu	8.0	11.0	16.7
Cl	4.3	4.0	5.6
O	41.2	36.3	31.7

　　相比之下，c-T-LDH 的形貌呈现不规则的颗粒或小片紧密堆叠，暴露出的空间和表面积都较小[图 3-3(c、c′)]，虽然其金属元素也是均匀分布，但 EDS 分析得到的铜的质量分数只有约 8.0%[图 3-3(c″)]，并且其中能暴露出 Cu(Ⅱ)的表面也较少，应该不利于催化反应的进行。

　　3. 透射电镜(TEM)

　　透射电镜(TEM)是以波长极短的电子束打在样品上，然后成像的一种高分辨、高放大倍数的电子光学仪器，是能够直观观察分析材料的形貌、元素组成和分布的有效工具，对样品的超微结构进行鉴定以及对材料的开发都有很广泛的运用。

　　进一步对三个样品 c-CuLDH、c-CuLDO、c-T-LDH 的形貌进行 TEM 分析。如图 3-4 所示，可以看出与 SEM 类似，c-CuLDH 表现出交叉的花状结构更集中均匀、密集[图 3-4(a)]，相比之下，c-CuLDO 的花状结构更加开放，片由于煅烧次数原因生长得更大，且边缘部分似乎更薄，大片表现出多孔的迹象[图 3-4(b)]。c-T-LDH 在透射电镜下没有花状结构，颜色较深、堆叠明显，再次说明材料为较厚的块状结构。

　　由于之前的 XRD 分析不足以证明氧化铜的存在，因此还研究了 c-CuLDO 的 HRTEM 图，如图 3-5 所示。花状 c-CuLDO 的"一瓣"上分布了许多晶格条纹，从中发现了广泛分布的 MgO(d_{200}=0.21 nm)和 CuO(d_{-111}=0.253 nm)，再次说明了氧化铜的存在及其在 c-CuLDO 纳米片上的均匀分布，氧化铜很可能以 CuO 量子点的形式存在[33,34]。

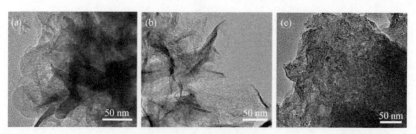

图 3-4　(a)c-CuLDH、(b)c-CuLDO、(c)c-T-LDH 的 TEM 图

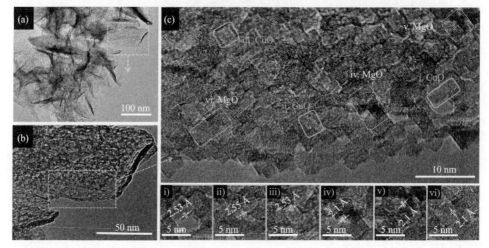

图 3-5　(a)c-CuLDO 的 TEM 图；(b,c)c-CuLDO 的 HRTEM 图，(i~vi)为(c)图部分区域放大的晶格条纹图

4. X 射线光电子能谱(XPS)

X 射线光电子能谱(XPS)是可以对材料表层的元素组成以及价态进行定性或者定量分析的测试方法。XPS 是利用单色光打在待测样品上，使得待测物质中的原子或者分子中的电子激发发射以得到电子的能量分布。由于不同元素、不同价态之间的电子能量是不一样的，根据这个规律，对得到的数据进行拟合，即可获取样品中元素的种类和价态。

图 3-6(a)为 LDO、c-CuLDO、c-CuLDH、c-T-LDH 的 XPS 全谱图，从左到右依次标注了 Mg 1s、Cu 2p、O 1s 峰位，其中 Al 2p (74.4 eV)在低结合能的位置与 Cu 3p 峰(约 76.9 eV、78.7 eV)有重叠[35]。含氧化铜的三个样品明显比 LDO 多出 Cu 2p 峰，且其余信号强度也都有所加强。图 3-6(b)将含氧化铜的样品进行了高分辨分析和分峰拟合，发现所有样品都存在一价铜(约 932 eV)和二价铜(约 934 eV)的成分，但 c-CuLDO 的二价铜比例远高于 c-CuLDH 和 c-T-LDH。这种结构差异可能是造成其随后的性能差异的重要原因[36,37]。

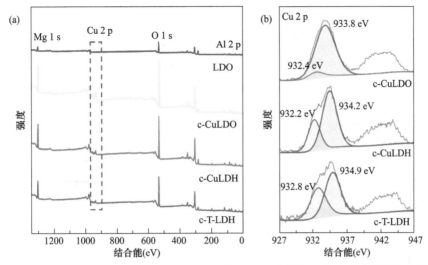

图 3-6　LDO、c-CuLDO、c-CuLDH、c-T-LDH 的(a)XPS 全谱及(b)相应含氧化铜样品的高分辨 Cu 2p 峰形及分峰

5. 原子力显微镜(AFM)

原子力显微镜(AFM)是提供原子或者半原子解析度的表面形貌图像，可以分析样品表面的粗糙程度。

通过 AFM 对充分超声的 c-CuLDO 纳米片厚度进行分析，如图 3-7(a)所示，可以看出有许多大小不同的 c-CuLDO 片被超声分散，通过软件(NanoScope Analysis)分析图中所有点，对其中较有代表性的三个位置测量其高度[图 3-7(b)]以估计纳米片的大致厚度[38]。测量Ⅰ、Ⅱ、Ⅲ三个位置的高度，发现 c-CuLDO 纳米片的厚度依然约为 4～9 nm。此外，包括超声导致的碎片，c-CuLDO 纳米片的宽度范围约为 100～200 nm。

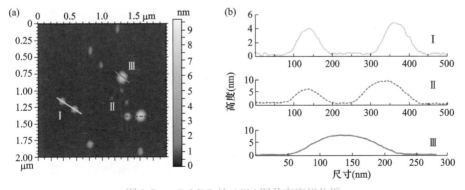

图 3-7　c-CuLDO 的 AFM 图及高度相分析

6. N$_2$ 吸附-脱附分析

N$_2$ 吸附-脱附分析是表征材料的孔道类型、孔径大小及分布、比表面积的重要方法。根据等温曲线的形状可以判断孔道类型,通过 BET(Brunauer-Emmett-Teller)和 BJH(Barrett-Joyner-Halenda)法来测定比表面积和孔径分布。

图 3-8 为 c-CuLDO 和 c-CuLDH 的 N$_2$ 吸附-脱附曲线和孔径分布图。c-CuLDH 和 c-CuLDO 曲线也属于 Ⅳ 型 N$_2$ 吸附-脱附等温线,并表现出明显的 H$_3$ 型滞后环。将相关孔结构参数(BET 表面积、孔隙体积、孔隙直径)总结在表 3-4 中。可以发现,氧化铜的加入对比表面积的影响不太大,c-CuLDH 和 c-CuLDO 依然能保持较高的比表面积,而 c-CuLDO 有更大的孔隙体积和孔隙直径,展现出优异的孔结构,具有潜在的优异性能。

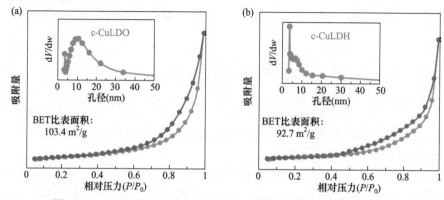

图 3-8　(a)c-CuLDO、(b)c-CuLDH 的 N$_2$ 吸附-脱附曲线及孔径分布图

表 3-4　样品的孔结构参数

样品	BET 比表面积(m^2/g)	孔隙体积(cm^3/g)	孔隙直径 [a](nm)
LDH	42.0	0.11	28.9
LDO	125.1	0.29	12.2
c-CuLDH	92.7	0.26	14.9
c-CuLDO	103.4	0.39	16.3
c-T-LDH	5.9	0.0078	4.9

a. 用 BJH 模型通过解吸分支上的等温线计算。

3.4　高级氧化性能实验

探究 c-CuLDH 和 c-CuLDO 降解效率不同的内在原因,以及 c-CuLDO 激活过硫酸盐降解苯酚的机理,并通过机理研究 c-CuLDO 的循环性能与结构、成分的关系。实验主要内容包括:

(1) c-CuLDH 和 c-CuLDO 降解后的表征分析。

(2) 排除游离离子及吸附效应，并研究 c-CuLDO 的自由基捕获实验及 EPR 分析。

(3) c-CuLDO 降解前后的 XPS 价态分析。

(4) c-CuLDO 降解苯酚的循环及再活化实验。

3.4.1　实验方法

1. 溶液配制

取适量固态苯酚 50℃保温 15 min 溶解成液态苯酚，再直接称取 50 mg 液态苯酚，定容至 500 mL 的容量瓶中，摇匀，配制成 100 mg/L 的苯酚溶液，备用。降解实验进行前将 100 mg/L 的苯酚溶液稀释至 10 mg/L 的苯酚溶液。

2. 实验步骤

取 50 mL 10 mg/L 的苯酚溶液于烧杯中，随后调节至所需的 pH (或不调节)，再加入 15 mg 催化剂，超声分散 1 min 后置于搅拌器上剧烈搅拌，最后加入 25 mg 过硫酸钾(PDS)；启动降解反应并开始计时。间隔相应时间用注射器吸取 0.5 mL 混合液并过 0.22 μm 的微孔有机滤头，再使用高效液相色谱测试滤液浓度。

3. 降解效率描述

研究表明，过渡金属氧化物激活 PMS/PDS 降解苯酚的反应符合一级动力学模型[39,40]：

$$\ln(C/C_0) = -k \cdot t \tag{3-1}$$

式中：C 和 C_0 分别是在某时间 t 和初始的浓度；k 是反应速率常数。以$-\ln(C/C_0)$ 与 t 为坐标可经线性拟合估计 k 值。例如，c-CuLDO、c-CuLDH、c-T-LDH 的线性拟合结果如图 3-9 所示。

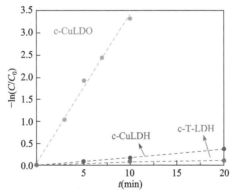

图 3-9　c-T-LDH、c-CuLDH 和 c-CuLDO 催化苯酚降解反应的一级动力学模型拟合

3.4.2   性能测试

已有不少研究报道氧化铜和氧化铜为基的材料用于激活 PDS 有效降解有机污染物，且都表明在碱性条件下会促进反应的进行[40-42]。因此，将吸附水中铜离子制备的过渡金属氧化物材料 c-CuLDO、c-CuLDH 作为氧化铜基材料用于激活 PDS 降解苯酚，测试其性能，并将直接共沉淀样品的热分解产物 c-T-LDH 以及不含催化剂仅加入 PDS 的体系作为对照组。在之前的表征中已经对它们的性能做出一定的预测，实验结果在预期之内。如图 3-10 所示，在 10 mg/L 苯酚，调节 pH=11 的降解条件下，三个含氧化铜的样品降解效率从高到低依次为：c-CuLDO、c-CuLDH、c-T-LDH。且 c-CuLDO 组的降解效率远高于其他组。对照组仅加入 PDS 的反应，结果与文献所述的 PDS 活性低、不足以高效降解有机物的研究结果相符合[42]，c-T-LDH 样品与对照组降解效果相当，说明该材料对 PDS 几乎无激活作用。

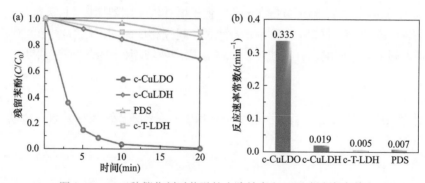

图 3-10   (a)三种催化剂对苯酚的去除效率和(b)反应速率常数 k

进一步通过对反应速率常数 k 值的计算，更加明显地看出 c-CuLDO 的降解速率相当快(0.335 min^{-1})，是 c-CuLDH 的 17.6 倍，是 c-T-LDH 的 67 倍，3 min 就去除了 65%的苯酚，10 min 就达到 96.4%的去除率，20 min 就能全部降解。

3.4.3   高级氧化性能对比分析

将研究中 c-CuLDO 降解苯酚的效率与文献中的对比(表 3-5)，发现 c-CuLDO 不仅优于本研究制备的 c-CuLDH，还优于大部分文献中的铜基纳米材料[40]。而且文献中大多数铜基纳米材料制备过程较复杂或用到有机试剂，或性能不够优异，或形貌破坏严重，循环性能不佳[26,43,44]。而 c-CuLDO 的制备过程简单、试剂用量少，最终材料二维形貌稳定，降解高效，显示出绿色、高效处理苯酚的巨大潜力。

表 3-5 各种材料去除苯酚的实验参数对比(速率常数由文献数据计算得到)

材料	合成方法	C_0(mg/L)	助剂	转化率(%)	k(min^{-1})	文献
CuO-Fe$_3$O$_4$	热液	9.4	PS	95%	0.038	[9]
CuO	CTAB-辅助热液	50	Oxone	65%	—	[11]
CuO	煅烧	0.47	PDS	80%	0.043	[42]
CuO-MgO	共沉淀和煅烧	47	H$_2$O$_2$	94.5%	0.06	[84]
CuMgFe-LDO	共沉淀和煅烧	9.4	PS	95.3%	0.147	[45]
CuO-Co$_3$O$_4$@MnO$_2$	浸渍和煅烧	30	PMS	100%	0.031	[7]
Fe$_3$O$_4$@CuMgAl-LDH	共沉淀	6×10^3	H$_2$O$_2$	47.2%	—	[46]
CuO/TiO$_2$	搅拌和干燥	40	紫外光	50%	0.0033	[47]
CuO/Ag/AgCl/TiO$_2$	反相微乳	20	可见光	71%	0.026	[47]
c-CuLDO	吸附和煅烧	10	PDS	100%	0.335	本研究
c-CuLDH	吸附和煅烧	10	PDS	100%	0.019	本研究

注：C_0 为降解前苯酚初始浓度；Oxone/PMS 为过一硫酸盐；PS/PDS 为过硫酸盐或过二硫酸盐；k 为根据一级动力学方程得到的反应速率常数。

3.4.4 高级氧化性能影响因素分析

1. pH 对降解性能的影响

溶液 pH 一直是影响污水处理的重要因素，因此探究催化剂在不同 pH 下的活性必不可少。与大部分芬顿试剂不同，PDS 通常在中性和碱性条件下活性高，具有较大的优势[26]。由之前的结论可知 c-CuLDO 材料的性能突出，因此重点对 c-CuLDO 进行 pH 影响研究。如图 3-11 所示，当 pH=11 时，c-CuLDO 能最快速、

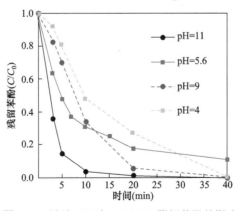

图 3-11 溶液 pH 对 c-CuLDO 降解苯酚的影响

最完全地降解 10 mg/L 苯酚。此外，pH=9 和 pH=4 时虽然降解速率有所下降，但都能在 40 min 内完全降解苯酚，依然属于性能较好。当不调节苯酚溶液的 pH 时（即 pH=5.6），c-CuLDO 仍然能降解 90% 的苯酚。因此，c-CuLDO 对苯酚的去除率受 pH 影响不大，但对降解速率有影响，碱性条件或氢氧根的存在能提升 c-CuLDO 降解苯酚的速率。

　　2. 含铜量对降解性能的影响

　　由于实际废水中可能含有不同浓度的铜离子，LDO 的吸附容量也随环境浓度变化而有一定变化，通过调节 LDO 吸附铜的初始浓度来提高最终 c-CuLDO 中的氧化铜含量，对于研究氧化铜含量对此材料降解苯酚的影响以及实际应用具有重要意义[48,49]。如图 3-12 所示，随着铜浓度从 40 mg/L 增加至 120 mg/L，c-CuLDO 材料降解效率与铜浓度成正比，120 mg/L 样品最高效，能在 10 min 将苯酚完全降解，降解速率常数 k 达到约 0.717 min^{-1}。然而，铜浓度继续增加到 200 mg/L、400 mg/L 却没有表现出降解效率增加，反而慢于 60 mg/L 的样品，这可能是由于吸附容量饱和后不利于均匀吸附或由于过多的铜与 LDO 进行离子交换，影响了 LDO 的层板稳定结构，如图 3-12(c) 所示，吸附了 200 mg/L 的 LDO 煅烧后样品结晶性低。因此，c-CuLDO 材料并不是含铜量越多越好，但它所能保持的高效浓度范围已适合于大部分含铜废水。

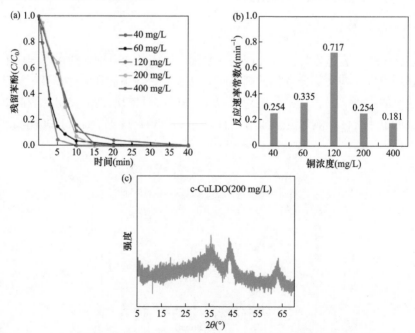

图 3-12　(a)c-CuLDO 吸铜量对苯酚去除的影响；(b)含铜量不同的 c-CuLDO 降解苯酚的速率常数；(c)吸附 200 mg/L 铜离子的 c-CuLDO 样品的 XRD 图

3.5　氧化铜修饰镁铝双金属氧化物的氧化机理

3.5.1　X 射线衍射分析

降解苯酚后的样品经过洗涤、离心、干燥后回收进行表征。c-CuLDH、c-CuLDO、c-T-LDH 降解后的 XRD 图如图 3-13 所示，c-CuLDH、c-CuLDO 仍然保留了 LDH 材料的记忆效应，恢复了层状结构，并且衍射峰强度也较高，表明降解过程不会破坏 c-CuLDH、c-CuLDO 的内部结构和晶相。然而，c-T-LDH 则表现出更低的衍射强度，且失去记忆效应，表明加入铜的三相共沉淀 LDH 确实不利于其结构发育与保持。

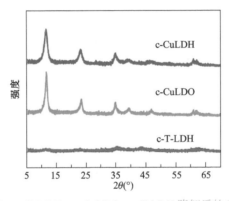

图 3-13　c-CuLDH、c-CuLDO、c-T-LDH 降解后的 XRD 图

3.5.2　扫描电镜分析

c-CuLDH、c-CuLDO、c-T-LDH 降解后的 SEM 图如图 3-14 所示。降解后的 c-T-LDH 依然是堆积的块状形貌。而降解后 c-CuLDH、c-CuLDO 仍保留了二维纳

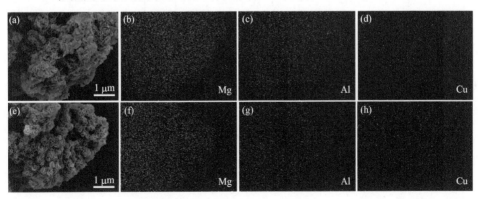

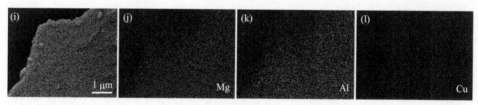

图 3-14　(a～d)c-CuLDO、(e～h)c-CuLDH、(i～l)c-T-LDH 的 SEM 图和 EDS 元素分布图

米片构成的花状结构，金属元素分布均匀，无团聚现象发生，尤其对于 c-CuLDO 材料，高效的降解过程没有破坏其结构和形貌，表明其结构和化学稳定性高，是良好的催化剂。

3.5.3　X 射线光电子能谱分析

图 3-15 是 c-CuLDO、c-CuLDH、c-T-LDH 降解前后的 Cu 2p 高分辨 XPS 图。由之前对降解前三种材料的分峰可知它们均由 Cu(Ⅰ)(约 932 eV)和 Cu(Ⅱ)(约 934 eV)两种成分组成，且 c-CuLDO 二价铜所占比例远大于另外两种降解效果不佳的材料，因此预测降解效率与该类材料所含 Cu(Ⅱ)比例有关。通过对降解后的材料进行 XPS 分析，并将降解前后 Cu(Ⅱ)比例的变化列在图 3-15 中，发现降解后 c-CuLDO 的 Cu(Ⅱ)比例明显下降，说明降解过程中材料表面铜元素的价态发生变化。反之，对于 c-CuLDH 和 c-T-LDH，Cu(Ⅱ)比例几乎没有变化或仅略有降低，说明其表面几乎没有发生价态变化，所以降解效果也较差。因此，可以推测 Cu(Ⅱ)在 c-CuLDO 中与其高效降解苯酚有密切联系和促进关系，而 Cu(Ⅰ)的存在可能是不利条件。这种价态影响可能与激活 PDS 产生的复杂的自由基过程有关。

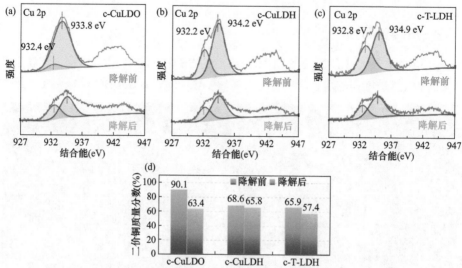

图 3-15　(a)c-CuLDO、(b)c-CuLDH、(c)c-T-LDH 降解前后的 Cu 2p 高分辨 XPS 图；(d)降解前后催化剂中二价铜比例的变化

3.5.4　氧化机理分析

1. 游离离子的影响

通过文献和实验知道 PDS 单独降解苯酚的效率极低,因此需要开发激活它的催化剂。Cu^{2+} 被认为能引导 PDS 分解产生硫酸根自由基,然而该过程十分缓慢,因而其单独用于高效降解水中污染物也几乎不可能[41,50]。如图 3-16 所示,60 mg/L 的 Cu^{2+} 激活 PDS 几乎没有效果。另外,ICP-OES 测出的 c-CuLDO 降解苯酚过程的离子溶出量分别为 Cu＜0.4 μg/L、Mg 约 1.6 mg/L、Al 约 0.06 mg/L,说明 Cu^{2+} 的溶出不是 c-CuLDO 高效降解苯酚的原因。此外,如图 3-16 其他三条曲线所示,未经煅烧的样品 CuLDO、CuLDH、T-LDH 表面吸附的或晶格中的 Cu^{2+} 都不能高效激活 PDS 降解苯酚。因此,再次证明了游离的 Cu^{2+} 不足以高效激活 PDS 来实现样品 c-CuLDO 高效降解苯酚。

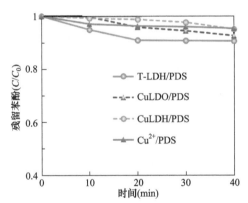

图 3-16　T-LDH/PDS、CuLDO/PDS、CuLDH/PDS、Cu^{2+}/PDS 降解苯酚的曲线

2. 吸附的影响

未煅烧的样品已被证明无法有效激活 PDS 降解苯酚。煅烧后的含 CuO 样品被报道具有激活 PDS 的效果,由于 c-CuLDO 与 c-CuLDH 仍有较好的孔道及较高的比表面积,因此考虑其不激活 PDS,仅吸附苯酚的可能性。如图 3-17 所示,在没有 PDS 存在下 c-CuLDO 与 c-CuLDH 在 pH=11 时也难以直接降解或吸附苯酚,因此排除了单纯吸附去除苯酚的可能性。

3. 自由基捕获实验与电子顺磁共振(EPR)分析

通常来说,CuO/PDS 降解有机物的体系中会产生硫酸根自由基(SO_4^-)和羟基自由基(·OH),为了确定自由基的产生,进行了捕获实验与 EPR 测试[49]。首先,需要

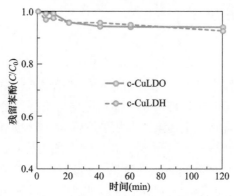

图 3-17　c-CuLDO 与 c-CuLDH 在没有 PDS 的情况下去除苯酚的曲线

说明羟基自由基可以被叔丁醇(t-BuOH)捕获[$k_{\cdot OH}$ = (3.8~7.6)×10⁸ L/(mol · s)]，而叔丁醇与硫酸根自由基反应很慢。其次，乙醇则可以快速捕获羟基自由基和硫酸根自由基[$k_{\cdot OH}$ = (1.2~2.8)×10⁹ L/(mol · s)；$k_{SO_4^-}$ = (1.6~7.8)×10⁷ L/(mol · s)][48]。因此，叔丁醇和乙醇可以通过自由基捕获实验定性判定反应过程是否产生硫酸根自由基或羟基自由基，如果它们的加入削弱了降解效果，那么就可以估计反应过程存在相应自由基。

　　实验结果如图 3-18(a、b)所示，叔丁醇和乙醇的加入会不同程度抑制 c-CuLDO 和 c-CuLDH 的降解速率和效果。对 c-CuLDO 来说，乙醇的抑制效果比叔丁醇略高，说明硫酸根自由基可能存在并被捕获[42,50]。而乙醇对 c-CuLDH 降解效果的抑制不明显，对羟基自由基的抑制效果则更显著，结合降解效率来说，初步认为 c-CuLDO 降解体系产生的硫酸根自由基是其高效的主要原因，羟基自由基的存在也促进了该过程。

　　由进一步的 EPR 谱可知[图 3-18(c)]，碱性条件下的苯酚溶液中加入 PDS 而不加入催化剂就能产生羟基自由基[51]，因为 PDS 从 OH⁻ 中获得一个电子从而形成 ·OH [式(3-2)和式(3-3)]。加入 c-CuLDO 和 c-CuLDH 后，可以看到羟基自由基和硫酸根自由基的信号，且硫酸根自由基的产生削弱了羟基自由基信号的强度，说明在该体系中硫酸根自由基有部分可能是通过消耗羟基自由基的反应产生的[49]。由于硫酸根自由基($E^{\ominus}$ = 2.5~3.1 V)通常比羟基自由基($E^{\ominus}$ = 2.7 V)有更高的氧化还原电位，因此 ·OH 与 SO_4^{2-} 直接反应生成 SO_4^- 不符合热力学反应规律[50]。另外，文献中认为 SO_4^- 的产生更贴近式(3-4)~式(3-6)的模式[51]。首先，材料表面的 Cu(Ⅱ)位点会吸引 ·OH 形成 Cu(Ⅱ)-·OH 化合物。随后 Cu(Ⅱ)-·OH 化合物在表面与 $S_2O_8^{2-}$ 反应形成短暂的中间化合物 Cu(Ⅱ)-·O₂SO₃SO₃⁻，最终分解产生 SO_4^-。总的来说，可以将含氧化铜催化剂激活 PDS 产生自由基的过程归纳为式(3-2)~式(3-6)。其反应过程机理示意图如图 3-19 所示。

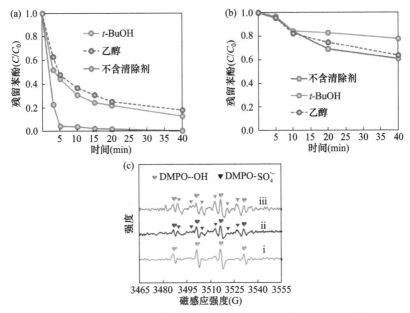

图 3-18　(a)c-CuLDO、(b)c-CuLDH 降解苯酚过程中的自由基捕获实验；(c)用 DMPO 为捕获剂的 EPR 谱，i.仅含 PDS，ii.c-CuLDH/PDS 体系，iii.c-CuLDO/PDS 体系

1 G=10^{-4} T

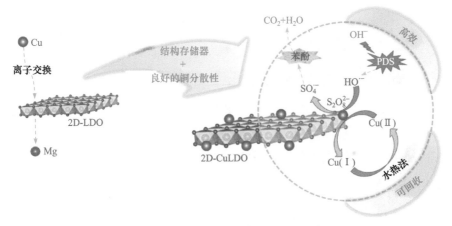

图 3-19　c-CuLDO 去除苯酚的机理示意图

$$S_2O_8^{2-} + 2OH^- \longrightarrow H_2O_2 + 2SO_4^{2-} \qquad (3\text{-}2)$$

$$H_2O_2 \longrightarrow 2 \cdot OH \qquad (3\text{-}3)$$

$$\cdot OH + Cu(II) \longrightarrow Cu(II)\text{-}\cdot OH \qquad (3\text{-}4)$$

$$Cu(II)\text{-}\cdot OH + S_2O_8^{2-} \longrightarrow Cu(II)\text{-}\cdot O_2SO_3SO_3^- + OH^- \qquad (3\text{-}5)$$

$$Cu(II)\text{-}\cdot O_2SO_3SO_3^- \longrightarrow Cu(I) + 2SO_4^- \qquad (3\text{-}6)$$

3.6　氧化铜修饰镁铝双金属氧化物的循环性能与活化

3.6.1　氧化铜修饰镁铝双金属氧化物材料的循环性能

将使用过一次的 c-CuLDO 充分洗涤离心，干燥后直接用于再次激活 PDS
降解苯酚，实验结果如图 3-20 所示，仍然能达到 80%的降解效率。然而，通
过之前的 XPS 分析[图 3-15(a)]可知，降解过一次的样品中二价铜的比例降低
了约 29.6%，又由机理分析可知降解效率与 Cu(Ⅱ)位点的存在息息相关，因此
可以预测其循环性能会逐渐降低。查阅文献发现，大部分文献中 CuO 类材料
都常常受到循环性能的限制，但本研究制备的 c-CuLDO 材料含 CuO 量不大且
均匀分布，加之基体 LDO 材料的稳定性和记忆效应，提高了其循环性，赋予
了材料再活化的潜力。

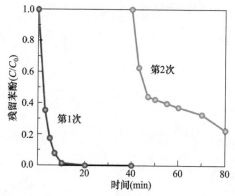

图 3-20　c-CuLDO 降解苯酚循环一次的效率曲线

3.6.2　氧化铜-镁铝层状芬顿催化材料的活化

为了克服材料在循环使用过程中活性降低的问题，将回收的固体放入去离子水
中，转移至水热釜 120℃保温 2 h。再通过 XPS 分析其铜的价态情况，见图 3-21(a)，
发现该批次降解后的样品中 59.3%的二价铜在水热处理后增加为约 73%，可以预
测其降解效率提高。随后的循环降解实验表明该方法确实能活化 c-CuLDO 材料，
使其降解效果与初次使用相当[图 3-21(b)]。

c-CuLDO 材料除了 Cu(Ⅱ)起的作用外，基体材料 LDO 的良好稳定的基体性
质对循环性能也很重要。二维纳米材料常见的团聚现象常常导致催化剂活性降低，
而 c-CuLDO 材料活化后也表现出稳定的内部结构和二维形貌以及均匀分布的金
属元素[图 3-21(c～e)]，这也是其循环性能优异的一大原因。

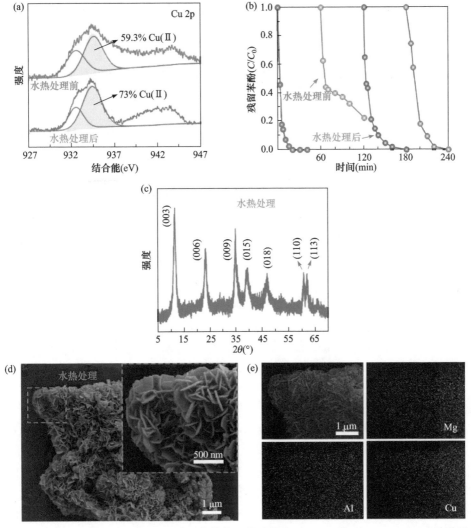

图 3-21 (a)使用过一次的 c-CuLDO 经水热处理前后的 Cu 2p XPS 谱；(b)c-CuLDO 去除苯酚的循环实验；(c～e)水热处理后 c-CuLDO 的 XRD、SEM、元素分布图

3.7 本章小结

本章主要介绍了制备一种氧化铜修饰的二维材料 c-CuLDO，经过一系列表征手段分析了材料结构、形貌、成分，并进行了苯酚降解的性能测试，探讨了不同溶液 pH、不同含铜量对降解性能的影响。结合捕获剂实验与 XPS、EPR 等途径对结构与性能的联系、机理、循环性能、应用扩展等进行了研究。具体结论如下。

(1) 实验采用共沉淀法制备了两相的 LDH 和三相的 T-LDH, 经煅烧分别得到 LDO、c-T-LDH。经过 XRD、SEM、AFM、N_2 吸附-脱附表征分析可知, LDH、LDO 结构完整, 表现为典型的该类材料衍射峰, 并且微观形貌为 4~9 nm 薄片交叉构成的花状, 有较大比表面积和空间。而三相共沉淀 T-LDH 及其煅烧产物 c-T-LDH 结晶度低、衍射峰宽化、形貌为紧密堆垛的块状、比表面积小, 表明铜离子参与直接共沉淀制备的 LDH 不利于 LDH 晶体结构的良好发育。

(2) 将 LDH、LDO 吸附铜离子, 相应表征说明 LDH、LDO 均保持了基体的良好结构和形貌特征, 且均匀附着铜, 因此与上述直接共沉淀法相比优势明显。此外, 对比 LDH 和 LDO, 吸附实验结果表明, 在以 60 mg/L 的铜溶液为主时, LDO 表现出比 LDH 更大的吸附容量(157 mg/g *vs.* 62.5 mg/g)。原因在于 LDO 不仅吸附铜在表面, 而且层板中的 Mg^{2+} 与 Cu^{2+} 发生了离子交换从而促进了铜的进入, 而 LDH 仅存在吸附作用(ICP 分析)。吸附后的 CuLDH、CuLDO 保持了基体物相和二维形貌, 元素分布均匀, 含铜量分别为 CuLDO 20.8%(质量分数)、CuLDO 6.7%(质量分数)。总之, LDO 吸附铜离子的容量可观, 吸附过程温和、均匀。

(3) 将吸附了铜的 CuLDH、CuLDO 经煅烧得氧化铜修饰的二维材料 c-CuLDH、c-CuLDO。结果表明, c-CuLDH、c-CuLDO 依然为典型 LDO 材料的衍射峰, 并显示出原位长大的厚度不变的纳米片, 其元素分布均匀、比表面积与 LDO 相当。对样品的 Cu 2p 高分辨 XPS 峰形进行分析, 发现三种样品都存在一价铜和二价铜两种价态成分, 且 c-CuLDO 的二价铜比例远高于 c-CuLDH 和 c-T-LDH。这种结构差异与随后的性能差异有较大联系。

(4) 材料激活 PDS 降解苯酚的效率从高到低依次为: c-CuLDO、c-CuLDH、c-T-LDH。通过 EDS 可知它们的含铜量从高到低依次为: c-CuLDO(16.7%, 质量分数)、c-CuLDH(11.0%, 质量分数)、c-T-LDH(8.0%, 质量分数)。此时, c-T-LDH 样品与仅含 PDS 的对照组降解效果相当, 说明 c-T-LDH 对 PDS 几乎无激活作用。而 c-CuLDO 降解速率则相当快($k = 0.335$ min^{-1}), 是 c-CuLDH 的 17.6 倍、c-T-LDH 的 67 倍, 3 min 去除了 65%的苯酚, 10 min 达到 96.4%的去除率, 20 min 能完全去除, 且性能优于文献中大多数铜基纳米材料或 LDH 材料。因此, 除了形貌原因, 含铜量也是重要条件之一。

(5) 以 c-CuLDO 为主, 该材料受 pH 影响不大, 在 pH 4~11 范围内效果显著, 但碱性条件会提高降解速率。此外, 对铜含量研究发现, 在一定范围内铜含量的增加会提高 c-CuLDO 材料降解苯酚的速率, 但提高的幅度不太高, 因此不一定含铜量越多越好。本研究中该材料在 40~120 mg/L 的铜浓度进行吸附均能达到高效降解, 且 120 mg/L 样品的降解速率最高($k = 0.717$ min^{-1}), 随后再增加铜浓度, 降解速率反而降低, 可能原因在于过高浓度离子交换对层板的结构破坏或团聚现象。因此, 含铜量虽是重要因素, 但 CuO 的存在形式可能也有影响, 如 LDO

与铜离子的离子交换反应使得铜元素进入层板所产生的影响。

（6）对降解苯酚的机理进行研究。首先，实验排除了游离 Cu^{2+} 激活 PDS 的可能，c-CuLDO、c-CuLDH 单纯吸附的可能。然后，捕获实验和 EPR 分析证明了自由基过程的存在，并根据文献提出了可能的反应式和机理示意图。简而言之，以 c-CuLDO 为研究对象，其降解机理主要是 Cu(Ⅱ)激活 PDS 产生硫酸根自由基为主、羟基自由基为辅的过程，其中伴随着表面氧化铜价态的变化，氧化铜的负载量对于降解效率来说很重要，此外保持形貌和结构稳定性，CuO 分布均匀也必不可少。降解时铜溶出量极低(<0.4 μg/L)，也大大提高了催化剂的使用寿命。

（7）对 c-CuLDO 材料循环性能进行研究。c-CuLDO 循环一次的使用效果已经优于大多已报道的氧化铜材料，但是发现降解过程中会引起 Cu(Ⅱ)比例下降，从而使反应活性降低，因此为使材料重获活性，通过尝试发现了 120℃水热的方法能重新提高表面 Cu(Ⅱ)的占比，从而恢复材料的循环降解活性，并保留了材料的二维稳定结构。

参 考 文 献

[1] Tan C L, Cao X H, Wu X J, et al. Recent advances in ultrathin two-dimensional nanomaterials[J]. Chemical Review, 2017, 117(9): 6225-6331.

[2] Ma R Z, Sasaki T. Nanosheets of oxides and hydroxides: ultimate 2D charge-bearing functional crystallites[J]. Advanced Materials, 2010, 22(45): 5082-5104.

[3] Wang Q, O'hare D. Recent advances in the synthesis and application of layered double hydroxide (LDH) nanosheets[J]. Chemical Review, 2012, 112(7): 4124-4155.

[4] Fan G L, Li F, Evans D G, et al. Catalytic applications of layered double hydroxides: recent advances and perspectives[J]. Chemical Society Review, 2014, 43(20): 7040-7066.

[5] Gu Z, Atherton J J, Xu Z P. Hierarchical layered double hydroxide nanocomposites: structure, synthesis and applications[J]. Chemical Communication, 2015, 51(15): 3024-3036.

[6] Cavani F, Trifiro F, Vaccari A. Hydrotalcite-type anionic clays: preparation properties and applications[J]. Catalysis Today, 1991, 11(2): 173-301.

[7] 吕志，段雪. 阴离子层状材料的可控制备[J]. 催化学报, 2008, V29(9): 839-856.

[8] Li L, Hui K S, Hui K N, et al. Ultrathin petal-like NiAl layered double oxide/sulfide composites as an advanced electrode for high-performance asymmetric supercapacitors[J]. Journal of Materials Chemistry A, 2017, 5(37): 19687-19696.

[9] Goh K H, Lim T T, Dong Z. Application of layered double hydroxides for removal of oxyanions: a review[J]. Water Research, 2008, 42(6-7): 1343-1368.

[10] Ma L J, Wang Q, Islam S M, et al. Highly selective and efficient removal of heavy metals by layered double hydroxide intercalated with the MoS_4^{2-} ion[J]. Journal of American Chemical Society, 2016, 138(8): 2858-2866.

[11] Zhao Y F, Jia X D, Chen G B, et al. Ultrafine NiO nanosheets stabilized by TiO₂ from monolayer

NiTi-LDH precursors: an active water oxidation electrocatalyst[J]. Journal of American Chemical Society, 2016, 138(20): 6517-6524.

[12] Liang H F, Li L S, Meng F, et al. Porous two-dimensional nanosheets converted from layered double hydroxides and their applications in electrocatalytic water splitting[J]. Chemistry of Materials, 2015, 27(16): 5702-5711.

[13] Qiao C, Zhang Y, Zhu Y Q, et al. One-step synthesis of zinc-cobalt layered double hydroxide (Zn-Co-LDH) nanosheets for high-efficiency oxygen evolution reaction[J]. Journal of Materials Chemistry A, 2015, 3(13): 6878-6883.

[14] Abellán G, Coronado E, Marti-Gastaldo C, et al. Photo-switching in a hybrid material made of magnetic layered double hydroxides intercalated with azobenzene molecules[J]. Advanced Materials, 2014, 26(24): 4156-4162.

[15] Chen H, Zhang W G. Synthesis and characterization of a strong-fluorescent Eu-containing hydrotalcite-like compound[J]. Science China Chemistry, 2010, 53(6): 1273-1280.

[16] Pfeiffer H, Lima E, Lara V, et al. Thermokinetic study of the rehydration process of a calcined MgAl-layered double hydroxide[J]. Langmuir, 2010, 26(6): 4074-4079.

[17] Zhao Y, Jiao Q Z, Evans D G, et al. Mechanism of pore formation and structural characterization for mesoporous Mg-Al composite oxides[J]. Science in China Series B-Chemistry, 2002, 45(1): 37-45.

[18] 刘淼, 杨俊俊, 武国庆, 等. 镁铝双金属氢氧化物及氧化物去除硫离子(S^{2-})性能及其机理研究[J]. 无机化学学报, 2006, 22(10): 1771-1777.

[19] Han J B, Dou Y B, Wei M, et al. Erasable nanoporous antireflection coatings based on the reconstruction effect of layered double hydroxides[J]. Angewandte Chemie International Edition, 2010, 49(12): 2171-2174.

[20] Lv X Y, Chen Z, Wang Y J, et al. Use of high-pressure CO_2 for concentrating Cr^{VI} from electroplating wastewater by Mg-Al layered double hydroxide[J]. ACS Applied Materials & Interfaces, 2013, 5(21): 11271-11275.

[21] Song F, Hu X L. Ultrathin cobalt-manganese layered double hydroxide is an efficient oxygen evolution catalyst[J]. Journal of American Chemical Society, 2014, 136(47): 16481-16484.

[22] Yuan C Z, Wu H B, Xie Y, et al. Mixed transition-metal oxides: design, synthesis, and energy-related applications[J]. Angewandte Chemie International Edition, 2014, 53(6): 1488-1504.

[23] Gawande M B, Goswami A, Felpin F X, et al. Cu and Cu-based nanoparticles: synthesis and applications in review catalysis[J]. Chemical Review, 2016, 116(6): 3722-3811.

[24] Li Y, Zhang L, Xiang X, et al. Engineering of ZnCo-layered double hydroxide nanowalls toward high-efficiency electrochemical water oxidation[J]. Journal of Materials Chemistry A, 2014, 2(33): 13250-13258.

[25] Lu H T, Zhu Z L, Zhang H, et al. Fenton-like catalysis and oxidation/adsorption performances of acetaminophen and arsenic pollutants in water on a multimetal Cu-Zn Fe-LDH[J]. ACS Applied Materials & Interfaces, 2016, 8(38): 25343-25352.

[26] Deng J, Feng S F, Zhang K J, et al. Heterogeneous activation of peroxymonosulfate using ordered mesoporous Co_3O_4 for the degradation of chloramphenicol at neutral pH[J]. Chemical Engineering Journal, 2017, 308: 505-515.

[27] Sun Z Q, Liao T, Dou Y H, et al. Generalized self-assembly of scalable two-dimensional transition metal oxide nanosheets[J]. Nature Communication, 2014, 5(10): 3813.

[28] Tan C L, Zhang H. Wet-chemical synthesis and applications of non-layer structured two-dimensional nanomaterials[J]. Nature Communication, 2015, 6: 7873.

[29] Zhu Y Q, Cao C B, Tao S, et al. Ultrathin nickel hydroxide and oxide nanosheets: synthesis, characterizations and excellent supercapacitor performances[J]. Scientific Reports, 2014, 4: 5787.

[30] Cheng W R, He J F, Yao T, et al. Half-unit-cell α-Fe$_2$O$_3$ semiconductor nanosheets with intrinsic and robust ferromagnetism[J]. Journal of American Chemical Society, 2014, 136(29): 10393-10398.

[31] Zhang Q B, Zhang K L, Xu D G, et al. CuO nanostructures: synthesis, characterization, growth mechanisms, fundamental properties, and applications[J]. Progress in Materials Science, 2014, 60(1): 208-337.

[32] Song Q L, Liu W, Bohn C D, et al. A high performance oxygen storage material for chemical looping processes with CO$_2$ capture[J]. Energy & Environmental Science, 2013, 6(1): 288-298.

[33] Zhang S Y, Fan G L, Li F. Lewis-base-promoted copper-based catalyst for highly efficient hydrogenation of dimethyl 1,4-cyclohexane dicarboxylate[J]. Green Chemistry, 2013, 15(9): 2389-2393.

[34] Santos R M M, Tronto J, Briois V, et al. Thermal decomposition and recovery properties of ZnAl-CO$_3$ layered double hydroxide for anionic dye adsorption: insight into the aggregative nucleation and growth mechanism of the LDH memory effect[J]. Journal of Materials Chemistry A, 2017, 5(20): 9998-10009.

[35] Mureseanu M, Radu T, Andrei R D, et al. Green synthesis of g-C$_3$N$_4$/CuONP/LDH composites and derived g-C$_3$N$_4$/MMO and their photocatalytic performance for phenol reduction from aqueous solutions[J]. Applied Clay Science, 2017, 141: 1-12.

[36] Liu P, Hensen E J M. Highly efficient and robust Au/MgCuCr$_2$O$_4$ catalyst for gas-phase oxidation of ethanol to acetaldehyde[J]. Journal of American Chemical Society, 2013, 135(38): 14032-14035.

[37] Deng X L, Wang C G, Shao M H, et al. Low-temperature solution synthesis of CuO/Cu$_2$O nanostructures for enhanced photocatalytic activity with added H$_2$O$_2$: synergistic effect and mechanism insight[J]. RSC Advances, 2017, 7(8): 4329-4338.

[38] Weng Z Z, Li J, Weng Y L, et al. Surfactant-free porous nano-Mn$_3$O$_4$ as a recyclable Fenton-like reagent that can rapidly scavenge phenolics without H$_2$O$_2$[J]. Journal of Materials Chemistry A, 2017, 5(30): 15650-15660.

[39] Wang Y X, Sun H Q, Ang H M, et al. 3D-hierarchically structured MnO$_2$ for catalytic oxidation of phenol solutions by activation of peroxymonosulfate: structure dependence and mechanism[J]. Applied Catalysis B: Environmental, 2015, 164: 159-167.

[40] Lei Y, Chen C S, Tu Y J, et al. Heterogeneous degradation of organic pollutants by persulfate activated by CuO-Fe$_3$O$_4$: mechanism, stability, and effects of pH and bicarbonate ions[J]. Environmental Science & Technology, 2015, 49(11): 6838-6845.

[41] Ji F, Li C L, Deng L. Performance of CuO/Oxone system: heterogeneous catalytic oxidation of

phenol at ambient conditions[J]. Chemical Engineering Journal, 2011, 178(1): 239-243.

[42] Zhang T, Chen Y, Wang Y R, et al. Efficient peroxydisulfate activation process not relying on sulfate radical generation for water pollutant degradation[J]. Environmental Science & Technology, 2014, 48(10): 5868-5875.

[43] Lv Y Y, Yu L S, Li C G, et al. ZnO nanopowders and their excellent solar light/UV photocatalytic activity on degradation of dye in wastewater[J]. Science China-Chemistry, 2015, 54(1): 142-149.

[44] Li Y B, Guo L S, Huang D K, et al. Support-dependent active species formation for CuO catalysts: leading to efficient pollutant degradation in alkaline conditions[J]. Journal of Hazardous Materials, 2017, 328: 56-62.

[45] Chen Y, Yan J C, Ouyang D, et al. Heterogeneously catalyzed persulfate by CuMgFe layered double oxide for the degradation of phenol[J]. Applied Catalysis A: General, 2017, 538: 19-26.

[46] Zhang H, Zhang G Y, Bi X, et al. Facile assembly of a hierarchical core@shell Fe_3O_4@CuMgAl-LDH (layered double hydroxide) magnetic nanocatalyst for the hydroxylation of phenol[J]. Journal of Materials Chemistry A, 2013, 1(19): 5934-5942.

[47] Chen H H, Xu Y M. Cooperative effect between cation and anion of copper phosphate on the photocatalytic activity of TiO_2 for phenol degradation in aqueous suspension[J]. Journal of Physical Chemistry C, 2012, 116(46): 24582-24589.

[48] Ali R M, Hamad H A, Hussein M M, et al. Potential of using green adsorbent of heavy metal removal from aqueous solutions: adsorption kinetics, isotherm, thermodynamic, mechanism and economic analysis[J]. Ecological Engineering, 2016, 91: 317-332.

[49] Fang G D, Gao J, Dionysiou D D, et al. Activation of persulfate by quinones: free radical reactions and implication for the degradation of PCBs[J]. Environmental Science & Technology, 2013, 47(9): 4605-4611.

[50] Zhang T, Zhu H B, Croue J P. Production of sulfate radical from peroxymonosulfate induced by a magnetically separable $CuFe_2O_4$ spinel in water: efficiency, stability, and mechanism[J]. Environmental Science & Technology, 2013, 47(6): 2784-2791.

[51] Wang Y X, Sun H Q, Ang H M, et al. Facile Synthesis of hierarchically structured magnetic MnO_2/$ZnFe_2O_4$ hybrid materials and their performance in heterogeneous activation of peroxymonosulfate[J]. ACS Applied Materials & Interfaces, 2014, 6(22): 19914-19923.

第4章 普鲁士蓝类芬顿催化材料的合成与高级氧化性能

4.1 MOFs 材料概述

金属有机骨架(MOFs)是通过配体和金属之间的配位键形成的结晶多孔固体材料。在合成过程中可以在空间上调控框架内的化学部分[1]。这些框架以其令人惊讶的高孔隙率和迷人的多功能性成为研究的热门课题。MOFs 材料，或者被更广泛地称配位聚合物，最早是在 20 世纪 50 年代和 60 年代初被科学家们发现的。

MOFs 结构最大的特点就是其多孔的特性。MOFs 的微孔通道的尺寸可以选择适当的方法来调节，并且通常直径小于 2 nm。通过适当调整这些孔的大小和形状，形成选择性分子筛，能够允许某些分子通过但不通过其他分子[1]。MOFs 在某些情况下具有惊人的稳定性，被视为在催化、电化学、分子分离和存储领域很有前途的材料[2-5]。除此之外，选择特定金属或具有功能化特性配体，从而达到设计 MOFs 材料的目的，可以为框架添加新的特性，用于各种应用。例如 CO_2 的封存或离子交换[6]，添加光捕获接头导致光活性 MOFs 的形成[7]，在 MOFs 晶体中纳入基于生物分子的接头能够产生生物模拟功能[8]，添加特定金属和配体导致磁性 MOFs 的产生[9]，甚至 MOFs 的传统电绝缘性质也可以通过使用导电接头来改变以形成导电 MOFs[10]。通过引入其他活性分子进入 MOFs 的孔隙中可以提高它的催化活性和存储容量[11]。还可以使 MOFs 金属化或者经过其他修饰使得 MOFs 具有其他方面的特性。这种通用性已使得催化、感测、捕光、光催化、太阳能电池、生物医药学、燃料电池和电化学等领域增加了关于 MOFs 的研究[12,13]。Han 等[14]最近总结了用于合成 MOFs 的常用方法，Gascon 等[15]综合讨论了 MOFs 合成方案的合理设计。

最近，通过化学蚀刻的方法来制备具有新形态的 MOFs 这一领域被广泛研究[16]。能够破坏 MOFs 的金属/有机连接体的蚀刻剂(如 H^+ 或 OH^-)的存在可以使初始 MOFs(如 ZIF-8，ZIF-67)成形为具有可调球形、立方体或四面体形态的晶体[17-20]。由于 MOFs 前驱体晶体的内部和小平面之间存在差异性的反应，有时可以获得具有中空结构的纳米 MOFs(如 ZIF，PBA)[21,22]。调控预合成 MOFs 的结构进一步能够制备更高复杂度的 MOFs。最近，通过离子掺杂和蚀刻 MOFs(如 PBA，ZIF 或

MIL)获得了几种新的几何构型(如单壳或多壳的纳米笼、卵黄壳结构)[23-25]，并为各种应用提供先进的功能材料。

尽管取得了这些进步，但控制蚀刻位置的选择仍然具有挑战性[26]。例如，在普鲁士蓝类似物(PBA，简称类普鲁士蓝)立方体中，蚀刻有时优先发生在中心表面[27]，有时发生在它们的角落[28]，导致形成不同形态的 PBA。推断 MOFs 晶体的表面和角落之间的不均匀反应性可能与富含缺陷或富含金属-配体键的结晶方向有关[29]。不幸的是，通过对前驱体的各向异性蚀刻来理解纳米 MOFs 的形成的例子很少。许多研究仍然侧重于材料的合成和表征，而 MOFs 蚀刻行为的知识缺乏限制了复杂结构 MOFs 的综合探索和合理设计。因此，现有的纳米 MOFs 在其结构方面仍然主要局限于中孔或中空结构，并且很少有报道显示具有复杂结构的 MOFs 的制造。

4.1.1　类普鲁士蓝简介及研究现状

如图 4-1 所示，类普鲁士蓝是一种结构可调、形貌多样、性能优越的常见金属有机骨架化合物，化学式为 $M_3^{2+}[M^{3+}(CN)_6]_2$(M^{2+}和 M^{3+}为过渡金属)的普鲁士蓝类似物由八面体络合物$[M^{3+}(CN)_6]^{3-}$构成，它们是通过 M^{2+}桥接成简单的立方晶格[30]。

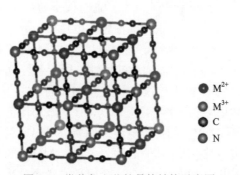

图 4-1　类普鲁士蓝的晶体结构示意图

多年来，人们对称为普鲁士蓝(PB)的系列化合物产生了浓厚的兴趣[31]。最近，PBA 因其在储氢、分子磁场、光学等方面的应用而受到越来越多的关注[32-35]。尽管已经在 PBA 领域付出了巨大的努力，并且已经发现了许多独特的性质，但在这些研究中，主要关注的是常规 PBA 的特性。然而，研究者发现形状和尺寸是微调材料性质的重要因素。在这方面，纳米尺寸的 PBA 材料通常表现出显著的尺寸和形状依赖的物理和化学性质[36]，这在其大块类似物中是不可观察到的。例如，$Co_3[Co(CN)_6]_2$ 纳米材料已经表现出比普通纳米材料更好的 CO_2 储存性能[37]。此外，据报道，由 Nune 及其同事首次合成的纳米级沸石咪唑酯骨架(ZIF-8)也显示出优异的气体吸附性能[38]。因此尺寸、形状、化学组成和晶体结构的精准控制允许人们不仅能如期望得到独特性能 PBA 的纳米结构，还能调整它们的化学和物理性质。另外，已经合成了一些在纳米尺度上具有不同形状的 PBA，如通过 Co$_3$[Co(CN)$_6$]$_2$ 多面体和溶剂热法合成纳米棒[39]，Zn$_3$[Co(CN)$_6$] 在超声波条件下合成微球和微多面体[40]。然而，在通过简单的方法控制不同尺寸和形态的 PBA 在室温下的生长过程方面，已经取得少量进展[41]。

4.1.2　类普鲁士蓝的制备方法

由于性能上的需求以及对形貌结构上的探究，随着研究的深入，越来越多的类普鲁士蓝的制备方法被开发并投入使用。通过原料的性质和对类普鲁士蓝结构的设计，选择性地、合理地使用合成方法能够大大提高合成的效率和准确性[42]。

1. 微乳液法

微乳液法是制备纳米尺寸颗粒的有效方法[43]。其中溶剂是由油相、表面活性剂相和水相组成，是水相在连续油相中的热力学稳定的各向同性分散体。液滴的尺寸范围为 5～20 nm。当含有所需反应物的液滴彼此碰撞并因此形成纳米尺寸的颗粒时，将发生化学反应。微乳液处理技术已被用于合成各种材料的纳米级颗粒。例如，方建等[44]在聚氧乙烯叔辛基苯基醚、己醇、环己烷组成的溶剂中制备了形貌高度不同的纳米钴-铁普鲁士蓝类似物。

2. 模板法

模板法分为硬模板法和软模板法。其中，硬模板法是以形貌尺寸容易调节的物质作为模板，然后将所需要的材料通过一定的方法沉淀在其表面进行包覆，接着通过加热、腐蚀等方法将模板去除同时保留沉积物，从而得到与模板的形貌、结构相似的材料。Shen 等[45]用聚苯乙烯纳米球作为模板和双溶剂诱导的异相成核方法合成有序宏观微孔金属有机骨架单晶。这种分级框架的质量扩散特性以及单晶性质赋予了大体积分子反应的优异催化活性。

3. 共沉淀法

共沉淀法是合成类普鲁士蓝的方法中易操作、易调控的制备方法。共沉淀法就是将金属盐、有机配体以及溶剂，按照一定的比例混合搅拌均匀后，在常温常压下静置。其间，金属离子和有机配体之间因为化学键的形成而团聚起来，从而合成样品。这种方法的优势在于：溶液中组分之间的各种化学反应自发进行，不需要外界提供能量，如加热。而且这种方法容易制备粒度小且分散均匀的粉末材料。Han 等[46]通过共沉淀法合成了高度均匀的 NiCo-PBA 材料。

4. 溶胶-凝胶法

溶胶-凝胶法是常用的一种制备类普鲁士蓝的方法,它是将化学活性高的组分原料在溶剂中混合均匀,然后经过水解、缩合反应形成稳定的溶胶体系。经过一系列反应后,胶粒之间慢慢聚合形成网络结构直至整个体系失去流动性,再经过干燥脱去溶剂就合成出类普鲁士蓝材料。Buso 等[47]用溶胶-凝胶法利用纳米化种子提供的巨大比表面积来使 MOFs 成核,为大规模生产胶体 MOFs 提供了一条有希望的途径。该合成路线的另一个工业优势在于利用异质 MOFs 形成机制,因此提供更快的成核动力学。观察到的 MOF-5 晶体形成速率比传统的溶剂热方法快10 倍以上,允许在几小时内生成 MOF-5。以更低的成本实现更快的生产速率是朝着有效扩大 MOFs 生产迈出的重要一步。

5. 水热法

水热法又称为溶剂热法,反应釜法是其中的一种,是按照设定的比例将金属盐、有机配体和溶剂的混合溶液装到聚四氟乙烯内衬中,然后塞入反应釜内,在一定的升温速率、保温温度、保温时间、降温速率条件下进行高温高压反应的方法。水热法制得的样品结晶性比较好、物相纯度比较高,因为是在密闭的条件下,所以样品不易被污染。

6. 电化学沉积法

电化学沉积法是将溶液中的金属阳离子通过电化学沉积到阴极上,经过形核、晶体的长大形成晶粒。晶粒的大小与形核的速率有关。与传统方法相比,电化学方法具有几个优点,包括反应条件温和,操作简单,过程清洁。同时,金属离子可以通过阳极氧化原位产生,避免了使用阴离子。Gascon 等[48]使用电化学方法制备了典型的 Zn^{2+},Cu^{2+} 和 Al^{3+} MOFs。Guo 等[49]报道了电化学合成 $Cu_3(BTC)_2$ 的最佳条件。这些和其他研究广泛地引起了科学家对电化学合成 MOFs 的兴趣。

4.1.3　类普鲁士蓝的尺寸和形貌控制

PBA 构成了 MOFs 的子类,在催化、吸附、储气等方面有广泛的应用。PBA 的可控的形状使其性能可以通过调整表面原子结构和通道方向来控制。迄今为止,可通过各种方法合成具有明确形态的 PBA,包括反相微乳液、化学蚀刻、配位调制。其中,形状的逐渐转变提供了对结构-性能关系的研究。可以通过改变生长溶液的 pH、前驱体的浓度以及添加剂的类型和添加一定剂量的聚乙烯吡咯烷酮(PVP)或过渡金属离子来调节 PBA 的形态和尺寸。

1. 控制溶剂

普鲁士蓝及其类似物的传统合成方法是基于 M^{m+} 阳离子和 $[M'(CN)_6]^{n-}$ 阴离子的直接沉淀反应。一系列对比实验表明，产物的形态和大小对反应条件有很强的依赖性。其中所用有机溶剂的不同性质，如极性和黏度(图 4-2)，可能在产品的形状控制中起重要作用[50]。在 MOFs 的合成中，常规溶剂，如 N, N-二甲基甲酰胺(DMF)、N, N-二乙基甲酰胺(DEF)、1-甲基-2-吡咯烷酮、水/乙醇混合物，被广泛用于溶解无机和有机前驱体。乙醇的黏度强于水的黏度，并且在一定程度上，较高的黏度可以减慢生长速率并且对于各向同性生长更有利[51]。

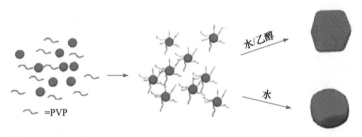

图 4-2　$Mn_3[Co(CN)_6]_2 \cdot nH_2O$ 的纳米立方体和多面体结构形成示意图

2. 控制表面活性剂

在合成类普鲁士蓝的过程中常常需要加入表面活性剂来控制合成的进程，常用的表面活性剂有聚乙烯吡咯烷酮(PVP)、柠檬酸三钠等[52]。在添加表面活性剂后，结晶过程一般遵循非经典结晶理论。在生长过程中，由于可以通过预形成的小颗粒的聚集来合成中间晶体，因此这种方法还可以用来制备多孔晶体。Nai 等[53]发现在合成 CoFe-PBA 的过程中使用不同的表面活性剂就可以合成不同拓扑结构的类普鲁士蓝。

3. 蚀刻法

蚀刻法是通过优先蚀刻合成单晶 PBA 纳米框架的方法。受控蚀刻易于发生在角落、边缘或面上[54,55]。原则上，单晶的配位化合物纳米框架结构可以利用选择性蚀刻而获得。PBA 晶体的非均匀分布缺陷对于确保在表面而不是角落或边缘处的选择性蚀刻是必要的，纳米框架在蚀刻后保留了单晶框架。例如，Zhang 等[56]通过 NaOH 在水热条件下蚀刻 $Fe_4[Fe(CN)_6]_3$，使得立方体颗粒的前驱体转变成多层中空纳米结构。

4. 金属离子掺杂

众所周知，阳离子掺杂可以诱导晶体结构的变化，并且可用于控制纳米颗粒的溶液生长，如图 4-3 所示，因此离子掺杂也是调控类普鲁士蓝形貌的常见手段[57]。例如，Guo 等[58]报道了双金属 MOFs 系统中不同金属离子的反应动力学，研究了 CoZn-PBA 在不同浓度比例下合成不同形貌的类普鲁士蓝。

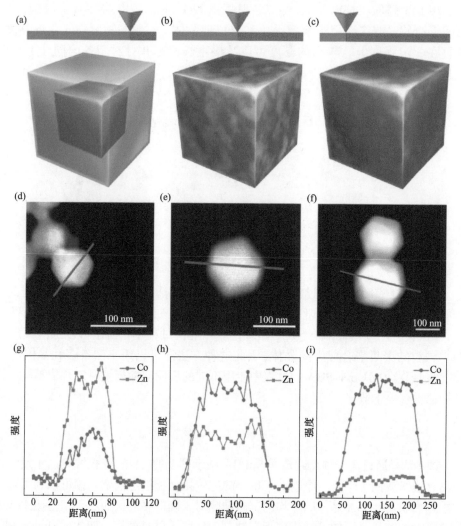

图 4-3　(a)Co$_{20}$Zn$_{80}$-ZIF、(b)Co$_{50}$Zn$_{50}$-ZIF 和(c)Co$_{80}$Zn$_{20}$-ZIF 的示意图、(d~f)对应的暗场成像图和(g~i)沿红色线的线扫能谱图

此外还有很多方法可以合成类普鲁士蓝，如扩散法、机械化学法和微波超声辅助加热法等。这些方法在合成上各有各的优势，同时也为合成类普鲁士蓝提供

了更多的选择，在控制类普鲁士蓝的形貌上发挥着不可替代的作用。

4.1.4　类普鲁士蓝的应用

类普鲁士蓝是基于简单立方骨架结构的材料，其中八面体氰根络合物中的氮与金属离子连接。宏观上类普鲁士蓝是一种多孔材料，比表面积大和结构稳定性好是它的主要特征，再加上合成方法的多样性，类普鲁士蓝在结构上呈现多样化[59]。微观上看，类普鲁士蓝内部存在大量的缺陷和空位。基于这些特点，类普鲁士蓝在很多领域都有重要的应用。

1. 储氢材料

由于清洁燃烧和高热值，氢被考虑作为机械应用中化石燃料的替代品。然而，它在这方面的成功部分依赖于开发有效的存储方式。最近的研究揭示了微孔配位固体中氢储存的巨大潜力[60]。而经过脱水的类普鲁士蓝能够大大提高它的比表面积，其中这类材料中存在与氢气具有一定亲和力的可极化 π 电子云，而且氢气也可以与去除结合水分子时产生的 M^{2+} 上的开放配位点结合，使得储氢能力大大提高。例如，Kaye 等[61]报道了脱水类普鲁士蓝 $Zn_3[Co(CN)_6]_2$ 显示出很高的吸附焓 [1.4%(质量分数)，0.018 kg H_2/L]。

2. 光磁材料

基于分子的磁性材料已经引起了极大的关注。其中，将 PBA 设计成具有各种功能的新型光磁材料非常有吸引力。以 ACo [Fe(CN)_6]为主的一系列材料包括 K-PBA，Rb-PBA，Cs-PBA，由于从 Fe^{2+} 到 Fe^{3+} 的光学电子转移，表现出光磁特性。这些化合物表现出包括压力、协同效应、弛豫、光学性质等的分子特性。在这些常见特性中，光致变色和热致变色是应用于光学信息存储的主要关注点。例如，Goujon 等[62]报道了光磁类普鲁士蓝 $CsCo[Fe(CN)_6]_y$ 的光激发温度远高于液氮温度，高达约 125 K，这是迈向未来应用的一个令人兴奋的发现。

3. 电极材料

类普鲁士蓝结构中的金属离子可发生氧化还原反应从而为电子提供通路，开放的框架结构使电解液(水性或有机电解质)能够高度可逆地嵌入/提取离子，多层结构能大大缩短离子交换的距离，因此，类普鲁士蓝材料作为可充电池的电极材料一直是个热门的研究课题。例如，Wessells 等[63]最近报道了六氰基铁酸钾纳米颗粒作为电极材料在含钠离子和锂离子的水质电解液中在高电流密度下可以循环5000 次以上。

4. 光芬顿催化材料

铁基类普鲁士蓝结构是由八面体的$[M(CN)_6]^{3-}$(M 代表金属)阴离子基团和铁离子桥接形成的立方体晶体结构。八面体结构空位的随机分布使晶体成电荷平衡,从而导致 Fe^{2+}或者 Fe^{3+}的配位中心被一个或者多个水分子占据。结构中存在大量的空位和配位水使得类普鲁士类材料很适合作为 Fenton 催化剂。例如, Li 等[64]合成了具有不同 Fe 价态的 Fe-Co PBA, 其被开发用于光 Fenton 催化剂对罗丹明 B 进行降解, 表现出极高的降解效率。

5. 生物医学材料

类普鲁士蓝纳米粒子已被开发用于各种生物医学应用,包括药物输送、生物模拟成像、生物传感装置和癌症治疗诊断等。此外,结构中掺杂其他金属离子以改变性质后可用于螯合剂(去除重金属和毒性放射性)、涂层介质、药物载体等。因此,类普鲁士蓝已被广泛运用于生物医学领域。例如, Mukherjee 等[65]制备了一种生物相容性很好的铜基类普鲁士蓝, 其显示阿霉素的荧光选择猝灭,对有效抑制癌细胞增殖有重要的作用。

6. 以类普鲁士蓝为前驱体制备多功能材料以及应用

类普鲁士蓝本身可以直接运用在诸多领域,为了进一步探索它的潜能,还有一种处理方式就是把类普鲁士蓝作为前驱体来制备其他多功能材料,包括金属氧化物、金属氢氧化物、金属硫化物、金属磷化物和金属碳复合材料[66,67],并保持了 PBA 的形态。这些 PBA 衍生的功能材料具有多孔结构、开放扩散通道和高比表面积。

1) 制备金属氧化物

常见的方法就是将类普鲁士蓝在空气气氛中烧结,结构中的 C、N 转化成气体移除,金属离子与氧气反应生成相应的氧化物,从而保留了类普鲁士蓝前驱体的框架。由于前驱体的形貌和尺寸可调,因此借此方法能够根据需要合成相应的氧化物。合成出的氧化物因多孔,比表面积大,结构稳定,在催化、电化学等领域运用广泛。例如, Nan 等[68]采用一种特定的方法来获得均匀和纳米级的前驱体 $Co_3[Co(CN)_6]_2 \cdot nH_2O$, 然后在 400℃下将其转化为多孔 Co_3O_4 纳米笼, 用于锂离子电池中的高性能阳极材料。

2) 制备金属氢氧化物

制备金属氢氧化物一般是将类普鲁士蓝在室温下与碱性物质(基于金属、类金属氧化物的弱酸强碱或共轭碱)进行化学反应来制备具有一定结构的氢氧化物,在反应过程中首先在界面处发生离子交换形成薄的金属氢氧化物层。随着反应的进行, OH⁻继续向类普鲁士蓝内流动以供应离子交换反应,最终类普鲁士蓝部分转化为金属氢氧化物。这类氢氧化物一般为中空结构、蛋黄壳结构或者多层结构。这种结构比表面积比较大、孔道多、结构稳定性好,多应用在电化学领域。例如,Zhang 等[56]通过 PBA 与 NaOH 反应合成具有中空结构的 Fe(OH)$_3$ 纳米盒子甚至多层结构的纳米盒,运用在锂离子电池的阳极材料中。

3) 制备金属硫化物

除了氧化物和氢氧化物,最近一种简单的通过模板交换法合成硫化物的方法已被开发。这种方法通常是在高温下,在 S^{2-} 存在下通过 PBA 纳米立方体的结构诱导的各向异性化学蚀刻/阴离子交换反应合成金属硫化物的纳米结构,这种金属硫化物纳米结构多运用在能量存储、催化和电化学等方面。例如,Yu 等[69]利用 Ni-Co PBA 与 Na$_2$S 在一定温度下反应一定时间合成中空纳米笼结构的 NiS,在电化学应用上表现出强的电容性能和析氢反应的电催化活性。

4.1.5 本章主要内容及意义

大多数的类普鲁士蓝在晶体结构上趋于均一相,整个颗粒的物相是均匀的。因此在调控类普鲁士蓝的形貌和结构上存在一定程度的局限性,大多数的类普鲁士蓝通常具有对称、一定规则的形貌。材料的结构和性能往往是息息相关的,开发出具有独特结构的材料也是性能研究的重要支撑。本章在常规的合成策略基础上制备类普鲁士蓝前驱体,通过表征发现在前驱体结构中存在分布不均匀的相,由不同性质的晶体结构自组装形成。当与氨水进行反应时,由于前驱体的相分布不均匀,发生各向异性蚀刻,形成具有独特形貌的类普鲁士蓝或者氧化物与类普鲁士蓝的复合材料。这种策略是通过改变合成条件和引入不同离子从而得到晶体结构不同的类普鲁士蓝。因此推测这种合成策略具有一定的普适性,从而对类普鲁士蓝材料的开发提供方向。本章还发现合成的类普鲁士蓝或者氧化物与类普鲁士蓝的复合材料在催化降解双酚 A 上具有高效率、高稳定性的优点,对水环境处理具有一定的实际作用,为合理设计水环境修复材料提供了新的思路。

4.2 实 验 部 分

4.2.1 "Z"型氧化物的合成及表征

将合成的类普鲁士蓝前驱体进行煅烧得到镍钴铁混合金属氧化物,利用表征手段对其进行表征,并对它进行催化过氧一硫酸盐降解双酚 A 的实验,探讨它的催化性能。

实验的主要内容如下:

(1) 煅烧(350℃、2℃/min、1h)"Z"型类普鲁士蓝得到"Z"型的混合金属氧化物("Z"-O$_x$)。另外进行镍钴铁类普鲁士蓝的煅烧得到混合氧化物[NiCo(Fe)-O$_x$]作为对照组。

(2) 利用 XRD、SEM、TEM、FTIR 等表征方法对煅烧得到的 NiCo(Fe)-O$_x$ 和 "Z"-O$_x$ 进行物相组成分析、结构和形貌的分析。

4.2.2　锰铁钴类普鲁士蓝的合成及表征

采用共沉淀法合成具有立方体结构的锰钴铁类普鲁士蓝，通过氨水的腐蚀，得到类普鲁士蓝与氧化物的复合材料(MnFeCo-PBA@Mn$_3$O$_4$)，用一系列的表征方法对它的形貌、结构、组成进行分析，探究它对催化 PMS 降解双酚 A 的性能。

主要的实验内容如下。

(1) 以用共沉淀法合成的锰钴铁类普鲁士蓝作为前驱体，利用氨水进行腐蚀得到类普鲁士蓝与氧化物的复合材料(MnFeCo-PBA@Mn$_3$O$_4$)。

(2) 利用 XRD、SEM、TEM、AFM 和 FITR 等表征方法，对形貌、结构和组成进行探究：①探究 MnFeCo-PBA@Mn$_3$O$_4$ 在催化方面的性能；②探究不同催化剂对催化降解双酚 A 性能的影响；③探究光照对催化降解双酚 A 性能的影响；④探究 MnFeCo-PBA@Mn$_3$O$_4$ 的循环性能。

4.2.3　实验路线

1. 实验路线 1

实验用铁氰化钾、钴氰化钾、柠檬酸三钠、硝酸镍作为实验原料，通过水热合成镍钴铁类普鲁士蓝前驱体，再经过氨水的腐蚀，得到具有独特形貌的 "Z" 型类普鲁士蓝，具体的合成路线如图 4-4 所示。

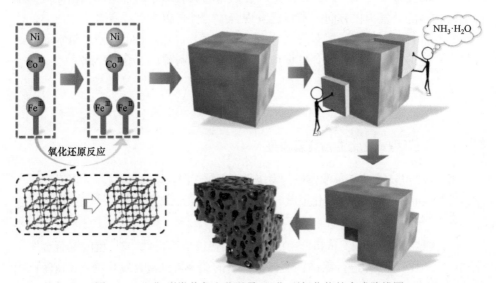

图 4-4　"Z" 型类普鲁士蓝以及 "Z" 型氧化物的合成路线图

2. 实验路线 2

实验用铁氰化钾、钴氰化钾、聚乙烯吡咯烷酮、硫酸锰作为实验原料，通过常温共沉淀法合成锰钴铁类普鲁士蓝前驱体，再经过氨水的腐蚀，得到类普鲁士蓝与氧化物共存的复合材料 $MnFeCo-PBA@Mn_3O_4$。具体的合成路线如图 4-5 所示。

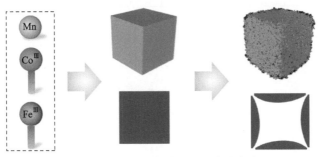

图 4-5　类普鲁士蓝复合材料的合成路线图

4.2.4　实验试剂及仪器设备

1. 实验试剂

本实验所用的主要化学试剂如表 4-1 所示。

表 4-1　主要实验试剂

试剂	分子式	纯度	厂家
六氰合铁酸钾	$K_3[Fe(CN)_6]$	分析纯	国药集团化学试剂有限公司
六氰合钴酸钾	$K_3[Co(CN)_6]$	分析纯	国药集团化学试剂有限公司
三水合柠檬酸三钠	$C_6H_5Na_3O_7 \cdot 3H_2O$	分析纯	国药集团化学试剂有限公司
硝酸镍	$Ni(NO_3)_2 \cdot 6H_2O$	分析纯	国药集团化学试剂有限公司
聚乙烯吡咯烷酮 K-30	$(C_6H_9NO)_n$	分析纯	国药集团化学试剂有限公司
硫酸锰	$MnSO_4$	分析纯	国药集团化学试剂有限公司
甲醇	CH_3OH	分析纯	国药集团化学试剂有限公司
氨水	$NH_3 \cdot H_2O$	分析纯	国药集团化学试剂有限公司
乙醇	C_2H_5OH	分析纯	国药集团化学试剂有限公司
双酚 A	$C_{15}H_{16}O_2$	分析纯	国药集团化学试剂有限公司
过氧一硫酸盐	$H_2K_4O_{13}S_3$	分析纯	国药集团化学试剂有限公司

2. 仪器设备

实验主要设备如表 4-2 所示。

表 4-2　实验主要设备

仪器名称	规格和型号	仪器名称	仪器型号
X 射线衍射仪	Rigaku Miniflex600	反应釜	钛材 CJ-2
扫描电子显微镜	PhiliPDS XL30	高速离心机	LG10-2.4A
透射电子显微镜	FEI Tecnai G2 F20	磁力搅拌器	IKA RT5
X 射线光电子能谱仪	Thermo 250XI	原子力显微镜	Veeco MultiMode V
N_2 吸附-脱附仪	Micromeritics ASAP 2460	电子分析天平	BS124S
高效液相色谱仪	Agilent 1200	原子吸收光谱仪	AA-7003
马弗炉	KSL-1200X	真空干燥箱	DHG-9036A
300W 氙灯	CEL-HXF300	超声波清洗器	KQ-300B

4.2.5　材料表征方法

1. X 射线衍射

本章将制备的样品在硅片上制样进行 XRD 的表征。采用日本 Rigaku Miniflex600 粉末衍射仪。测定的条件：铜靶，Kα 的 $\lambda = 1.5406$ Å，测试管电压 40 kV，测试管电流 15 mA，扫描速度 6°/min，2θ 扫描范围 5°～70°。

2. 扫描电镜

本章中粉末制样的方法：取少量的粉末置于乙醇中进行超声分散，往干净的硅片上滴少许溶液，在烘箱中 60℃ 温度下烘干。由于样品导电性差，故在测试前需喷金 20 s。测试仪器型号为 PhiliPDS XL30，仪器操作电压为 200 kV。

3. 透射电镜

本章中 TEM 制样方法：取少量粉末样品超声分散在乙醇中，滴加到置于加热搅拌器上的铜网上，反复滴加 3～5 次。干燥后即可测试。仪器型号：FEI Tecnai G2 F20。

4. X 射线光电子能谱

本章中样品是通过压片机压片制样，仪器型号：Thermo 250XI，测定范围：Fe、Co、Ni、Mn、O、C、N 元素。

5. 原子力显微镜

本章通过原子力显微镜分析了样品表面片层的厚度。制样方法是将样品分散在乙醇中，滴在云母片上风干。

6. N$_2$ 吸附-脱附分析

本章中进行 N$_2$ 吸附-脱附分析时，样品在 70℃下脱气 10 h，仪器类型：Micromeritics ASAP 2460，采用 BET 计算比表面积，采用 BJH 计算孔径分布。

7. 热重-差示扫描量热法

热重-差式扫描量热分析(TGA-DSC)根据样品质量随温度的变化趋势判断样品的热稳定性，根据曲线的走势可以判断样品分解的温度，是样品组成结构解析的重要手段之一。

本章中样品的测试条件为升温速率：2℃/min，气氛：空气，升温范围：25～1000℃。

8. 傅里叶变换红外光谱分析

傅里叶变换红外光谱仪是利用不同物质对不同波长的红外辐射的吸收特性对样品中的化学组成进行分析的仪器，通过分析红外光谱，可以知道样品中的化学键种类和所占的比重，是一种重要的表征手段。

本章中样品检测的方法：按 1：100 的比例量取待测样品和溴化钾混合进行研磨，然后通过压片机压片进行测试。

9. 原子吸收光谱分析

原子吸收光谱分析(AAS)是根据样品中基态原子蒸气对特征辐射吸收的作用来对金属种类进行定量的分析。

本章中样品的检测是先配好待测元素的标准样作标准曲线，然后再测定待测溶液中的元素浓度。

4.3　"Z"型氧化物芬顿催化材料的合成与高级氧化性能

4.3.1　样品的合成

1. 镍钴铁金属氧化物的制备

本实验中的镍钴铁类普鲁士蓝[NiCo(Fe)-PBA]是用水热反应制备的。将硝酸镍(0.6 mmol)、柠檬酸三钠(0.9 mmol)和钴氰化钾(0.08 mmol)溶解在去离子水(20 mL)中，通过磁力搅拌形成溶液 A，再将铁氰化钾(0.32 mmol)溶解在去离子水(10 mL)中，磁力搅拌直至完全溶解形成溶液 B。然后，将溶液 A 和 B 在室温下混合并磁力搅拌 1 h。将所得混合物转移到 100 mL 反应釜内衬中并在 80℃下加热20 h。通过离心收集沉淀物，用水和乙醇洗涤，最后在 70℃下干燥过夜得到镍钴铁类普鲁士蓝。将适量的制备好的镍钴铁类普鲁士蓝放入坩埚中，置于马弗炉内进行煅烧。煅烧温度：350℃，升温速率：2℃/min，保温时间：1.5 h。随炉冷却，得到混合金属氧化物，分别称为 NiCo(Fe)-O$_x$。

2. "Z"型氧化物的制备

先称取 10 mg 的镍钴铁类普鲁士蓝[NiCo(Fe)-PBA]作为前驱体，将其溶解在 10 mL 的乙醇溶液中，磁力搅拌至完全分散。分别称取 10 mL 的氨水和20 mL 的去离子水，配成氨水溶液。然后将配好的氨水溶液倒入乙醇溶液中，常温常压下磁力搅拌 1 h。反应结束后，通过离心收集沉淀物，用水和乙醇洗涤，最后在 70℃下干燥过夜得到"Z"型镍钴铁类普鲁士蓝("Z"-PBA)。将适量的制备好的"Z"型镍钴铁类普鲁士蓝放入坩埚中，置于马弗炉内进行煅烧。煅烧温度：350℃，升温速率：2℃/min，保温时间：1.5 h。随炉冷却，得到混合金属氧化物"Z"-O$_x$。

4.3.2　样品的表征分析

1. SEM 和 TEM 分析

通过对类普鲁士蓝进行煅烧得到镍钴铁三元混合金属氧化物，图 4-6 是NiCo(Fe)-O$_x$ 和"Z"-O$_x$ 的 SEM 图，从中可以看到，煅烧后的样品保持了烧结前样品的立方[图 4-6(b)]或者"Z"型结构[图 4-6(e)]，因为在煅烧过程中氰根的分解导致其尺寸大小略有收缩。同时可以观察到，颗粒表面不平整，出现了很多空隙。从 TEM 图[图 4-6(a,d)]可以更明显地看到这一现象。从 NiCo(Fe)-O$_x$ 和"Z"-O$_x$ 高分辨图[图 4-6(a,d)中的插图]中都可以看到三种晶格条纹像，分别对应于 NiO、Fe$_3$O$_4$ 和 Co$_3$O$_4$。

2. XRD 分析

分别把镍钴铁类普鲁士蓝和"Z"型镍钴铁类普鲁士蓝通过煅烧得到混合金属氧化物 NiCo(Fe)-O$_x$ 和"Z"-O$_x$，观察它们的 XRD 图(图 4-7)，可以看到典型的类普鲁士蓝衍射峰消失，说明煅烧过程中，类普鲁士蓝的结构被破坏。在 10°～80°范围内均出现了位置相同的衍射峰，对比标准 PDF 卡片，结果为 NiO(JCPDS: 75-

图 4-6　NiCo(Fe)-O$_x$ 的(a)透射图和高分辨透射图(插图)、(b)扫描图和(c)示意图；"Z"-O$_x$ 的(d)透射图和高分辨透射图(插图)、(e)扫描图和(f)示意图

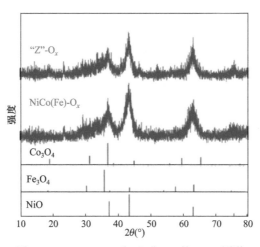

图 4-7　NiCo(Fe)-O$_x$ 和 "Z"-O$_x$ 的 XRD 图谱

0197)、Fe$_3$O$_4$(JCPDS: 75-0449)和 Co$_3$O$_4$ (JCPDS: 76-1802)，没有检测出其他的衍射峰，说明 NiCo(Fe)-O$_x$ 和 "Z"-O$_x$ 具有相同的相组成。此外通过谢乐公式计算得到两者的晶体尺寸均为 5.2 nm。

3. FTIR 分析

图 4-8 是 NiCo(Fe)-O_x 和 "Z"-O_x 的红外图谱，可以看到在原先 2090～2010 cm^{-1} 处出现的峰消失了，说明在煅烧过程中，镍钴铁类普鲁士蓝和 "Z" 型镍钴铁类普鲁士蓝中的氰基被破坏，这跟 XRD 的分析结果一致。此外，在 400～500 nm^{-1} 出现的峰表示煅烧产生了氧化物。

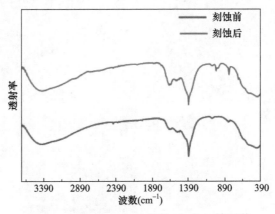

图 4-8　NiCo(Fe)-O_x 和 "Z"-O_x 的红外图谱

4. XPS 分析

图 4-9 是煅烧氧化物 NiCo(Fe)-O_x 和 "Z"-O_x 的 XPS 图。从全谱图[图 4-9(a)] 可以看到，Fe、Co、Ni、C、O 均存在两者中，说明它们具有相同的元素组成。对

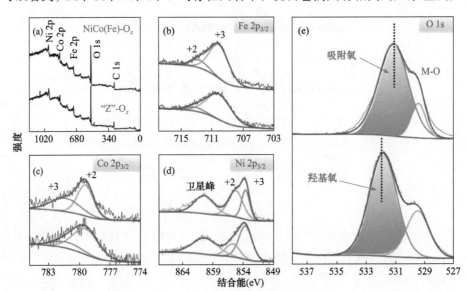

图 4-9　样品 NiCo(Fe)-O_x 和 "Z"-O_x 的(a)XPS 全谱图及(b)Fe 2p$_{3/2}$、(c)Co 2p$_{3/2}$、(d)Ni 2p$_{3/2}$ 和(e)O 1s

比烧结前的 XPS 图，发现 N 峰缺失，说明煅烧后氰基被破坏，N 以氧化氮的形式释放了。此外，Fe、Co、Ni 的价态相同，对于 Fe $2p_{3/2}$[图 4-9(b)]，在 709.99 eV 和 712.55 eV 出现的峰分别表示 Fe^{3+} 和 Fe^{2+}。对于 Co $2p_{3/2}$[图 4-9(c)]，在 784.89 eV 和 780.03 eV 出现的峰分别表示 Co^{3+} 和 Co^{2+}。对于 Ni $2p_{3/2}$[图 4-9(d)]，在 853.64 eV 和 855.27 eV 出现的峰分别表示 Ni^{3+} 和 Ni^{2+}，在 860.49 eV 出现的峰代表卫星峰。但是 O 1s 光谱[图 4-9(e)]显示 NiCo(Fe)-O_x 的 O 在 529.2 eV 和 530.8 eV 的峰分别为晶格氧(M-O)和吸附氧。相比之下，"Z"-O_x 的 O 1s 除了晶格氧外还有来自羟基氧的峰(531.9 eV)，这说明 "Z"-O_x 表面存在更多的氧活性位点。因此，可以推测开放的 "Z" 结构提供了更大的比表面积和更多的活性位点吸附和活化反应物质。

4.3.3　材料的高级氧化性能

1. 具体实施步骤

1) 配制溶液

将适量的双酚 A(BPA)的固体颗粒用研钵研碎，用天平称取 100 mg 的 BPA，分散在适量的去离子水中，超声至完全分散后磁力搅拌 30 min，将溶液转移至 1 L 的容量瓶中，用去离子水进行定容，配制成 100 ppm(ppm 为 10^{-6})的双酚 A 溶液，备用。根据实验需求，再配制成不同浓度的双酚 A 溶液。

2) 实验步骤

将 50 mL 30 ppm 的双酚 A 溶液倒入烧杯中，称量 10 mg 的催化剂，加入烧杯中，超声 10 min，搅拌 20 min，以达到吸附-解吸平衡。随后称取 10 mg 的过一硫酸盐(PMS)去溶液中，开始计时。依次用移液枪取 10 mL 的溶液于离心管中，并取 5 mL 的甲醇进行猝灭。最后用 0.22 μm 的微孔有机滤头过滤，用高效液相色谱测试溶液中的双酚 A 浓度。取得时间点为 0 min，10 min，20 min，30 min，40 min，50 min，60 min。

3) 降解速率描述

查阅文献可知，氧化物催化 PMS 降解双酚 A 的反应速率可以通过一级动力学模型评估，其中一级动力学模型如下：

$$\ln(C_0/C_t) = kt \tag{4-1}$$

式中：C_0 是初始污染物浓度；C_t 是降解过程中时间 t 的浓度；k 是反应速率常数。以 $-\ln(C_t/C_0)$ 与 t 为坐标可经线性拟合估计 k 值。

2. 不同氧化物降解双酚 A 的性能对比与分析

以氧化物为催化剂，通过催化 PMS 来降解双酚 A 的报道已有不少。因此为了评估制备得到的氧化物对降解双酚 A 的性能优越性，通过催化 PMS 降解双酚

A 来评价氧化物的催化性能，并设置了一系列的对照组来进行比较。图 4-10(a)所示为不同条件下的双酚 A 浓度随时间的变化关系，可以发现，当只在双酚 A 溶液中加入氧化物或者 PMS 时，双酚 A 的浓度并没有降低。但如果把氧化物和 PMS 一起加入则显著提高了 BPA 去除效率。这说明单一使用氧化物并不会降解双酚A，而是氧化物与 PMS 混合时，其协同作用产生的物质能够降解双酚 A。

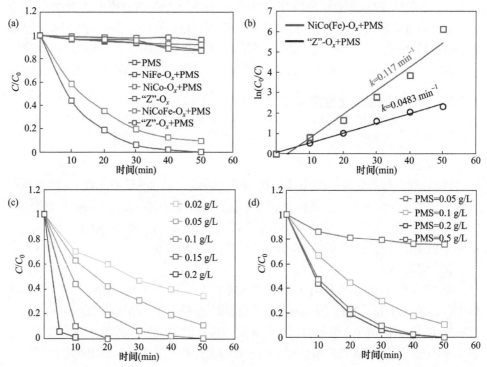

图 4-10　(a)不同测试反应体系中去除 BPA 的效率；(b)NiCo(Fe)-O_x 和 "Z"-O_x 的 BPA 去除的伪一级模型和表观速率常数 k；(c)催化剂剂量对 BPA 去除效率的影响；(d)PMS 浓度对 BPA 去除效率的影响

进一步比较制备得到的 "Z"-O_x 和 NiCo(Fe)-O_x 的催化效率。当使用痕量的催化剂(0.1 mg/L)时，"Z"-O_x 可以除去 30 ppm 的 BPA，而 NiCo(Fe)-O_x 则不能。通过伪一级模型拟合评估降解反应的表观速率常数(k)[图 4-10(b)]。NiCo(Fe)-O_x 的 k 为 0.117 min^{-1}，是 "Z"-O_x 的 2.4 倍(0.0483 min^{-1})。

为了进一步优化 "Z"-O_x 的催化性能，调控催化剂和 PMS 的剂量。调控催化剂的剂量[图 4-10(c)]，可以看到随着催化剂的剂量从 0.02 g/L 到 0.2 g/L，催化效率不断增强，当使用 0.2 g/L "Z"-O_x 时，仅用 10 min 就能去除接近 99.9% 的 BPA。接着调节 PMS 的剂量[图 4-10(d)]，当把 PMS 的剂量从 0.05 g/L 逐渐增加到 0.5 g/L 时，可以发现，随着 PMS 量的增加，催化效率逐步上升，当剂量增加到 0.2 g/L

时达到饱和，效率提升不明显。

3. pH 对降解性能的影响

pH 对催化 PMS 降解双酚 A 的体系有显著的影响。适当的 pH 能够对整个催化进程起到助推的作用。为了研究初始溶液 pH 对 BPA 去除效率的影响，分别在 pH = 3.0、5.0、7.0、9.0、11.0 五个不同 pH 的双酚 A 溶液中进行降解实验。如图 4-11 所示。当初始溶液的 pH 范围为 5.0～9.0 时，BPA 可在 50 min 内完全除去。但是在强酸或强碱条件下(pH = 3.0 和 pH = 11.0)，只能除去约 45%～65%的 BPA。在 pH = 9.0 时获得最高的去除效率。这种现象可以解释如下：在酸性条件下，高浓度的氢离子可以清除硫酸根和羟基自由基并降低反应速率。另外，PMS 的 pH ZPC 为 9.4，因此当溶液 pH>9.4 时 PMS 将发生自分解，降低了去除效率。

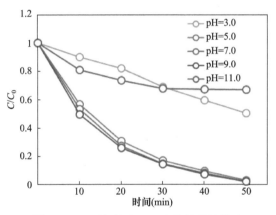

图 4-11　pH 浓度对 BPA 去除效率的影响
反应条件：BPA, 30 mg/L；催化剂 0.1 g/L

4. 比表面积对催化性能的影响

催化活性还与催化剂的比表面积有关。一般来说，催化剂不直接参与反应，但是在催化过程中提供了催化场所。因此，比表面积越大的催化剂，提供的催化面积越大，催化性能就越好。为了解释 NiCo(Fe)-O$_x$ 和 "Z"-O$_x$ 催化活性的差异，对这两种催化剂做了 BET 测试。如图 4-12 所示，可以看到，对于 NiCo(Fe)-O$_x$，从它的孔径分布图来看，孔径大小在 1～1.4 nm 之间，通过 BET 方程式[$(P/P_0)/V(1-P/P_0) = (C-1)/(V_mC)\times P/P_0 + 1/(V_mC)$]计算得到比表面积为 35.12 m^2/g。而 "Z"-O$_x$ 的比表面积为 55.13 m^2/g，是 NiCo(Fe)-O$_x$ 的 1.57 倍。从孔径分布图来看，"Z"-O$_x$ 孔径为介孔，大约在 12～16 nm 之间。显然 "Z"-O$_x$ 的比表面积比 NiCo(Fe)-O$_x$ 的大，能提供的催化界面大，所以催化性能比较好。

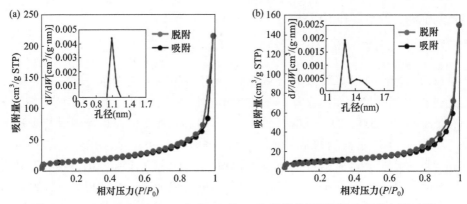

图 4-12　(a)NiCo(Fe)-O$_x$和(b)"Z"-O$_x$ 的 N$_2$ 吸-脱附曲线图以及孔径分布图(内嵌)

5. 循环性能的研究

对"Z"-O$_x$ 的催化循环性能进行测试。循环两次后发现其催化活性损失了 1/3[图 4-13(a)]。将循环后的样品收集后做红外测试[图 4-13(b)],与原始催化剂的红外谱图进行比较发现,红外谱图中 1507 cm^{-1}、1174 cm^{-1}、880 cm^{-1}、832 cm^{-1} 出现了峰,这说明在两次循环后,降解双酚 A 生成的有机产物附着在样品表面,导致其催化活性降低。当再次煅烧后,附着表面的有机产物被消耗殆尽,所以在进行第三次循环实验时发现催化剂的活性又恢复了。

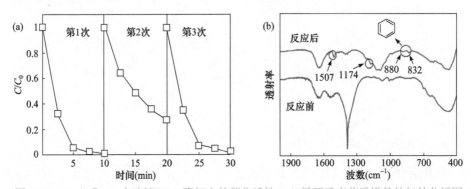

图 4-13　(a)"Z"-O$_x$ 在连续 BPA 降解中的催化活性;(b)循环反应前后样品的红外分析图

6. 催化剂稳定性研究

表征催化剂性能的好坏,除了循环性能要好,催化剂的稳定性也是至关重要的。将循环实验后的催化剂进行离心收集并且干燥后进行表征。图 4-14(a)是循环反应后催化剂的 SEM 图像,可以看到催化剂仍然保持"Z"型的多孔的结构,大部分的颗粒整体构造保持完好。通过 XRD 分析[图 4-14(b)]也可以看出循环实验后的催化剂的物相与原始催化剂的物相一致,峰的强度和位置均没有发生明显变化。

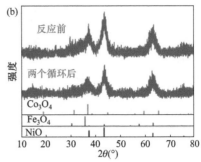

图 4-14　(a)循环反应后"Z"-O$_x$的扫描电镜图；(b)循环反应前后"Z"-O$_x$的 XRD 图

另外，对于降解反应过程中金属离子的浸出情况也做了测试，如图 4-15 所示，以 0 min、10 min、20 min、30 min、40 min、50 min 为时间点进行取样，然后用原子吸收光谱仪对溶液中的金属离子浸出情况进行检测。可以发现，随着反应时间的推移，金属离子，包括铁离子、钴离子、镍离子不断增加，当反应停止时，铁离子含量为 0.4 mg/L，钴离子含量为 0.6 mg/L，镍离子为 1.3 mg/L，均符合金属离子排放量标准。因此本实验中催化 PMS 降解双酚 A 的体系，不仅在效率上高于很多催化剂，而且对环境的伤害也能降到最低，是一种可行的治理双酚A 污染的方法。

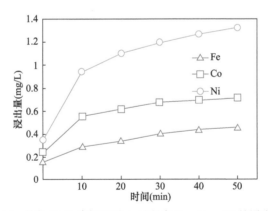

图 4-15　催化 PMS 降解双酚 A 过程中 Fe、Co、Ni 的浸出曲线

7. 催化降解双酚 A 的机理分析

除了不同的催化性能外，根据 XRD 和 XPS 分析，NiCo(Fe)-O$_x$ 和"Z"-O$_x$实际上具有相同的元素组成和相组分。此外，利用 XPS 评估催化剂表面上的金属，NiCo(Fe)-O$_x$ 表面上 Fe、Co 和 Ni 的物质的量浓度也与"Z"-O$_x$相似。注意，这些金属在 NiCo(Fe)-O$_x$ 和"Z"-O$_x$ 中都具有相似的价态。O 1s 光谱显示 NiCo(Fe)-O$_x$ 的 O 1s 可归因于 529.2 eV 的晶格氧(M-O)和 530.8 eV 的吸附氧。相比之下，

"Z"-O_x 的 O 1s 除了晶格氧外还含有来自羟基(531.9 eV)的大量氧气。因此，可以推测开放的 "Z" 结构提供了更多的活性位点吸附和活化反应气体，从而产生更高的催化活性。事实上，越来越多的研究工作表明催化剂的催化性能不仅取决于它们的组成，而且还取决于材料的分层开放结构。

查阅文献可以知道，在加入 PMS 的条件下，氧化物可以催化 PMS 产生 ·OH 和 SO_4^-。而这两种自由基可作用于双酚 A，从而达到降解的效果。通过这个依据，为了进一步证实这种分层开放结构对催化的贡献，还做了 EPR 检测(图 4-16)。结果表明，"Z"-O_x 可以产生更大量的 DMPO - ·OH 和 DMPO-SO_4^-，这就可以解释 "Z"-O_x 的 BPA 降解效率更高的现象。

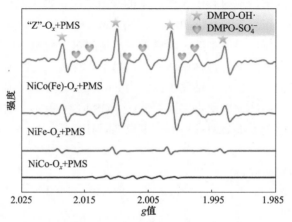

图 4-16　各种体系下的 EPR 光谱

反应条件：BPA, 30 mg/L；PMS, 0.2 g/L；催化剂，0.1 g/L

为了进一步揭示降解的机理，分析了 "Z"-O_x 在降解反应前后的 XPS 分析图进行对比。如图 4-17 所示，可以观察到 Fe、Co、Ni 在反应前后的价态并没有发

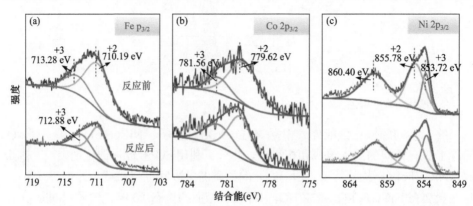

图 4-17　"Z"-O_x 在反应前后的 XPS 分析图：(a)Fe 2p$_{3/2}$，(b)Co 2p$_{3/2}$ 和(c)Ni 2p$_{3/2}$

反应条件：BPA, 30 mg/L；催化剂，0.1 g/L；PMS, 0.2 g/L

生变化。Fe^{2+}的峰位置在 710.19 eV，Fe^{3+}的峰位置在 713.28 eV，Co^{2+}的峰位置在 779.62 eV，Co^{3+}的峰位置在 781.56 eV，Ni^{2+}的峰位置在 855.78 eV，Ni^{3+}的峰位置在 853.72 eV。

通过计算分析它们各个价态在各自样品中所占的比重(表 4-3)，发现 Fe 的平均价态以及 Ni 的平均价态在反应前后并没有发生明显的变化。但是在反应前 Co 的平均价态为 2.23，在反应后变成 2.42，这个现象说明自由基的产生与"Z"-O_x 中低价 Co^{2+}价态的增加密切相关。根据以上分析，提出"Z"-O_x 的整体激活机制如下：HSO_5^-物质被吸附在催化剂表面上并被 Co Ⅱ 活化以产生 SO_4^- 自由基[反应(4-2)]。与此同时，·OH 自由基也可以通过 HSO_5^- 物质被 Co Ⅱ 活化生成。这些生成的自由基就可以将 BPA 进行降解，生成小的有机中间体，甚至生成二氧化碳[反应(4-3)]。

$$Co(Ⅱ) + HSO_5^- \longrightarrow Co(Ⅲ) + SO_4^- + ·OH \tag{4-2}$$

$$SO_4^- / ·OH + BPA \longrightarrow 中间产物 \longrightarrow CO_2 + H_2O \tag{4-3}$$

表 4-3 "Z"-O_x 中 Co 2p$_{3/2}$, Fe 2p$_{3/2}$ 和 Ni 2p$_{3/2}$ 在反应前后的 XPS 的分析结果

	平均价态		
	Co 2p$_{3/2}$	Fe 2p$_{3/2}$	Ni 2p$_{3/2}$
反应前	2.23	2.34	2.75
反应后	2.42	2.33	2.78

8. 降解效率与文献值对比

将"Z"-O_x 降解双酚 A 的 k 值与文献中的催化剂(表 4-4)进行对比，发现"Z"-O_x 在 BPA 去除中具有比许多其他报道的金属氧化物更高的 k 值(表 4-4)。而且能够在催化剂用量最少的情况下降解浓度更高的双酚 A 溶液，显示出了高效、绿色的催化效果。

表 4-4 不同催化剂降解双酚 A 的 k 值对比

催化剂(g/L)	PMS(g/L)	污染物(mg/L)	k_{app}(min^{-1})	文献
CoFe$_2$O$_4$ (0.1)	0.14	BPA (10.27)	0.057	[70]
CoFe$_2$O$_4$ (0.1)	0.14	BPA (10.27)	0.024	[70]
CuFe$_2$O$_4$ (0.4)	0.5	BPA (50)	N/A	[71]
Co$_3$O$_4$@rGO (0.5)	0.20	酸性黄 17 (10)	0.0119	[72]
Mn$_{1.8}$Fe$_{1.2}$O$_4$ (0.1)	0.16	BPA (10)	0.1	[73]
Fe$_{1.8}$Mn$_{1.2}$ (0.1)	0.2	BPA (10)	0.1019	[73]
CoFe$_2$O$_4$ (0.5)	0.06	诺氟沙星(4.79)	0.09	[74]

催化剂(g/L)	PMS(g/L)	污染物(mg/L)	$k_{app}(min^{-1})$	文献
CoFe$_2$O$_4$ (0.5)	0.12	双氯芬酸(10.78)	0.023	[75]
MnO$_2$/ZnFe$_2$O$_4$ (0.2)	2.0	酚醛树脂(20)	0.032	[76]
Fe$_3$O$_4$/MnO$_2$ (0.2)	0.5	4-氯苯酚(50)	0.116	[77]
Fe$_3$O$_4$ (0.8)	6.0	对乙酰氨基酚(10)	0.0118	[78]
NiO/Fe	0.2	BPA(30)	0.1387	本工作

注：N/A 表示无 k_{app} 值。

4.4 锰铁钴类普鲁士蓝芬顿催化材料的合成与高级氧化性能

通过前面研究发现双氰基类普鲁士蓝与氨水进行反应能够得到独特的"Z"型结构的类普鲁士蓝。因此合成了另一种双氰基类普鲁士蓝，即锰铁钴类普鲁士蓝，将得到的样品与氨水反应，合成了一种类普鲁士蓝和氧化物的复合物。通过一系列的表征手段，分析样品的性质、生长机理以及应用。

4.4.1 锰铁钴类普鲁士蓝的制备以及腐蚀

本实验中的锰铁钴类普鲁士蓝是以铁氰化钾、钴氰化钾、一水合硫酸锰为原料，以聚乙烯吡咯烷酮为黏结剂，通过常温常压下的液相共沉淀法制备得到的。类普鲁士蓝和氧化物的复合物则是进一步用氨水在常温常压下腐蚀锰铁钴类普鲁士蓝得到的。具体的合成过程如下。

1. 锰铁钴类普鲁士蓝的合成

本实验中的锰铁钴类普鲁士蓝(MnFeCo-PBA)是用共沉淀法制备的。将硫酸锰(0.36 mmol)、聚乙烯吡咯烷酮(PVP,1.2 g)溶解在去离子水(40 mL)中，通过磁力搅拌形成溶液 A，再将铁氰化钾(0.2 mmol)和钴氰化钾(0.2 mmol)溶解在去离子水(40 mL)中，搅拌至完全溶解形成溶液 B。然后，将溶液 B 通过注射器缓慢加入到溶液 A 中混合磁力搅拌。将所得混合溶液磁力搅拌 0.5 h。通过离心收集沉淀物，用水和乙醇洗涤，最后在 70℃下干燥过夜得到锰铁钴类普鲁士蓝。

2. 锰铁钴类普鲁士蓝@四氧化三锰复合材料的合成

先称 10 mg 锰铁钴类普鲁士蓝(MnFeCo-PBA)作为前驱体，加入到 10 mL 乙醇中，搅拌至完全溶解。分别称量 5 mL 的氨水和 20 mL 的去离子水，配成氨水溶液。然后将配好的氨水溶液倒入乙醇溶液中，常温常压下磁力搅拌 1 h。反应结束后，通过离心收集沉淀物，用水和乙醇洗涤，最后在 70℃下干燥过夜得到锰铁钴类普鲁士蓝@四氧化三锰复合材料(MnFeCo-PBA@Mn₃O₄)。

4.4.2　样品的表征分析

1. SEM 和 TEM 分析

图 4-18 是锰铁钴类普鲁士蓝(MnFeCo-PBA)和锰铁钴类普鲁士蓝与锰氧化物的复合物(MnFeCo-PBA@Mn₃O₄)的扫描分析图。从图 4-18(a)中可以观察到 MnFeCo-PBA 立方颗粒的尺寸约为 1.5 μm，且大小较为均匀。从放大图 4-18(b)可以看到，立方体颗粒棱角尖锐，表面非常光滑，没有看到明显的孔隙分布。从能谱分析[图 4-18(c～f)]结果来看，Mn、Fe、Co 元素在整个颗粒中是均匀分布的。另外检测到的 O 应属于结构水和吸附水中的 O，其占比为 5.67%。当 MnFeCo-PBA 与氨水反应后，得到了表面覆盖片层的立方颗粒[图 4-18(g)]，尺寸大约为 1.5 μm 左右，与前驱体大小相近。从单个颗粒的放大图[图 4-18(h)]来看，颗粒表面不再光滑，而是覆盖了片层材料。由元素分析[图 4-18(i～l)]结果得知，Co 和 Fe 的原子分数减小，而 Mn 和 O 的相对含量增加，推测反应过程中可能有 Co 与 Fe 的消耗以及氧化物的生成。

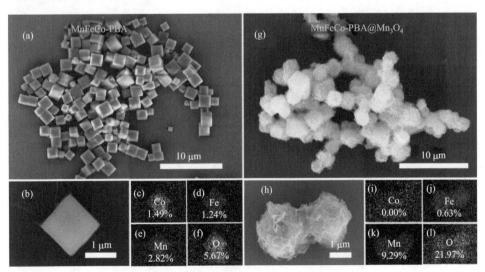

图 4-18　样品 MnFeCo-PBA 的(a)SEM、(b)HR-SEM 和(c～f)元素分布图；样品 MnFeCo-PBA@Mn₃O₄ 的(g)SEM、(h)HR-SEM 和(i～l)元素分布图

从 MnFeCo-PBA 和 MnFeCo-PBA@Mn₃O₄ 的 TEM 图[图 4-19(a,e)]可以看出，

MnFeCo-PBA 的颗粒尺寸约为 1.5 μm，是一种实心的立方体颗粒，这与 SEM 的分析结果相一致。在高分辨图[图 4-19(c)]中并没有观察到晶格条纹像。另外，从能谱分析来看[图 4-19(d)]，Mn、Fe、Co 元素在整个颗粒中是均匀分布的。当观察 MnFeCo-PBA@Mn$_3$O$_4$ 的 TEM 图时[图 4-19(f)]，可以在立方颗粒的表面观察到尺寸很小的纳米片无序堆积到外表面，进一步可以看到原本实心的内部也被氨水腐蚀，形成内壁呈金字塔型的空心纳米笼结构，并且空腔也被纳米片填充。通过对纳米片进行高分辨分析[图 4-19(g)]，发现 0.489 nm 的晶格条纹，对应于 Mn$_3$O$_4$ 的(101)晶面。此外，对整个颗粒进行能谱分析[图 4-19(h)]，发现与前驱体相比，Co 的含量降低到 0.87%，但是 Mn 和 O 的含量增加到 40.28% 和 42.38%，这个变化趋势和 SEM 的能谱分析结果相似，说明在反应过程中生成了 Mn 的氧化物。

图 4-19 样品 MnFeCo-PBA 的(a)TEM、(b)单个颗粒的 TEM、(c)HR-TEM 和(d)元素分析图；样品 MnFeCo-PBA@Mn$_3$O$_4$ 的(e)TEM、(f)单颗粒的 TEM、(g)HR-TEM 和(h)元素分析图

2. XRD 分析

通过 XRD 分析，可以知道反应前后样品结构的变化。如图 4-20 所示，MnFeCo-PBA 的图谱在 5°～70°之间有明显的衍射峰，峰的强度很大，而且没有出现其他的杂峰，这说明样品的纯度很高。当与氨水反应得到 MnFeCo-PBA@Mn$_3$O$_4$ 时，衍射峰的强度降低，并且在 30°～35°之间出现了一个峰，通过比对标准 PDF 卡片，结合上面的分析，这个生成的产物是 Mn$_3$O$_4$。而图谱中类普鲁士蓝对应的衍射峰的强度降低，因此，推断在与氨水反应过程中部分类普鲁士蓝转化成了锰氧化物。

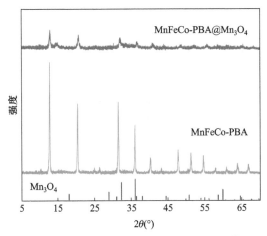

图 4-20　MnFeCo-PBA 和 MnFeCo-PBA@Mn$_3$O$_4$ 的 XRD 图

3. 拉曼光谱分析

为了进一步确认生成的片层材料的组分，对 MnFeCo-PBA@Mn$_3$O$_4$ 进行拉曼检测，图 4-21 是检测得到的拉曼图谱，从图中可以看到在 654 cm^{-1} 出现了宽峰。

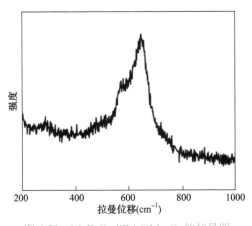

图 4-21　MnFeCo-PBA@Mn$_3$O$_4$ 的拉曼图

通过查阅文献，这个位置的峰属于氧化物的特征峰，结合上面的分析，证实了这个片层材料是 Mn_3O_4。

4. XPS 分析

从 XPS 的分析，可以更直观地看到反应前后的颗粒表面元素价态以及组成的变化。从 MnFeCo-PBA 与 MnFeCo-PBA@Mn_3O_4 的全谱图看[图 4-22(a)]，Co、Fe、Mn、O、C、N 元素均分布在两者中。但是可以看到在 MnFeCo-PBA@Mn_3O_4 中，N 的含量减少，而 O 的含量增加，这与上面分析部分类普鲁士蓝转化为锰氧化物的推测吻合。对比反应前后各个元素的价态，可以发现，Mn $2p_{3/2}$ 在 641.95 eV(Mn^{3+}) 和 640.81 eV(Mn^{2+}) 均出现特征峰，但反应后出现了新的特征峰 642.71 eV(Mn^{4+})，这归结于生成的 Mn_3O_4 中 Mn^{4+} 的峰。反应前 Fe $2p_{3/2}$ 存在两个特征峰，分别为 709.54 eV(Fe^{3+}) 和 708.16 eV(Fe^{2+})，但 MnFeCo-PBA@Mn_3O_4 中并没有观察到 Fe^{3+} 的特征峰，这说明反应过程中 Fe^{3+} 的相被消耗。同样在 O 1s 的图谱中观察到反应后多了 Mn-O 的特征峰(529.70 eV)。上述分析再次验证了 Mn_3O_4 的生成。

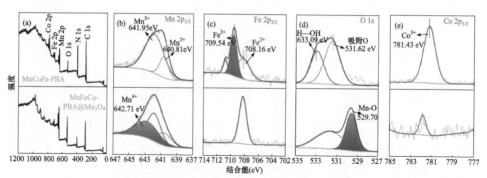

图 4-22 样品 MnFeCo-PBA 和 MnFeCo-PBA@Mn_3O_4 的(a)XPS 全谱图及(b) Mn $2p_{3/2}$、(c)Fe $2p_{3/2}$、(d)O1s 和(e)Co $2p_{3/2}$

5. AFM 分析

从 SEM 和 TEM 图中观察到了 MnFeCo-PBA@Mn_3O_4 的表面被片层材料覆盖，而表征片层材料性质的一个很重要的参考量就是片层的厚度。一般来说，从普鲁士蓝进一步反应生成的片层材料厚度很难达到纳米级。通过 AFM 分析可以得到 MnFeCo-PBA@Mn_3O_4 表面片层的厚度，如图 4-23 所示，得到的厚度随扫描宽度的趋势图显示表面片层厚度大概在 1～2 nm。

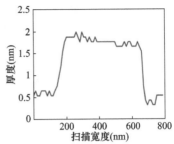

图 4-23　MnFeCo-PBA@Mn₃O₄的原子力显微镜分析图

4.4.3　新型芬顿催化材料的高级氧化性能

1. 双酚 A 溶液的配制

将适量的双酚 A(BPA)固体颗粒用研钵研碎，用天平称取 100 mg，分散在适量的去离子水中，超声至完全分散后磁力搅拌 30 min，将溶液转移至 1 L 的容量瓶中，用去离子水进行定容，配制成 100 ppm 的双酚 A 溶液，备用。根据实验需求，再配制成不同浓度的双酚 A 溶液。

2. 不同催化剂降解双酚 A 的性能对比

为了评估制备得到的锰铁钴类普鲁士蓝@锰氧化物复合物对催化降解双酚 A 的性能优越性，通过催化 PMS 降解双酚 A 来评价氧化物的催化性能。图 4-24 所示为使用不同催化剂的条件下的双酚 A 浓度随时间的变化关系，可以发现，当只在双酚 A 溶液中加入 MnFeCo-PBA@Mn₃O₄或者 PMS 时，双酚 A 的浓度并没有降低。但把 MnFeCo-PBA@Mn₃O₄和 PMS 一起加入则在 30 min 内即可完全降解。这说明

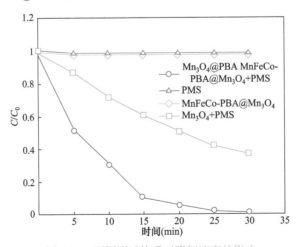

图 4-24　不同测试体系对降解速率的影响

单一使用 MnFeCo-PBA@Mn$_3$O$_4$ 并不会降解双酚 A,而 MnFeCo-PBA@Mn$_3$O$_4$ 与 PMS 混合时,其协同作用产生的物质能够降解双酚 A。对比 MnFeCo-PBA@Mn$_3$O$_4$ 和市面上的 Mn$_3$O$_4$ 发现,Mn$_3$O$_4$ 降解到 30 min 时才降解了 60%,而 MnFeCo-PBA@Mn$_3$O$_4$ 可以降解完。

3. 外加光源对降解双酚 A 的影响

进一步优化催化效率,查阅文献时发现当引入光源进行光催化时,可以通过光源和催化剂的作用,增强催化剂的催化性能。因此做了在有无光源的条件下的对比试验,结果如图 4-25 所示,当没有光源时,催化剂在 30 min 时能够降解 99.8%的双酚 A,当引入光源时,催化剂在 20 min 内就可降解完双酚 A,效率提高了很多。

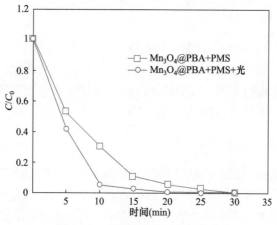

图 4-25　光照对降解速率的影响

4. 催化剂的剂量对降解双酚 A 的影响

调控催化剂的剂量(图 4-26),可以看到随着催化剂的剂量从 0.05 g/L 到 0.20 g/L,

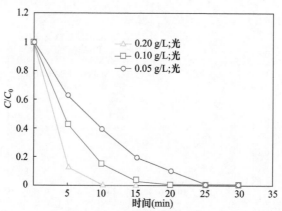

图 4-26　催化剂剂量对降解速率的影响

催化效率不断增强。当使用 0.20 g/L MnFeCo-PBA@Mn₃O₄ 时，仅用 10 min 就能去除接近 99.9% 的 BPA。

5. 循环性能

将已经完成降解实验的溶液通过离心洗涤收集沉淀，在 70℃ 的烘箱中干燥，然后依照第一次循环的步骤继续降解实验。如图 4-27 所示，循环 5 次后，MnFeCo-PBA@Mn₃O₄ 的降解效率没有减弱，这说明 MnFeCo-PBA@Mn₃O₄ 的循环稳定性很好。查阅文献发现文献中关于这类材料的降解往往受到循环的制约，通常循环 3～4 次后，表面会因为降解产生的有机产物的附着，而导致效率降低。因此，MnFeCo-PBA@Mn₃O₄ 能够解决循环问题，是比较好的催化降解材料。

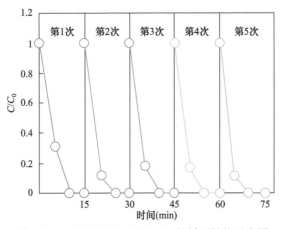

图 4-27　MnFeCo-PBA@Mn₃O₄ 的循环性能示意图

SEM 分析(图 4-28)也证明了其循环稳定性。将循环 5 次后的样品进行 SEM 检测，从图中可以看出，基本所有的样品颗粒仍然保持着反应前的形貌。从单个颗粒的扫描图[图 4-28(b)]来看，整个颗粒依然是类普鲁士蓝与氧化物的复合物，表面仍然有 1～2 nm 厚度的片层附着。

图 4-28　循环五次后 MnFeCo-PBA@Mn₃O₄ 的(a)SEM 图和(b)HR-SEM 图

4.5 本章小结

虽然类普鲁士蓝(PBA)材料的形貌结构调控已经被广泛研究，但是目前类普鲁士蓝的合成往往通过将表面活性剂或模板单元化来限制类普鲁士蓝的结晶，所获得的类普鲁士蓝通常限于相对简单的结构(如球体或多面体)。迄今为止，类普鲁士蓝的形貌和尺寸控制仍然是一项重大挑战。由于阳离子掺杂可以诱导晶体结构的变化，并且可用于控制纳米颗粒的溶液生长，因此在诸多的调控方法中，离子掺杂是常见的一种方法。基于离子掺杂进行形貌调控的研究不少，但是，合成出来的类普鲁士蓝大多数是均一相，整个颗粒的相分布是均匀的，这对调控类普鲁士蓝的形貌尺寸存在一定局限性。基于此方面的思考，在普鲁士蓝的基础上，通过水热合成法和共沉淀法合成类普鲁士蓝，并利用氨水的蚀刻，对类普鲁士蓝进行形貌调控，从而利用简单的途径合成出构造独特的 MOFs 结构。利用一系列的表征手段对产物进行物相鉴定、形貌分析、结构解析和生长机理探讨。通过催化 PMS 降解双酚 A 的效率来表征其催化性能，通过比对催化剂剂量、PMS 剂量、外加光源等因素进行性能的优化，通过 XRD、SEM 等对循环稳定性进行分析。具体的结论如下。

(1) 首次报道了这种构造奇特的锯齿形晶体的类普鲁士蓝，其在三维空间中具有均匀厚度(约 60nm)的壁的整体。SEM、TEM、XRD 等检测表明这种类普鲁士蓝颗粒表面光滑，且均匀性好、结晶性强、合成条件易获取，并可以批量合成。

(2) 通过烧结"Z"型类普鲁士蓝得到混合金属氧化物材料，通过 SEM 和 TEM 分析，发现它保持了这种"Z"型结构，表面凹凸不平，表现出多孔的形貌特征。通过 XRD 表征分析得出这种"Z"型混合金属氧化物是氧化镍、氧化铁和氧化钴的混合氧化物，没有观察到其他杂峰，说明没有其他杂相分布。

(3) 对样品进行 XPS 分析时发现，NiCo(Fe)-O_x 和"Z"-O_x 中 Fe、Co、Ni 元素的价态相同，但是 O 的价态不同，"Z"-O_x 中出现羟基自由基的氧的特征峰。这说明"Z"-O_x 提供了更多的氧化活性位点，这可能是造成性能上的差异的主要因素。为了证明催化的机理，做了 EPR 测试，发现"Z"-O_x 体系下溶液中产出的羟基自由基和硫酸根自由基更多，这很好地解释了"Z"-O_x 催化性能的优越性。

(4) 通过共沉淀法合成了锰铁钴类普鲁士蓝，XRD 表征显示出其高的结晶性，并且无杂相生成。通过 SEM、TEM 表征，可以观察到 MnFeCo-PBA 是立方晶体颗粒，具有光滑的表面，尺寸在 1.5 μm 左右。

(5) 将 MnFeCo-PBA 与适量的氨水进行反应，得到 MnFeCo-PBA@Mn_3O_4，通过 XRD 表征，可以观察到类普鲁士蓝特征峰和氧化物特征峰共存，进而说明这是类普鲁士蓝与氧化物的复合材料。

(6) 通过 SEM 和 TEM 的表征发现，原来立方体颗粒的光滑表面消失，表面上附着厚度为 1～2 nm 的片层，进一步观察发现原本实心的内部也被氨水蚀刻成面上呈金字塔型的纳米笼结构，腔体也被片层材料填充。

参 考 文 献

[1] Salunkhe R R, Kaneti Y V, Yamauchi Y. Metal-organic framework-derived nanoporous metal oxides toward supercapacitor applications: progress and prospects [J]. ACS Nano, 2017, 11(6): 5293-5301.

[2] 刘兵, 介素云, 李伯耿. 金属有机框架化合物在非均相催化反应中的应用[J]. 化学进展, 2013, 25(1): 36-45.

[3] Lambert J B, Liu Z, Liu C. Metal-organic frameworks from silicon- and germanium-centered tetrahedral ligands[J]. Organometallics, 2008, 27(7): 1464-1469.

[4] Lan M, Guo R, Dou Y, et al. Fabrication of porous Pt-doping heterojunctions by using bimetallic MOF template for photocatalytic hydrogen generation [J]. Nano Energy, 2017, 33: 33238-33246.

[5] Liu J, Zhu D, Guo C, et al. Design strategies toward advanced MOF-derived electrocatalysts for energy-conversion reactions[J]. Advanced Energy Materials, 2017, 7(23): 1700518-1700544.

[6] Nandi S, Luna P D, Daff T D, et al. A single-ligand ultra-microporous MOF for precombustion CO_2 capture and hydrogen purification[J]. Science Advances, 2015, 1(11): 1500421-1500430.

[7] Samanta D, Verma P, Roy S, et al. Nanovesicular MOF with omniphilic porosity: bimodal functionality for white-light emission and photocatalysis by dye encapsulation[J]. ACS Applied Materials & Interfaces, 2018, 10(27): 23140-23146.

[8] Hao J N, Yan B. Recyclable lanthanide-functionalized MOF hybrids to determine hippuric acid in urine as a biological index of toluene exposure[J]. Chemical Communications, 2015, 51(77): 14509-14512.

[9] 徐建锋, 刘辉, 杜贤龙, 等. NaKCoFe 普鲁士蓝类配合物纳米颗粒的磁性研究[J]. 无机化学学报, 2010, 26(6): 946-950.

[10] Zhu W, Zhang C F, Li Q, et al. Selective reduction of CO_2 by conductive MOF nanosheets as an efficient co-catalyst under visible light illumination[J]. Applied Catalysis B: Environmental, 2018, 238: 339-345.

[11] Liu T, Dai C, Min J, et al. Selenium embedded in MOFs-derived hollow hierarchical porous carbon spheres for advanced lithium-selenium batteries[J]. ACS Applied Materials & Interfaces, 2016, 8(25): 16063-16070.

[12] Xiao Z, Meng J, Qi L, et al. Novel MOF shell-derived surface modification of Li-rich layered oxide cathode for enhanced lithium storage[J]. Science Bulletin, 2018, 63(1): 46-53.

[13] 刘伟, 胡乐倩, 林丽, 等. 类普鲁士蓝纳米粒子在生物医学诊断和治疗中的应用及进展[J]. 现代生物医学进展, 2016, 16(1): 176-178.

[14] Han A, Wang B, Kumar A, et al. Recent advances for MOF-derived carbon-supported single-atom catalysts[J]. Small Methods, 3(3): 1800471-1800478.

[15] Gascon J, Corma A, Kapteijn F, et al. Metal organic framework catalysis: quo vadis [J]. ACS

Catalysis, 2014, 4(2): 361-378.

[16] Deng T, Yue L, Wei Z, et al. Inverted design for high-performance supercapacitor via Co(OH)₂-derived highly oriented MOF electrodes[J]. Advanced Energy Materials, 2018, 8(7): 1702294-1702303.

[17] Chang B, Yang Y, Jansen H, et al. Confined growth of ZIF-8 nanocrystals with tunable structural colors[J]. Advanced Materials Interfaces, 2018, 5(9): 1701270-1701279.

[18] Jeoung S, Ju I T, Kim J H, et al. Hierarchically porous adamantane-shaped carbon nanoframes[J]. Journal of Materials Chemistry A, 2018, 6(39): 18906-18911.

[19] Zhang J, Fang J, Han J, et al. N, P, S co-doped hollow carbon polyhedra derived from MOF-based core-shell nanocomposites for capacitive deionization[J]. Journal of Materials Chemistry A, 2018, 6(31): 15245-15252.

[20] Saliba D, Ammar M, Rammal M, et al. Crystal growth of ZIF-8, ZIF-67, and their mixed-metal derivatives[J]. Journal of the American Chemical Society, 2018, 140(5): 1812-1823.

[21] Ahn W, Park M G, Lee D U, et al. Hollow multivoid nanocuboids derived from ternary Ni-Co-Fe Prussian blue analog for dual-electrocatalysis of oxygen and hydrogen evolution reactions[J]. Advanced Functional Materials, 2018, 28(28): 1802129-1802140.

[22] Wang X, Yu L, Guan B Y, et al. Metal-organic framework hybrid-assisted formation of Co_3O_4/Co-Fe oxide double-shelled nanoboxes for enhanced oxygen evolution[J]. Advanced Materials, 2018, 30(29): 1801211-1801216.

[23] Zhao H, Wang Y, Zhao L. Magnetic nanocomposites derived from hollow ZIF-67 and core-shell ZIF-67@ZIF-8: synthesis, properties, and adsorption of Rhodamine B[J]. European Journal of Inorganic Chemistry, 2017, (35): 4110-4116.

[24] Zhao J, Quan X, Chen S, et al. Cobalt nanoparticles encapsulated in porous carbons derived from core-shell ZIF67@ZIF8 as efficient electrocatalysts for oxygen evolution reaction[J]. ACS Applied Materials & Interfaces, 2017, 9(34): 28685-28694.

[25] Wu X, Xiong S, Mao Z, et al. A Designed ZnO@ZIF-8 core-shell nanorod film as a gas sensor with excellent selectivity for H_2 over CO[J]. Chemistry-A European Journal, 2017, 23(33): 7969-7975.

[26] Wu H B, Guan B Y, He P, et al. Synthesis of ZIF-67 nanocubes with complex structures co-mediated by dopamine and polyoxometalate[J]. Journal of Materials Chemistry A, 2018, 6(40): 19338-19341.

[27] Zhang W, Zhao Y, Malgras V, et al. Synthesis of monocrystalline nanoframes of Prussian blue analogues by controlled preferential etching[J]. Angewandte Chemie International Edition, 2016, 55(29): 8228-8234.

[28] Nai J, Lu Y, Yu L, et al. Formation of Ni-Fe mixed diselenide nanocages as a superior oxygen evolution electrocatalyst[J]. Advanced Materials, 2017, 29(41): 1703870-1703873.

[29] Avci C, Arinez-Soriano J, Carne-Sanchez A, et al. Post-synthetic anisotropic wet-chemical etching of colloidal sodalite ZIF crystals[J]. Angewandte Chemie International Edition, 2015, 54(48): 14417-14421.

[30] Na W, Ma W, Ren Z, et al. Prussian blue analogues derived porous nitrogen-doped carbon

microspheres as high-performance metal-free peroxymonosulfate activators for non-radical-dominated degradation of organic pollutants[J]. Journal of Materials Chemistry A, 2017, 6(3): 884-895.

[31] Xuan C, Wang J, Xia W, et al. Porous structured Ni-Fe-P nanocubes derived from a Prussian blue analogue as an electrocatalyst for efficient overall water splitting[J]. ACS Applied Materials Interfaces, 2017, 9(31): 26134-26142.

[32] Ge P, Li S, Shuai H, et al. Ultrafast sodium full batteries derived from X-Fe (X = Co, Ni, Mn) Prussian blue analogs[J]. Advanced Materials, 2019, 31(3): 1806092-1806100.

[33] Xu J, Hao Z, Xu P, et al. *In-situ* construction of hierarchical Co/MnO@graphite carbon composites for highly supercapacitive and OER electrocatalytic performances[J]. Nanoscale, 2018, 10(28): 13702-13712.

[34] Lei H, Yu T, Wen L, et al. Nitrogen-doped carbon nanocones encapsulating with nickel-cobalt mixed phosphides for enhanced hydrogen evolution reaction[J]. Journal of Materials Chemistry A, 2017, 5(32): 16568-16572.

[35] Su D, Cortie M, Fan H, et al. Prussian blue nanocubes with an open framework structure coated with PEDOT as high-capacity cathodes for lithium-sulfur batteries[J]. Advanced Materials, 2017, 29(48): 1700587-1700595.

[36] Zhang H, Li C, Chen D, et al. Facile preparation of Prussian blue analogue $Co_3[Co(CN)_6]_2$ with fine-tuning color transition temperature as thermochromic material [J]. CrystEngComm, 2017, 19(15): 2057-2064.

[37] Cao M, Xinglong W U, Xiaoyan H E, et al. Shape-controlled synthesis of Prussian blue analogue $Co_3[Co(CN)_6]_2$ nanocrystals[J]. Chemical Communications, 2005, (17): 2241-2243.

[38] Schejn A, Balan L, Falk V, et al. Controlling ZIF-8 nano-and microcrystal formation and reactivity through zinc salt variations[J]. CrystEngComm, 2014, 16(21): 4493-4500.

[39] Deng L, Z Y, L T, et al. Investigation of the Prussian blue Analog $Co_3[Co(CN)_6]_2$ as an Anode Material for Nonaqueous Potassium-Ion Batteries[J]. Advanced Materials, 2018, 30(31): 1802510-1802519.

[40] Du D, Cao M, He X, et al. Morphology-controllable synthesis of microporous Prussian blue analogue $Zn_3[Co(CN)_6]_2 \cdot xH_2O$ microstructures[J]. Langmuir the Acs Journal of Surfaces & Colloids, 2009, 25(12): 7057-7062.

[41] Lian Y, Sun H, Wang X, et al. Carved nanoframes of cobalt-iron bimetal phosphide as a bifunctional electrocatalyst for efficient overall water splitting[J]. Chemical Science, 2019, 10(2): 464-474.

[42] Marquez C, Cirujano F G, Smolders S, et al. Metal ion exchange in Prussian blue analogues: Cu(II)-exchanged Zn-Co PBAs as highly selective catalysts for A^3 coupling[J]. Dalton Transactions, 2019, 48(12): 3946-3954.

[43] Lopez-Quintela M A, Tojo C, Blanco M C, et al. Microemulsion dynamics and reactions in microemulsions[J]. Current Opinion in Colloid & Interface Science, 2004, 9(3): 264-278.

[44] 方建, 杜贤龙, 吕辉鸿, 等. Co-Fe 普鲁士蓝类配合物纳米颗粒的微乳液法制备与表征[J]. 无机化学学报, 2007, 23(5): 923-927.

[45] Shen K, Zhang L, Chen X, et al. Ordered macro-microporous metal-organic framework single crystals[J]. Science, 2018, 359(6372): 206-210.

[46] Han L, Yu X Y, Lou X W. Formation of Prussian-blue-analog nanocages via a direct etching method and their conversion into Ni-Co-mixed oxide for enhanced oxygen evolution[J]. Advanced Materials, 2016, 28(23): 4601-4605.

[47] Buso D, Nairn K M, Gimona M, et al. Fast synthesis of MOF-5 microcrystals using sol-gel SiO_2 nanoparticles[J]. Chemistry of Materials, 2011, 23(4): 929-934.

[48] Gascon J, Aktay U, Hernandez-alonso M D, et al. Amino-based metal-organic frameworks as stable, highly active basic catalysts[J]. Journal of Catalysis, 2009, 261(1): 75-87.

[49] Guo H, Zhu G, Hewitt I J, et al. "Twin copper source" growth of metal-organic framework membrane: $Cu_3(BTC)_2$ with high permeability and selectivity for recycling H_2[J]. Journal of the American Chemical Society, 2009, 131(5): 1646-1657.

[50] Zhang W, Song H, Cheng Y, et al. Core-shell Prussian blue analogs with compositional heterogeneity and open cages for oxygen evolution reaction[J]. Advanced Science, 2019, 1801901-1801910.

[51] Lin H, Zhang P, Chen Q W, et al. Prussian blue Analogue $Mn_3[Co(CN)_6]_2 \cdot nH_2O$ porous nanocubes: large-scale synthesis and their CO_2 storage properties[J]. Dalton Transactions, 2011, 40(20): 5557-5562.

[52] Zhang Z, Chen Y, Xu X, et al. Well-defined metal-organic framework hollow nanocages[J]. Angewandte Chemie International Edion, 2014, 53(2): 429-433.

[53] Nai J, Zhang J, Lou X W. Construction of single-crystalline Prussian blue analog hollow nanostructures with tailorable topologies[J]. Chem, 2018, 4(8): 1967-1982.

[54] Su Y, Ao D, Liu H, et al. MOF-derived yolk-shell CdS microcubes with enhanced visible-light photocatalytic activity and stability for hydrogen evolution[J]. Journal of Materials Chemistry A, 2017, 5(18): 8680-8689.

[55] Feng Y, Yu X Y, Paik U. Formation of Co_3O_4 microframes from MOFs with enhanced electrochemical performance for lithium storage and water oxidation[J]. Chemical Communications (Cambridge), 2016, 52(37): 6269-6272.

[56] Zhang L, Wu H B, Xiong W L. Metal-organic-frameworks-derived general formation of hollow structures with high complexity[J]. Journal of the American Chemical Society, 2013, 44(45): 10664-10672.

[57] Liu J, Li X, Rykov A I, et al. Zinc-modulated Fe-Co Prussian blue analogues with well-controlled morphology for efficient cesium sorption[J]. Journal of Materials Chemistry A, 2017, 5(7): 3284-3292.

[58] Guo W, Xia W, Cai K, et al. Kinetic-controlled formation of bimetallic metal-organic framework hybrid structures[J]. Small, 2017, 13(41): 1702049-1702058.

[59] Qian J, Chen W, Cao Y, et al. Prussian blue cathode materials for sodium-Ion batteries and other ion batteries[J]. Advanced Energy Materials, 2018, 8(17): 1702619-1702626.

[60] Torres N, Galicia J, Plasencia Y, et al. Implications of structural differences between Cu-BTC and Fe-BTC on their hydrogen storage capacity[J]. Colloids & Surfaces A Physicochemical & Engineering Aspects, 2018, 549: 138-146.

[61] Kaye S S, Long J R. Hydrogen storage in the dehydrated Prussian blue analogues $M_3[Co(CN)_6]_2$ (M = Mn, Fe, Co, Ni, Cu, Zn)[J]. Journal of the American Chemical Society, 2005, 127(18): 6506-6507.

[62] Goujon A, Varret F, Escax V, et al. Thermo-chromism and photo-chromism in a Prussian blue analogue[J]. Polyhedron, 2001, 20(11): 1339-1345.

[63] Wessells C D, Peddada S V, Huggins R A, et al. Nickel hexacyanoferrate nanoparticle electrodes for aqueous sodium and potassium ion batteries[J]. Nano Letters, 2011, 11(12): 5421-5425.

[64] Li X, Liu J, Rykov A I, et al. Excellent photo-Fenton catalysts of Fe-Co Prussian blue analogues and their reaction mechanism study[J]. Applied Catalysis B Environmental, 2015, 179: 196-205.

[65] Mukherjee S, Rao B R, Sreedhar B, et al. Copper Prussian blue analogue: investigation into multifunctional activities for biomedical applications[J]. Chemical Communications, 2015, 51(34): 7325-7328.

[66] Yang J, Zhang X, Xu Z, et al. Synthesis of mesoporous $Co(OH)_2$ nanocubes derived from Prussian blue analogue and their electrocapacitive properties[J]. Journal of Electroanalytical Chemistry, 2017, 788: 54-60.

[67] Zou H H, Yuan C Z, Zou H Y, et al. Bimetallic phosphide hollow nanocubes derived from a Prussian-blue-analog used as high-performance catalysts for the oxygen evolution reaction[J]. Catalysis Science & Technology, 2017, 7(7): 1549-1555.

[68] Nan Y, Lin H, Yan L, et al. Co_3O_4 Nanocages for high-performance anode material in lithium-ion batteries[J]. Journal of Physical Chemistry C, 2012, 116(12): 7227-7235.

[69] Yu X Y, Yu Y, Wu H B, et al. Formation of nickel sulfide nanoframes from metal-organic frameworks with enhanced pseudocapacitive and electrocatalytic properties[J]. Angewandte Chemie, 2015, 127(18): 5421-5425.

[70] Yang S, Qiu X, Jin P, et al. MOF-templated synthesis of $CoFe_2O_4$ nanocrystals and its coupling with peroxymonosulfate for degradation of bisphenol A[J]. Chemical Engineering Journal, 2018, 353(5): 329-339.

[71] Lin K Y A, Chang H A. Zeolitic imidazole framework-67 (ZIF-67) as a heterogeneous catalyst to activate peroxymonosulfate for degradation of Rhodamine B in water[J]. Journal of the Taiwan Institute of Chemical Engineers, 2015, 53: 40-45.

[72] Wu C H, Lin J T, Lin K A. Magnetic cobaltic nanoparticle-anchored carbon nanocomposite derived from cobalt-dipicolinic acid coordination polymer: an enhanced catalyst for environmental oxidative and reductive reactions[J]. Journal of Colloid & Interface Science, 2017, 517: 124-133.

[73] Huang G X, Wang C Y, Yang C W, et al. Degradation of bisphenol a by peroxymonosulfate catalytically activated with $Mn_{1.8}Fe_{1.2}O_4$ nanospheres: synergism between Mn and Fe[J]. Environmental Science & Technology, 2017, 51(21): 12611-12618.

[74] Chen L, Ding D, Liu C, et al. Degradation of norfloxacin by $CoFe_2O_4$-GO composite coupled with peroxymonosulfate: a comparative study and mechanistic consideration [J]. Chemical Engineering Journal, 2018, 334(19): 273-284.

[75] Deng J, Shao Y, Gao N, et al. $CoFe_2O_4$ magnetic nanoparticles as a highly active heterogeneous catalyst of oxone for the degradation of diclofenac in water[J]. Journal of Hazardous Materials,

2013, (262): 836-844.

[76] Wang Y, Sun H, Ang H M, et al. Facile synthesis of hierarchically structured magnetic $MnO_2/ZnFe_2O_4$ hybrid materials and their performance in heterogeneous activation of peroxymo nosulfate[J]. ACS Applied Materials & Interfaces, 2014, 6(22): 19914-19923.

[77] Saputra E, Muhammad S, Sun H, et al. Different crystallographic one-dimensional MnO_2 nanomaterials and their superior performance in catalytic phenol degradation[J]. Environmental Science & Technology, 2013, 47(11): 5882-5887.

[78] Tan C, Gao N, Deng Y, et al. Radical induced degradation of acetaminophen with Fe_3O_4 magnetic nanoparticles as heterogeneous activator of peroxymonosulfate[J]. Journal of Hazardous Materials, 2014, 276(9): 452-460.

第 5 章　类普鲁士蓝类芬顿催化材料的合成与高级氧化性能

5.1　类普鲁士蓝材料及衍生物概述

普鲁士蓝(PB, $Fe_4[Fe(CN)_6]_3$)是最早的人工合成的面心立方结构的配位聚合物,它是由 Fe^{3+} 盐与 $[Fe(CN)_6]^{4-}$ 在水中共沉淀制得,其中 Fe^{2+} 与 Fe^{3+} 通过氰基(NC—)连接形成[1]。在不破坏面心立方结构的基础上,Fe 的位点可被一些过渡金属离子(Co^{2+},Ni^{2+},Mn^{2+}等)替换,从而形成类普鲁士蓝(PBA)[2,3]。PB/PBA 由于其三维框架结构而被归成一类 MOFs[4]。通常将化学式表达为 $A_xM_A[M_B(CN)_6]_y \cdot zH_2O$,其中 A 代表框架中处于间隙位点的阳离子,如 Li^+,Na^+,Ca^{2+},Mg^{2+},Al^{3+}等,M_A 与 M_B 代表与氰基相连的过渡金属阳离子,其中 M_A、M_B 与 NC—中的 C 和 N 分别是以八面体配位的方式连接,它们可属于相同元素或者不同元素,如 Fe-Fe PB,Co-Fe PBA。PB/PBA 晶体结构中可能存在两种水分子:一种是当$[M_B(CN)_6]$中有空穴或缺陷存在时,在空的 N 位点上与 M_A 配位的水分子,另外一种则是存在间隙位置的结晶或沸石水分子。由于独特的结构特性和多样的化学组分,PB/PBA 材料的电化学性能可通过外界刺激(如磁场[5]、电场[6]、光辐射[7]、温度[8]、压力[9]、化学修饰[10,11]等)调控。因此,PB/PBA 材料在催化[12,13]、光热治疗[14,15]、信息储存[2]、传感[4]、能量储存和转化[16-19]等领域具有广泛应用。例如,将其应用于可充放电电池时,开放框架的有效通道和刚性结构使 PBA 材料成为一种具有快速传输电荷且循环寿命周期长的正极材料。客体阳离子(Li^+, Na^+)能够在由过渡金属离子与氰基组成的交叉框架中储存或扩散并进入纳米尺寸的孔洞。

5.1.1　核壳结构类普鲁士蓝及衍生物的合成

将 PBA 材料与其他功能性物质(如金属氧化物[20]、硫化物[21]、金属纳米粒子[22]等)复合成具有核壳结构的材料是合成多功能材料的重要手段之一。例如,Shaddad 等[23]提出了一种使用非晶态 Ni-Fe PBA 对 Zr 掺杂的 $BiVO_4$ 纳米材料进行有效的表面改性,生成核壳结构的(Zr)$BiVO_4$/NiFe PBA,其中 NiFe PBA 作为高效的氧析出催化剂在(Zr)$BiVO_4$ 纳米颗粒表面形成一层 10～15 nm 的壳,成为优异的保护层。用该方法合成的样品可使光电流显著增强 10 倍并有效降低起始电位(208 mV，相对于可逆氢电极)。但 PBA 与其他功能性物质的复合无法最大程度地发挥其优势，大多数性能主要来源于功能性较强的物质，PBA 主要起辅助与载体作用。因此复合不同 PBA 材料能有效放大 PBA 的结构优势并最大程度发挥经济效益。

核壳结构 PBA@PBA 由于两种不同 PBA 的协同效应会产生独特的性能从而应用于不同领域。例如，Okubo 等[24]发现将核壳结构的 PBA 作为钠离子电池的正极材料可有效提升比容量，这得益于较高容量的核与稳定坚固的壳的结合，保证在不损失容量的前提下防止绝缘富钠表面的形成从而有效提升比容量。在后续的工作中，Yusuf 等以 Cr-Mn PBA 为核，在其表面通过外延生长的方式包覆一层 Cr-Ni PBA，从而形成核壳结构 Cr-Ni@Cr-Mn PBA 并研究其吸附 H_2 的能力，结果表明，核壳结构 PBA 比纯核或纯壳相具有更高的储氢容量，这得益于核壳结构能有效提高 PBA 的比表面积，这也是第一篇将核壳结构 PBA 分子磁体用于储氢领域的文章。Zhang 等[25]提出了一种还原阳离子交换(RCE)法合成铁钴基双金属 PBA 的方法，该类化合物具有不同的组成分布和开放的纳米笼结构，将二价钴引入含盐酸(IICl)和聚乙烯吡咯烷酮(PVP)的铁氰化钾溶液中，水热反应后形成具有开笼结构的均匀 PBA。除此之外，Huang 等[26]以中空 $Na_2MnFe(CN)_6$ (PBM)为前驱体将 $Na_2NiFe(CN)_6$ (PBN)以外延生长的方式构筑中空 PMN@PBM 核壳结构并将这种具有空腔和多层壳的 PBA 新结构材料作为钠离子电池的阴极材料。由于中空结构可以缓解体积膨胀，核壳异质结构可以优化界面性质，因此，这种复杂结构材料表现出高初始容量和长循环寿命。在 600 次循环后，电极的可逆容量仍保持不变且没有显著的电压衰减，表明其具有优异的结构稳定性和储钠动力学特性。

Cai 等[27]在成功合成空心介孔普鲁士蓝纳米粒子(HMPB)的基础上，以 HMPB 为核，在其表面原位生长一薄层锰的 PBA，形成一种新颖的基于空心介孔普鲁士蓝的核壳结构纳米粒子(HMPB-Mn)，如图 5-1 所示。因此，目前构筑核壳结构的 PBA 主要为两步法，包括 PBA 核的形成与壳在核表面的生长。但不同 PBA 之间相似的晶格参数为一锅合成法奠定了理论基础，而目前关于一锅法构筑核壳结构 PBA 的报道较为罕见。

5.1.2 中空结构类普鲁士蓝及衍生物的合成

1. 封闭式单层中空结构

封闭式的单层中空结构是最常报道的一种相对简单的结构，关于 PB/PBA 的报道中几乎 70%是这种结构[28,29]。构筑中空结构的方法可以分为两种：软模板法与硬模板法。软模板法通常是将不混溶的液体与两性表面活性剂混合形成微乳液滴[30]，壳材料在表面活性剂的协助下在微乳液滴与连续相的界面沉积。相比硬模

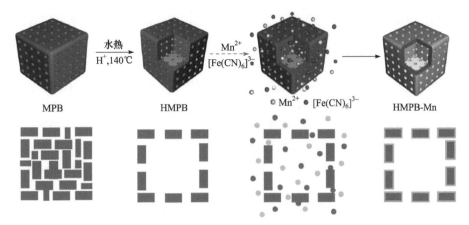

图 5-1　HMPB-Mn 的制备流程示意图

板法，用微乳液滴作为软模板合成中空纳米颗粒吸引了研究者的兴趣，尤其在药物传送方面，它能轻易地在原位包裹并释放客体小分子。鉴于 PB/PBA 材料，O/W(油/水)微乳液通常被用来构筑中空结构，这是因为氰基作配体的前驱体具有亲水性，若用 W/O 乳液就无法获得固体材料。Wang 等[31]首次采用软模板法合成出中空 PB 球，他们以甲苯与十六烷作为油相，通过混合水形成 O/W 乳液滴，以五氰基((4-二甲氨基)吡啶)铁(EPE-Fe)为终端的金属有机三嵌段共聚物作为表面活性剂合成 PB 前驱体。加入 Fe^{3+} 后，在液滴的边缘形成一层球形 PB 壳，研究者们将这种合成具有不同组分不同形状的 PB/PBA 中空球的方法称为微乳液聚合法(MEPM)，如图 5-2 所示。此后，McHale 等[32]将此方法拓展合成各向异性的 PB 纳米盒，其具有一定的结晶度，这与之前报道的非晶中空 PB 纳米球在几何构型与结晶性上具有明显差异。通常利用微乳液模板法合成的样品为球状，这个案例首次揭示了 PB 聚合结晶的定向作用力如何被用来避免颗粒与溶液的界面张力从而产生各向异性的结构。除此之外，溴化物为终端的三嵌段共聚物(EPE-Br)的加入对重构模板结构至关重要。

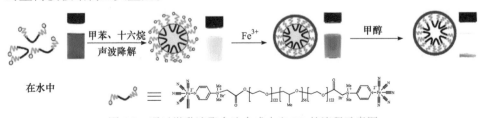

图 5-2　通过微乳液聚合法合成中空 PB 的流程示意图

　　硬模板法所合成的中空结构的形状则是由模板形状决定的，相比于合成步骤较多的软模板法，硬模板法可实现球形、非球形甚至更复杂的中空结构的构筑。利用这种方法所合成的中空材料通常在热动力学上是不利的且很难在没有硬模板的情况下直接获得[33-36]。考虑到目前已经报道的中空结构 PB/PBA 的合成方法，自模板法作为硬模板法的衍生也得到广泛的应用，在合成过程中，硬模板不但作为导向剂，同时也作为前驱体被解离转化成所需材料。Wang 等[37]以 Mn-Fe PBA 纳米块为模板，通过沉积 M-Fe PBA 层的方式合成出规则的中空 M-Fe(M=Co, Ni) PBA 纳米盒。这是利用 Mn-Fe PBA 的溶解度常数比 M-Fe PBA 小的特点先合成壳，非计量数的铁氰化钾添加到二价金属离子中会诱导平衡向核溶解的方向偏移，在壳形成后，核在室温条件下可被去除。利用这种方法可以合成出一系列 PB/PBA 中空结构，如 Co-Fe@Ni-Cr PBA 纳米盒[37]、PB 纳米球[38]、Fe-Fe@Mn-Fe PBA 纳米盒[14]等。

　　酸蚀刻也是一种常见的构筑中空结构 PB 的方法[39-43]，例如，Hu 等[40]将合成好的 PB 置于 1.0 mol/L HCl 中 140℃水热 4 h 合成出均匀的中空纳米颗粒，从蚀刻后样品的 SEM 图可以看出大部分纳米盒的表面变得粗糙且多孔，但形状尺寸未发生变化。TEM 图显示蚀刻后的产物是由厚度约为 80 nm 的壳构成的中空立方块，选区电子衍射(SAED)证实所合成的中空纳米盒是单晶，在合成过程中，适量的 PVP 既能促使蚀刻反应的进行，同时也能防止框架坍塌。但这种蚀刻手段过于苛刻。在高温强酸的条件下，氰基可能会转变成有害的氰化氢气体。除此之外，当用这种材料作为模板时，可通过在其表面沉积其他 PBA 材料获得多金属的 PBA 纳米盒[27]。

　　阳离子交换也是一种有效的制备中空无机纳米粒子的方法[30]。近期，Wang 等[44]用这种方法合成中空 PBA 纳米盒，与之前的报道类似，他们选择 Mn-Fe PBA 作为模板构筑 Co-Fe PBA，在离子交换的初始阶段，Mn-Fe PBA 纳米块会在水中经历一个缓慢的溶解过程，形成固液平衡($Mn_3[Fe(CN)_6]_2 \rightleftharpoons 3Mn^{2+} + 2[Fe(CN)_6]^{3-}$)，当 Co^{2+} 掺入到上述溶液中时，$[Fe(CN)_6]^{3-}$ 迅速与 Co^{2+} 络合，在 Mn/Fe PBA 表面形成 Co-Fe PBA 壳，反应进程可由蛋黄壳结构的中间产物的 TEM 图证实。$[Fe(CN)_6]^{3-}$ 的消耗会加速前驱体的分解，最终形成中空 Co-Fe PBA，除此之外，可将此方法扩展制备其他 PBA 纳米盒，如 Cu-Fe PBA[44]。与蚀刻法相比，这种方法更灵活，操作简单且绿色环保。

　　硬模板法也可被用来合成单层的中空结构的 PB/PBA 衍生物，如氧化物[45]、氢氧化物[46]、硫化物[47]、磷化物[48]等。这种合成策略是通过将相应的 PB/PBA 与无机添加剂在液相或气相中反应从而实现阴离子与配体的交换，在反应过程中，通过外扩散和非均匀接触使前驱体的固态模板逐渐形成空腔[49]。Zhang 等[50]报道了一种通过在空气中煅烧 PB 的方法合成由不同形态单元构成的中空金属氧化物，具体来说，PB 纳米块会在 350℃下分解形成 Fe_2O_3 纳米盒，当温度上升至 550℃时，Fe_2O_3 纳米颗粒会进行自组装形成多孔的微米立方盒，但当温度达到 650℃时，

Fe_2O_3 纳米颗粒转变为分层纳米片。研究者发现在煅烧过程中，Fe^{2+} 被氧化成 Fe^{3+}，NC—在高温下分解产生碳、氮氧化物气体，此时 O_2 被还原成 O^{2-} 替代 NC—的位置并与 Fe^{3+} 形成氧化物。类似地，可将这种简易方法应用到其他 PBAs 中合成相应的金属氧化物，如用 Co-Co PBA 合成 Co_3O_4[45,51]，M-Fe PBA 合成 MFe_2O_4(M=Ni，Co，Zn)[52]，Zn-Fe PBA 合成 $ZnO/ZnFe_2O_4$[53] 等。在后续工作中，Lou 等[46]基于溶液法使 PB 与 NaOH 反应合成 $Fe(OH)_3$ 微米盒，在反应初始，PB 微米盒的表面会发生 $[Fe(CN)_6]^{4-}$ 与 OH^- 的离子交换从而形成一层 $Fe(OH)_3$，随着反应持续进行，OH^- 会持续由外而内扩散以保证离子交换的进程。同时，$Fe(OH)_3$ 壳的厚度会随着 $[Fe(CN)_6]^{4-}$ 的扩散逐渐增加，这种方法也被 Qu 等采用合成 FeOOH 纳米盒[54]。除此之外一些金属或金属氧化物会掺入到 $Fe(OH)_3$ 空腔内，这是因为金属/非金属前驱体会部分水解产生氢氧化物或氧化物的水合物从而造成一个碱性的反应环境，以 K_2SnO_3 为例，将 $K_2SnO_3 \cdot 3H_2O$ 与 PB 在室温下反应可合成 $Fe(OH)_3/SnO_2 \cdot xH_2O$ 微米盒，通过煅烧和 HCl 蚀刻后，含 Fe 的组分被移除，从而获得中空结构的 SnO_2。

此外，Yu 等[47]以 Ni-Co PBA 为前驱体，通过与四硫代钼酸铵(ATTM)盐水热反应合成 Ni-Co 共掺 MoS_2 的纳米盒，如图 5-3 所示，反应初始阶段，在 Ni-Co PBA 的表面会生长出一层纳米片，随后在纳米块内部出现十字交叉的空腔且纳米片逐渐变大，Ni-Co PBA 被蚀刻成纳米颗粒，最终形成由纳米片组装成的纳米盒，在纳米块的溶解过程中，ATTM 产生的 NH_3 与 Ni^{2+} 在 PBA 的内部复合，而 $[Co(CN)_6]^{3-}$ 中的 Co^{3+} 在水热条件下被还原成 Co^{2+} 而释放到溶液中，同时，MoS_2 纳米片在 PBA 的表面生成，这些反应过程导致 Ni^{2+}，Co^{2+} 通过相互作用嵌到 MoS_2 纳米片中从而形成 Ni-Co-MoS_2 纳米盒。除此之外，Zou 等[48]以 NaH_2PO_2 作为磷源，在 N_2 氛围下成功地将 Ni-Fe PBA 磷化，经过磷化处理后的 Ni-Fe-P 在保持立方体形状的同时，其表面变得粗糙且出现很多的孔洞，从 TEM 图可以看出 Ni-Fe-P 颗粒在每个立方块的对角线处存在很多孔洞，这是由于 Ni-Fe PBA 内部结构相对疏松导致其解离。STEM 与元素分布图显示 Ni，Fe，P 均匀地分散在整个中空立方块中。由此可见，PBAs 是一种理想的模板，可将其作为前驱体制备不同结构的复合材料。

2. 开放式中空结构

开放式中空结构的共性是在具有中空结构的前提下，其壳的表面具有一定的开放程度。例如，纳米笼的表面存在随机分布或对称分布的孔洞，而纳米框架则是这种趋势的衍生，即在去除多面体"壁"时保持其骨架完整。因此，"笼"可被看作一个部分开放的结构，而框架则是完全开放的。这两种开放构型在均相催化反应中允许反应物的内外扩散，有利于催化位点的充分利用，从而提高催化效率。在过去十年中，贵金属的开放式中空结构被广泛合成和研究[55,56]，但由于合成策略的限制在其他材料中很少出现[57]。最近，受到以 PBA 作为模板构筑中空结构的启发，许多研究者开始利用这种材料制备更多的开放结构。

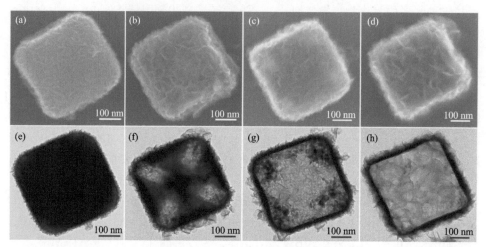

图 5-3   不同时间间隔所合成产物的(a～d)SEM 和(e～h)TEM 图：(a,e)1 h，(b,f)6 h，(c,g) 12 h 和 (d,h)20 h

Han 等[58]以 Ni-Co PBA 为前驱体用氨水进行化学蚀刻从而合成了 Ni-Co PBA 纳米笼，TEM 图表明蚀刻首先在顶角进行，然后沿着对角线的方向逐渐向内。如图 5-4(a)所示，从纳米块的顶角可以清晰地观察到缺口。在经过煅烧处理后，Ni-Co PBA 被转化成具有多孔结构的 Ni-Co 复合氧化物纳米笼，其形状尺寸未发生变化。Feng 等[59]以 Co-Co PBA 作为前驱体利用相似的处理手段获得独特的 Co-Co PBA 纳米笼及 Co_3O_4 衍生物。在这个体系中，氨水诱导的蚀刻过程与上述发现几乎一致，但与 Ni-Co PBA 纳米笼相比，如图 5-4(i～n)所示，Co-Co PBA 的顶角缺口更大且内壁更平整。

除了化学蚀刻法外，基于离子交换的方法也被用来合成开放中空结构的 PBA 衍生物。Yu 等[60]将 Na_2S 与已合成好的 Ni-Co PBA 在水热条件下反应合成 NiS 纳米框架，实现了 S^{2-} 与$[Co(CN)_3]^{3-}$的交换，与纳米块的侧面相比，Ni-Co PBA 纳米块的棱角优先被解离，从而在其表面形成一层 NiS 壳，随着反应的进行，侧面开始分解，新生成的 NiS 逐渐沉积在之前合成的 NiS 骨架上。因此，纳米块的中心处逐渐解离，最终形成 NiS 纳米框架。在大多数的案例中，PBA 纳米笼/框架的合成需要两步：首先合成固态前驱体，然后通过化学处理将其转化成开放结构。近期，Nai 等[61]利用一锅法构筑 Co-Fe 纳米框架，所得产物是由均匀的纳米颗粒组装而成，TEM 图进一步印证了开放结构的形成及边缘的完整性。值得注意的是，从 SAED 图可以得知 Co-Fe 纳米框架是高度结晶的单晶，其晶格条纹清晰可见。

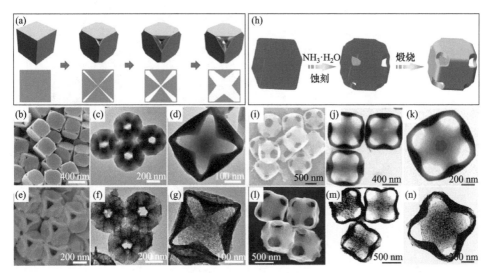

图 5-4　(a)Ni-Co PBA 纳米笼的形成示意图、(b)SEM 和(c,d)TEM 图；Ni-Co 氧化物纳米笼的(e)SEM 和(f,g)TEM 图；(h)Co-Co PBA 纳米笼的形成示意图、(i)SEM 和(j,k)TEM 图；Co_3O_4 氧化物纳米笼的(l)SEM 和(m,n)TEM 图

3. 复杂中空结构

　　复杂中空结构指由复杂边界、孔洞、结构单元等构成的结构。最近，复杂中空结构在一些发表的优秀综述中被着重突出，吸引了一些研究者的注意[62,63]，这源于人们对开发先进合成方法和增加纳米材料美感的兴趣。此外，相比于简单中空结构，这些复杂结构在调控物理化学特性时能提供更多的选择。截至目前，对于 PB/PBA 材料，典型的复杂结构包括多层结构、蛋黄壳结构及超结构。

　　Hu 等[64]提出了一种"一步接一步"的先晶体生长后蚀刻的方法构筑多层中空结构，"一步接一步"的晶体生长是指在已合成的 PB 纳米块上外延生长一层或几层 PBA，其相似的晶体结构和晶格参数为外延生长提供了理论基础。对每个纳米块而言，其核心部位比边缘部位具有更多的缺陷，因此可以将其定义为"软@硬"核壳结构，如果将其作为晶籽，将另一层具有"软@硬"核壳结构的 PB 在其表面生长，从而形成"软@硬"@"软@硬"结构，随后置入 HCl 溶液中，"软"的部分被解离，从而形成壳中壳的中空结构，如图 5-5 所示。更重要的是，这种合成策略可应用于其他不同组分及结构的 PBA 中，如 Fe-Fe@Co-Fe，Ni-Co@(Fe-Fe@Ni-Co)蛋黄壳结构。此外，这种方法也可被用来合成具有三层壳的中空纳米盒[65]。

　　5.1.2 节提到 Lou 等将 PB 微米立方块与 NaOH 溶液反应成功合成出单层 $Fe(OH)_3$ 微米盒，但在后续的工作中[46]，他们通过增强反应速率和扩散速率类似的处理方法合成多层微米盒，其反应速率可通过增加 NaOH 溶液的浓度和反应温

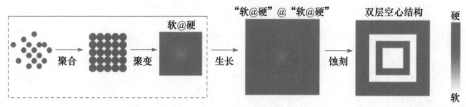

图 5-5　"壳中壳" PB 中空纳米粒子的合成示意图

度调整，从而获得更复杂的结构。如在室温下，当反应过程中 NaOH 的浓度增加至 0.2 mol/L 时，所得产物为蛋黄壳结构的微米盒，当反应温度升高至 80℃，NaOH溶液浓度在 2.0～4.0 mol/L 时，所得产物为多层微米盒，其壳由分层的片状结构单元构成。研究者提出，高温和强碱环境会促进 OH⁻由外向内扩散从而形成 $Fe(OH)_3$，当外层的 $Fe(OH)_3$ 形成后，内层的壳在铁离子扩散至外壳之前逐渐生成，最终获得多层中空结构。

蛋黄壳/框架结构的 PBA 可通过离子交换或酸蚀刻的方法合成[66,67]。Su 等[67]提出一种简易地通过微波协助水热的方法使 Cd-Fe PBA 与 Na_2S 反应构筑 CdS 蛋黄壳结构，其形成过程分为三个阶段：在第一阶段，S^{2-}与 Cd^{2+}通过离子交换的方式在 Cd-Fe PBA 表面络合从而形成 Cd-Fe PBA@CdS 核壳结构，合成的 CdS 壳可作为一个守护的壁垒阻止 S^{2-}与 Cd^{2+}在 PBA 内部反应。在第二阶段，相比于 S^{2-}的向内扩散，Cd^{2+}的向外扩散占据主导。因此，硫化作用主要发生在 CdS 上，这会导致壳与 Cd-Fe PBA 的间隙逐渐变大从而阻止反应进行，Cd^{2+}通过如此宽的间隙向外扩散就变得很难，因此额外的 CdS 层会在核的表面形成，这是第三阶段。最终，当阴离子交换反应完成后，所得产物为蛋黄壳结构的 CdS。STEM 和元素分布图证明 Cd 和 S 均匀地分布在整个结构中。

虽然由贵金属和其他化合物纳米粒子构筑的有序复杂结构已被研究者合成出[68-75]，但将 PBA 纳米粒子组装成超结构仍然是一个挑战[76]。Nai 等[61]探索出一种在一锅内将各向同性的 Co-Fe PBA 纳米粒子组装形成一种开放框架超结构的新方法。最终获得的产物是具有高度规则的立方几何构型的三维框架结构的纳米颗粒(NAFS)。放大的 NAFS SEM 图表明整个颗粒是由小的纳米长方体作为结构单元，沿着每条棱，用一维的方式组装而成。从立方相常用的 3 个晶带轴的 SAED图可以看出规则排列的衍生斑点，仅存在少量的弧线，说明所合成的 NAFS 是单晶且纳米长方体的晶格排列几乎接近完美，这可推断尽管这些纳米长方体空间上排列不是很完美，但它们具有高度相似的晶格取向。除此之外，研究者用不同反应时间得到的产物的 SEM 图证实了超结构的形成过程，反应进行 5 s 时，所得产物为截顶立方块；2 h 后，小尺寸的纳米颗粒出现在纳米块的棱角处并在 6 h 后变成长方体，反应进行到 9 h 时，纳米长方体沿着纳米块的边缘有序排列；从 18 h获得的中间产物的 SEM 图可以看出纳米长方体的附着导致类似框架的结构生成，同时，中间部位的核逐渐分解，当反应时间进行到 36 h 后，核的部分被完全移除，最终形成 NAFS(图 5-6)。对实验现象进行综合分析表征后发现外延生长、原位相分离、限域组装、定向附着是形成超结构的关键机理。值得一提的是，Co-Fe PBA NAFS 在空气中煅烧后可得到结构保持完整的 Co-Fe 氧化物。

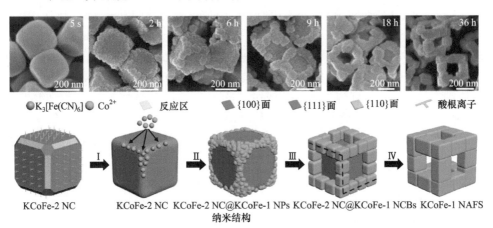

图 5-6　不同反应时间所合成样品的 SEM 图及相应的合成机理示意图

5.1.3　类普鲁士蓝及衍生物的应用

1. 锂/钠离子电池

在过去的 30 年里，作为手提电子设备的能量供给，锂离子电池(LIBs)取得了巨大的成功，这是因为 Li^+ 较小的离子半径和较低的氧化还原电位，使其在电化学领域表现出杰出的性能，如高理论比容量、高能量密度、无记忆效应和快速的充放电能力[77]。另外，钠离子电池(SIBs)在近几年吸引了广大研究者的兴趣并成为另一种有发展前景的电池技术[78]，这主要是因为钠在地球上的储量丰富且与锂离子电池具有许多相似的电化学原理。这些先进的充放电设备的发展取决于电极材料的进步。电极材料目前面临的挑战包括低电子/离子导电性、循环时的体积变化、晶体结构的摧毁、金属阳极与电解液的副反应等。在过去的 20 年里纳米材料的发展为解决电极材料的这些问题提供了许多解决方案[62,63,77,79]。

PB/PBA 衍生氧化物被广泛地应用于可充放电电池领域中。例如，Zhang 等[50]将 PB 立方块在不同温度下煅烧获得由不同形状尺寸的第二结构单元构成的 Fe_2O_3，将其作为负极材料研究其组成单元对 LIBs 的影响。结果表明，分层的 Fe_2O_3 纳米盒(945 mAh/g)的可逆电容比 Fe_2O_3 多孔微米盒(871 mAh/g)和 Fe_2O_3 微米盒(802 mAh/g)的高，这是因为在电极中，多孔或中空结构更有利于电解液和 Li^+ 的扩散；中空结构能有效缓解充放电过程中引发的体积变化；高度结晶的中空 Fe_2O_3 纳米盒在循环时具有良好的结构稳定性。然而，在另外一个案例中，研究者进一步发现组成壳的基本单元的复杂程度会影响其电化学性能[46]。相比单层或两层结构，多层结构的 Fe_2O_3 能显著地提升循环稳定性，具体来说，多层结构 Fe_2O_3 具有较高的起始放电容量(1473 mAh/g)和充电容量(917 mAh/g)，在经过 30 次的充放电循环后，其可逆电容为 650 mAh/g，而单层和双层结构分别为 355 mAh/g, 519 mAh/g。

除了 Fe 氧化物外，研究者在 PBA 衍生的 Co 氧化物中发现了跟结构相关的锂储存性能[45,51]。Feng 等[59]将合成出的中空 Co_3O_4 纳米笼作为 LIBs 的负极，其表现出比其实心结构更优异的电化学性能。在电流密度为 100 mA/g, 800 mA/g, 2000 mA/g 时其对应的平均比容量为 1092 mAh/g, 1000 mAh/g 和 883 mAh/g，当电流密度从较高值返回到 100 mA/g 时其容量依旧能达到 1131 mAh/g。经过 6 次循环后，Co_3O_4 纳米笼放电容量逐渐增强并在循环 200 次后达到 1296 mAh/g，库仑效率在循环过程中接近 100%，随着循环次数的增加，容量增大源于电极材料逐渐被活化，作为对比，Co_3O_4 纳米块在整个循环过程中明显衰退。另外，电极材料的组分在储存锂的性能上发挥着关键作用，Yu 等[52]通过 PBA 自模板法合成出多孔中空尖晶石结构的 $AFe_2O_4(A=Ni, Zn, Co)$ 纳米结构。在循环 100 次后，$NiFe_2O_4$ 电极放电电容在电流密度为 0.5 A/g 和 5.0 A/g 时分别为 1387 mAh/g 和 447 mAh/g。当电流密度从 8.0 A/g 返回至 0.1 A/g 时，$NiFe_2O_4$ 电极的容量可达到一个较高的稳定值(1085 mAh/g)，作为对比，$CoFe_2O_4$ 在循环 100 次后呈现出相对低的容量值(1.0 A/g, 770 mAh/g; 5.0 A/g, 290 mAh/g)，在同样的循环条件下，$ZnFe_2O_4$ 电极在 1.0 A/g, 5.0 A/g 时的容量值分别是 947 mAh/g, 390 mAh/g，高于 $CoFe_2O_4$。综上可知，电极材料的结构和组分在锂储存性能上发挥重要作用。

对于可充放电电池的正极材料而言，原始的 PBA 经常受到研究者的青睐[16,17,19,80,81]。Zhang 等[66]利用蚀刻的手段合成出一种新的 Ni-Fe PBA 蛋黄框架纳米结构，这种结构由凹的立方蛋黄与骨架通过顶角相连构成，将其作为 SIBs 的正极材料，结果表明 Ni-Fe PBA 蛋黄框架结构相比实心结构具有更好的倍率性能和循环稳定性。当充放电电流密度为 1000 mA/g 时，Ni-Fe PBA 蛋黄框架结构残留的容量是初始容量的 61%，而前驱体只有 17%。经过 500 次循环后，Ni-Fe PBA 立方块和蛋黄框架结构的容量分别是初始容量的 55% 和 90%。元素分布图表明 Na^+ 主要分布在立方块的表面而非中心，表明 Na^+ 在高电流密度(1000 mA/g)下很难迁移到内部。作为对比，在同样的测试条件下，元素分布图显示在蛋黄框架结构内部存在一定量的 Na^+。因此，蛋黄框架结构优异的倍率性能和循环稳定性源于其独特的结构。对立方块而言，为了占据结构中的有效间隙位点，Na^+ 需要从表面迁移到内部，因此这种独特的结构使 Na^+ 迁移到这些位点的有效距离缩短。在两种结构的初始循环中，Na^+ 几乎完全可以从电极中插入抽取，当电流密度增加时(>100 mA/g)，Na^+ 在插入过程中几乎很难进入到立方块的内部，但对蛋黄框架结构，Na^+ 可轻易到达其间隙位点。这就是这种独特结构在高电流密度下维持很大比容量的原因。除此之外,高电流密度下的循环稳定性实验结果与上述一致。将这两种结构作为 LIBs 的正极材料时可发现相似的现象[74],以上结果表明,合成出的蛋黄框架结构的 PBA 能够长期高效率地增强碱金属离子的储存性。Ren 等[82]认为先前的研究仅仅是利用了 PBA 表面的活性位点储钠,常规的碳修饰和聚合物修饰并没有明显改变 PBA 储钠活性位点的数量,要完全有效地利用 PBA 储钠活性位点,不仅仅要扩大表面的活性位点,更要有效利用中心的活性位点。所以作者通过表面刻蚀 Ni-Fe PBA 制备具有更多储钠活性位点的钠离子电池正极材料。刻蚀后的 Ni-Fe PBA 表现出很好的电化学性能,一方面是符合作者提出的新理论,刻蚀后暴露出更多的活性位点,使得内部的 $Fe^{LS}(C)$ 氧化还原电对完全参与反应从而提高材料的比容量;另一方面,如果要最大程度利用活性位点,在立方体 Ni-Fe PBA 中,Na^+ 从表面到中心需要穿过一个很长的距离,导致反应被抑制,而在刻蚀后 Na^+ 仅仅需要一个短的扩散距离就可以占据内部的位点。

2. 混合电容器

混合电容器(HCs)是一类连接高功率电容器和高能量电池的电化学能量储存系统。典型的 HCs 体系是由电池类的电极(储存能量)与电容器类的电极(输出功率)构成[62]。尽管 HCs 体系可能实现高能量和高功率密度,但对电池类电极会存在一些瓶颈,如滞后的动力学和不充足的循环稳定性会经常阻碍其实际应用,PBA 材料的广泛研究为解决这些问题提供了一个可行的方案。

Yu 等[83]成功将 Ni-Co PBA 纳米块转变为 NiS 纳米框架,当作为电池类电极材料时,其在碱性电解液中表现出较高的电容值。从 NiS 纳米框架在不同电流密度下(1~20 A/g)典型的恒流充放电曲线可计算得到 NiS 纳米框架在电流密度为 1 A/g 时电容值为 2112 F/g,当升高至 20 A/g 时,电容值衰减至 711 F/g。循环实验在电流密度为 4 A/g 时测得,在经过 4000 圈的循环后电容值从初始的 1405 F/g 降低至 1290 F/g,其电容保持率为 91.8%,说明 NiS 纳米框架具有较高的比电容和循环稳定性。利用相似的合成策略,Zeng 等通过阴离子交换将 Co-Fe PBA 转化成 CoS_2 纳米框架,在 0.5 A/g 时其电容值为 568 F/g,在经过 5000 次的循环后,比容量可保持初始的 88%。为了进一步探究其电化学性能,研究者将 CoS_2 纳米框架作为正极,活性炭作为负极组装成混合电容器,测试得出这种设备在电流密度为 0.5 A/g,1 A/g,2 A/g 和 5 A/g 时其电容值分别为 109.2 F/g,101.8 F/g,93.6 F/g 和 90.7 F/g,在电流密度为 0.5 A/g 时,表现出良好的循环稳定性。此外,通过计算得出在功率密度为 400 W/kg 和 4000 W/kg 时,其能量密度分别为 33.8 Wh/kg 和 32.3 Wh/kg,表明所得电容器在能量密度上具有优越性。Co-Fe PBA 纳米盒在 Na_2SO_4 电解液中电容值为 292 F/g,按照上述制备方法组装成 HCs 设备,在外加电压为 2.0 V 时可正常工作。其电容值在电流密度为 1 A/g 和 30 A/g 时分别为 78 F/g 和 50 F/g,能量比较图表明功率密度在 990 W/kg 和 21100 W/kg 时能量密度分别为 42.5 Wh/kg 和 13.5 Wh/kg，优于其他对称和非对称混合设备[52]。除此之外，作为一种成本低的能量储存设备，Co-Fe PBA HCs 具有比商业化的铅酸电池、Ni-Cd 电池和 Ni-MH 电池更高的能量/功率密度且在 5000 次循环后电容值依旧能保持 89%，这归功于其介孔壳、纳米级的尺寸、开放的中空框架结构等，这些结构特征既能促进离子的扩散从而改善反应动力学，又可有效地扩大电极与电解液的接触面积。另外，发光二极管可用这种电池点亮，表明这种设备在实际应用中具有可行性。Lai 等以 Mn-Fe PBA 为前驱体，利用氟化物将其表面改性产生锰氧化物纳米片，这种 PBA 与氧化物的复合结构将赝电容的容量有效提升 3 倍且其倍率性能与循环稳定性得到大幅度的改善。这为研究者从事关于 PBA 的研究提供了一些新的改性思路。

3. 电催化

目前，电催化水分解和燃料电池代表一些最有前景的能量转换技术[84]，然而，过高的过电势和较低的法拉利效率造成了额外的能量损耗。因此需要降低电催化剂的活化能且增加与能量有关的电化学过程[氢析出反应(HER)、氧析出反应(OER)、氧还原反应(ORR)]的转换效率，理想的电催化剂通常要具备高效率、耐用、成本低、可持续等优点[85]。相对于贵金属电催化剂的基准，过渡金属替代物由于成本低、效率高等优点吸引了许多研究者的注意[62,63]。

HER 是水分解中的阴极半反应，目的是将水转化成 H_2，这是一种有前景的替换 CH 化合物的清洁能源载体。PB/PBA 衍生的金属硫化物和磷化物是电催化 HER 的两种重要材料。Zhu 等[86]报道了一种利用 PB 作为前驱体制备碳包裹介孔 FeP 盒(HMFeP@C)的简易方法，当被用作 HER 电催化剂在酸性介质中反应时，电流密度达到 10 mA/cm² 时的过电势只有 115 mV，低于其他磷化物。而在相同条件下，PBA 衍生的 Ni-Co-MoS₂ 纳米盒[87]、Ni-Co-P 纳米盒[83]、NiS 纳米框架[88]所需过电势分别为 155 mV，150 mV，115 mV。塔费尔曲线表明 HMFeP@C(56 mV/dec)的产氢速率比 FeP 纳米粒子(86 mV/dec)快。电化学阻抗谱分析证实 HMFeP@C 的电荷转移的阻力小，表明其具有较高的有效电荷传输性和良好的 HER 动力学性能。通过持久性测试发现电极在电流密度略微损失时依旧能正常工作。

OER 是水分解半反应中的瓶颈，相对于 HER，OER 由多步电荷转移而反应缓慢[89]，根据目前报道的文献，PBA 衍生的 OER 电催化剂主要是金属氧化物[58,61,88,90]、磷化物[48]和硒化物[91]。Nai 等利用自模板法将 Ni-Fe PBA 转化成 Ni-Fe 纳米笼，通过在硒蒸气煅烧后得到 Ni-Fe-Se 纳米笼[91]。将其置于碱性电解液中进行测试，数据表明 Ni-Fe-Se 达到 10 mA/cm² 的电流密度所需过电势为 240 mV，高于 Ni-Fe-Se 立方块。这是目前报道所需过电势最低的 PBA 衍生物，如高于 Ni-Fe-P 盒(290 mV)[48]、NiO/NiFe$_2$O$_4$ 盒(303 mV)[61]、Co-Fe-O 框架(340 mV)[90]、Co$_3$O$_4$ 笼(370 mV)[58]、Ni-Co-O 笼(380 mV)[88]。显著的是，Ni-Fe-Se 纳米笼甚至可以在 270 mV 的过电位下提供较高电流密度(100 mA/cm^2)、质量活度(1000 A/g)和周转频率 TOF(0.58 s^{-1})，其 Tafel 斜率为 24 mV/dec，与其他催化剂相比，Ni-Fe-Se 纳米笼可显著改善 OER 的动力学。通过旋转环盘电极(RRDE)技术估算 OER 的法拉第效率，结果表明，当磁盘电流持续施加到 0.7 mA 时可产生氧气，ORR 的环电流约为 0.14 mA。这些结果证实催化电流可能完全来源于氧气的产生，其法拉第效率高达 99%。为了研究 Ni-Fe-Se 笼的稳定性，研究者以 100 mV/s 的扫描速率进行 500 次 CV 扫描循环。在循环之后，测量催化剂的电流密度，发现损失量仅为 1%。与此同时，通过计时电位测试评估 Ni-Fe-Se 笼对 OER 的长期耐久性，结果表明纳米笼的电位仅增加约 0.7%，而电流密度在 5 mA/cm^2 下可持续 22 h。这些观察结果证实 Ni-Fe-Se 笼催化剂具有优异的稳定性。

作为 OER 的逆反应，ORR 是一系列包括燃料电池(FC)和金属空气电池等能量储存应用的阴极反应。由于 O=O 键能较强，使反应难以进行，因此 ORR 在动力学上也是滞后的[92]。金属碳化物作为 ORR 的电催化剂受到研究者的青睐。Zakaria[65]发现 PB 空心球在氮气下热处理后转变为三层中空正交碳化铁(Fe$_2$C)球。将 Fe$_2$C 空心球置于 0.1 mol/L KOH 溶液中评估 ORR 性能，观察到相对于 Ag/AgCl 约−200 mV 的 ORR 起始电位，说明与其他催化剂相比，Fe$_2$C 空心球的活性较强；其转移的电子数估算为 3.5，表明这里的 ORR 涉及四电子反应；计时电流法测量时间为 3500 s，表明 Fe$_2$C 空心球的电流损失仅为 8%，甚至比市售的 Pt/C-5%催化剂要好得多。

4. 类芬顿催化

水中污染物的深度处理及净化一直是环境领域的研究热点。芬顿催化反应是以 H$_2$O$_2$ 为媒介，Fe^{2+} 为催化活性中心，通过催化反应产生活性自由基的一种高级氧化技术。近年以催化过硫酸盐产生自由基用于降解水体污染物的方法受到许多研究者的追捧，这归功于由过硫酸盐产生的 SO$_4^-$(2.5～3.1 V)比由 H$_2$O$_2$ 产生的 OH$^-$(1.8～2.7 V)具有更高的氧化还原电位，其次，SO$_4^-$(30～40 μs)在溶液中的寿命比 OH$^-$(10^{-3} μs)长，因此在降解结构很稳定的酚类有机物时表现出优异的性能。

Li 等[93]研究 Fe^{III}-Co 和 Fe^{II}-Co 两种不同 Fe 价态的 PBA 在芬顿催化反应中降解罗丹明 B 的效率，结果表明两者均有较高的催化活性，但后者的催化活性更为显著。研究发现，Fe-Co PBA 的催化活性来源于 PBA 内部高度分散的 Fe 位点和空穴。降低反应溶液的 pH 或加入光照均能加速 PBA 中 Fe^{III} 的还原从而进一步增强催化剂的活性。除此之外，双金属氧化物被认为是一种有效改善关于能源环境的具有催化活性的材料，已报道的 $CuFeO_2$ 的催化活性与稳定性优于 Cu_2O 和 Fe_2O_3，Cu^+ 与 Fe^{3+} 之间的协同催化效应加速了 Fe^{3+} 的还原，类似的协同效应也出现在 Mn-Fe 双金属氧化物中[94]。PBA 是一种由过渡金属与氰基连接的配位聚合物，其中的金属元素可互换，且可通过构筑核壳结构进一步丰富样品中的组分，在经过高温煅烧处理后即可合成双金属或多金属氧化物。在后续的工作中，Li 等[95] 将 Fe-Co PBA 在空气中煅烧形成多孔的 $Fe_xCo_{3-x}O_4$ 纳米笼，其形状和尺寸可根据前驱体进行调控。将其作为催化剂催化 PMS 降解 20 ppm 的双酚 A(BPA)，结果表明在 60 min 内可去除将近 95% 的 BPA 并在 4 次循环后保持相同的催化活性，说明由 Fe-Co PBA 衍生的双金属氧化物具有可再利用和良好的循环稳定性。Zhu 等采用相似的设计思路用共沉淀法合成 Mn-Fe PBA 并将其煅烧转化成 $Mn_{1.8}Fe_{1.2}O$ 用于催化 PMS 降解 BPA(10 ppm)[96]，数据表明在相对低的催化剂(0.1 g/L)与 PMS(0.2 g/L)的用量下，由 PBA 衍生的 Mn-Fe 双金属氧化物在 30 min 内降解 BPA 的效率为 95%，与 Wang 的不同的是，这种催化剂可在较大 pH(4～10)范围内仍保持活性，其反应速率常数为 $0.1019\ min^{-1}$，高于其他已报道的 Mn/Fe 氧化物。

5.1.4　本章主要内容及意义

1. 主要内容

本研究通过离子掺杂的手段一锅合成形貌、尺寸可调(300～700 nm)的核壳结构的 Mn/Fe PBA@PBA 并将其作为模板构筑相应的中空结构，实现了同一个体系内不同结构、形貌、尺寸的 PBA 的合成，其衍生氧化物在类芬顿催化反应中展现出优异的催化活性；此外，鉴于目前合成 PBA 衍生物的前驱体结构形貌单一的问题，提出了一种一锅合成罕见的六角状 Mn/Fe PBA 的简易方法，将其作为模板可构筑不同组分的中空六角结构 PBA，其中，Co/Fe@Mn/Fe PBA 作为 OER 电催化剂表现出良好的催化活性和反应动力学性能。主要研究内容如下。

(1) 在合成立方块 Mn/Fe PBA 的过程中通过掺杂一定量的不同价态的铁离子构筑核壳结构 PBA@PBA，在掺入 Fe^{3+} 后，成功获得了核壳结构的样品，通过增大掺入的剂量可实现核壳结构样品由立方块、色子状、球状到八面体的形貌衍化，利用一系列表征手段(XRD、FTIR、XPS、SEM、TEM、EDS)证实核壳结构 PBA@PBA 的形成并对其形成机理进行了一定的探讨。为了研究相分布，将巯基乙酸对色子状样品进行蚀刻得到 PBA 纳米笼，通过对其表征确定了两相的分布。与此同时，采用相同的处理条件可得到中空球和中空八面体。为了进一步说明核壳两相的化学活性差异，采用 NH_4F 作为诱导剂合成了 PBA@MnO_x 复合结构从而实现了壳的功能化处理。因此，核壳两相的化学活性差异可使我们根据应用需求将所合成的 PBA@PBA 选择性地进行功能处理。然后，将结构、形貌不同的

PBA 进行煅烧获得 Fe-Mn 双金属氧化物(MnFeO)，研究不同结构、形貌的 MnFeO 催化剂催化 PMS 降解 BPA 的性能差异并分析影响催化活性的因素。此外，通过对反应前后的样品进行表征测试确定降解机理，最后对催化剂的循环稳定性进行测试，分析并解决了催化剂钝化的问题。

(2) 在合成 Mn/Fe PBA 的过程中，通过将 Mn^{2+} 与 Fe^{3+} 的混合溶液以不同的滴定速度加入 $K_3[Fe(CN)_6]$ 与 PVP 的混合溶液中成功合成了六角状的 Mn/Fe PBA (h-Mn/Fe-X)。通过调节滴定速度可控制颗粒尺寸与"触角"长度，实现了颗粒尺寸由纳米级向微米级的转化，同时利用不同反应时间获得的中间产物解释最终形貌的形成过程并确定了影响最终产物形貌的因素。由于 Mn/Fe PBA 溶解度常数比其他 PBA 较低，将合成的 h-Mn/Fe PBA 作为模板构筑了单一组分的中空 h-Mn/Fe PBA、双组分的 h-Mn/Fe@Co-Fe PBA 与 h-Mn/Fe@Cu-Fe PBA 等衍生物，它们在保持前驱体形状的同时会生成新的贯通结构。其中，h-Mn/Fe@Co-Fe PBA 作为 OER 电催化剂时，表现出良好的催化活性和反应动力学。

2. 意义

将 MOFs 材料与其他功能性物质(如金属氧化物、硫化物、金属纳米粒子等)复合成具有核壳结构的材料是合成多功能材料的重要手段之一。目前，核壳型的 MOFs@MOFs 由于两种不同 MOFs 所产生的协同效应而被应用于不同的领域，如核壳型的 $Zn_2(dicarboxylate)_2-(dabco)_n$ 可以根据孔径大小有效分离正十六烷与异十六烷[97]，为了优化和放大这种结构优势，设计具有良好结构与可控构型的核壳型 MOFs@MOFs 显得十分必要。截至目前。构筑核壳型 MOFs@MOFs 通常包含核的形成与核的生长两部分，在合成过程中，这种方法往往需要对核的表面进行一定的修饰且需要引导壳在其表面定向生长，因此，利用此方法合成的样品通常会不可避免地存在分相的问题，尤其当核籽团聚严重或者包裹剂覆盖在核的表面使其活性钝化时。但在保留核壳各自结构的完整性的基础上利用一锅法直接合成可有效地避免这些问题，但在一锅合成中，精确控制核壳先后生长的动力学具有一定的挑战性。近期，Yang 等[98]利用两种溶解度常数差异很大的 MOFs 一锅合成核壳型 MOFs@MOFs，其中一种形核结晶周期需要 7 天。本研究以 PBA 为研究对象，但这种方法不适用于形核速率大的 PBA。除此之外，许多化合物的催化活性、选择性及其他一些电性能通常与其形貌或构型相关，但由于自身的形核驱动力的驱使，大多数 PBA 趋向于呈现单一的形貌，因此如何利用一锅法合成出具有不同构型的核壳型 PBA@PBA 是目前在设计核壳材料时需要解决的问题。

在这里，利用一种最简易的合成策略，即在合成过程中通过离子调控(Fe^{3+})一锅合成出形貌可调的核壳型的 PBA@PBA。除此之外，通过蚀刻的方法合成了一系列不同形貌的中空材料，其中包括封闭式和开放式的中空结构。基于核壳两相之间存在的化学活性差异，采用氟化物实现了壳的选择性改性，充分体现了核壳结构的模板优势。此外，基于双金属氧化物的芬顿催化剂由于合成方法简单、成本低、活性高等优点受到许多研究者的青睐。因此将上述合成材料通过煅烧处理得到 PBA 衍生氧化物并将其作为芬顿催化剂降解 BPA，结果表明开放式结构的催化剂具有高效降解效率和稳定性。

为了拓展并发掘 PBA 材料在能量转化与储存、环境科学等领域的应用范围，构筑复杂结构 PBA 或 PBA 基衍生物受到研究者的青睐。目前，主流的合成策略是以形状、尺寸均一的 PBA 为前驱体，通过后处理进行功能化改性。但 PBA 的形貌通常局限于立方体、截顶立方体、球体，通常很多物理化学性能与所合成样品的形貌息息相关。一些特殊形貌只能在某种特定组分的体系中出现，其结构稳定，无法作为模板构筑其衍生物；另外，许多合成策略往往需要以立方块、球状样品为模板修饰处理，这在很大程度上增加了实验流程，不利于模板的简易合成。因此，在第一个体系的基础上通过控制滴定顺序和速度一锅合成了六角状的 Mn/Fe PBA，同时，通过一些改性手段成功合成出一系列不同组分(Cu/Fe、Co/Fe PBA 等)的六角贯通结构的纳米笼。因此，所合成的这种前驱体有望为构筑更复杂的 PBA 衍生物提供一项新的选择。

5.2　实 验 部 分

5.2.1　实验试剂及仪器设备

1. 主要试剂

本实验所用主要试剂见表 5-1。

表 5-1　主要实验试剂

名称	化学式	规格	生产厂家
铁氰化钾	$K_3[Fe(CN)_6]$	AR	国药集团药业股份有限公司
硫酸锰	$MnSO_4$	AR	西陇科学股份有限公司
硫酸铁	$Fe_2(SO_4)_3$	AR	西陇科学股份有限公司
氨水	$NH_3 \cdot H_2O$	AR	国药集团药业股份有限公司
乙醇	CH_3CH_2OH	AR	西陇科学股份有限公司
巯基乙酸	$C_2H_4O_2S$	AR	东京化成工业株式会社
硝酸钴	$Co(NO_3)_2$	AR	上海阿拉丁生化科技股份有限公司
硝酸铜	$Cu(NO_3)_2$	AR	国药集团药业股份有限公司

续表

名称	化学式	规格	生产厂家
双酚 A	$C_{15}H_{16}O_2$	AR	国药集团药业股份有限公司
PMS	$KHSO_5 \cdot KHSO_4 \cdot 1/2K_2SO_4$	AR	国药集团药业股份有限公司
乙腈	CH_3CN	AR	西陇科学股份有限公司
氟化铵	NH_4F	AR	国药集团药业股份有限公司
DMPO	$C_6H_{11}NO$	AR	上海阿拉丁生化科技股份有限公司
抛光粉	—	AR	天津艾达恒晟科技发展有限公司
Nafion	—	5%(质量分数)	西格玛奥德里奇(上海)贸易有限公司
PVP	—	98%	国药集团药业股份有限公司

2. 仪器设备

本实验所用主要仪器见表 5-2。

表 5-2　主要实验设备

仪器	型号	生产厂家
电子天平	SQP	赛多利斯科学仪器(北京)有限公司
干燥箱	DHG-9031A	上海一恒科学仪器有限公司
真空冷冻干燥机	YB-FD-1	上海亿倍实业有限公司
多头磁力加热搅拌器	HJ-2	江苏金坛市江南仪器有限公司
高速台式离心机	TGL-16C	上海安亭科学仪器有限公司
移液枪	1000 μL, 5000 μL	赛多利斯科学仪器(北京)有限公司
三口烧瓶	500 mL	天津艾达恒晟科技发展有限公司
铂电极	Pt213	天津艾达恒晟科技发展有限公司
玻碳电极	5 mm	天津艾达恒晟科技发展有限公司
Ag/AgCl 电极	R0305	天津艾达恒晟科技发展有限公司
马弗炉	JZ-5-1200	上海精钊机械设备有限公司
超声机	ZEALWAY	致微(厦门)仪器有限公司
蠕动泵	L100-1S-1	保定兰格恒流泵有限公司
X 射线衍射仪	MiniFlex 600	日本理学株式会社
傅里叶红外光谱仪	Nicolet 5200	美国赛默飞世尔科技有限公司
BET 比表面积分析仪	ASAP 2460	麦克默瑞提克(上海)仪器有限公司

续表

仪器	型号	生产厂家
扫描电子显微镜	Helios G4 CX	美国 FEI 公司
透射电子显微镜	TECNAI G2 F20	美国 FEI 公司
X 射线光电子能谱仪	ESCALAB 250	美国 VG 工业有限公司
高效液相色谱仪	Waters e2695	沃特世(上海)科技有限公司
电子自旋共振波谱仪	A300	德国布鲁克公司
Zeta 电位分析仪	Nano-ZS90	英国马尔文仪器有限公司
电化学工作站	PARSTAT MC	美国普林斯顿仪器有限公司
pH 计	PH 510	赛多利斯科学仪器(北京)有限公司

5.2.2　材料表征方法

本研究所采用的分析表征设备主要有扫描电镜(SEM)、傅里叶变换红外光谱仪(FTIR)、透射电镜(TEM)、X 射线衍射(XRD)分析仪、比表面及微孔孔径分析仪、X 射线光电子能谱(XPS),详见 4.2.5 节。电子顺磁共振(EPR)波谱仪、高效液相色谱(HPLC)表征如下。

1. 电子顺磁共振

电子顺磁共振(electron paramagnetic resonance, EPR)又称电子自旋共振(electron spin resonance, ESR),主要用于化学、物理、材料学、医学和生命科学等学科中含未成对电子的电子自旋共振特性的研究,如自由基及过渡金属离子及其络合物等的检测。

本研究中使用德国布鲁克公司的 A300 型电子自旋共振波谱仪进行水中自由基的检测分析,使用的自由基捕获剂是 5,5-二甲基-1-吡咯啉-N-氧化物(DMPO)。

2. 高效液相色谱

高效液相色谱(high performance liquid chromatography, HPLC)用来分离 BPA 与过硫酸盐从而分析 BPA 的含量。

本研究使用沃特世(上海)科技有限公司的 e2695 型 HPLC。主要参数:溶剂数,四元;流速范围,0.050～10.000 mL/min,以 0.001 mL/min 递增;流速精度≤0.075% RSD;进样精度≤0.5% RSD。

本研究中色谱测试条件如下。①色谱柱: Atlantis T3 Column(1 mm × 150 mm),柱温 40℃;②流动相 A:去离子水,流动相 B:乙腈,A:B=50:50(体积比);流速 1 mL/min;③进样量:10 μL,保留时间 8 min;④紫外检测器波长:23 nm。

5.2.3　实验所需溶液的配制

1. 双酚 A 溶液的配制

称量 50 mg 的 BPA 固体颗粒，用称量纸捻细，置于 50 mL 的烧杯中，加入一定量的去离子水搅拌直至完全溶解。用玻璃棒引流，将 BPA 溶液倒入 1 L 的容量瓶中，然后用去离子水润洗烧杯 4~6 次，最后加去离子水定容至刻度线，摇匀、超声后，制得 50 mg/L 的 BPA 溶液备用。量取 50 mL 倒入 500 mL 的容量瓶中，稀释至 10 mg/L 备用。

2. 巯基乙酸溶液的配制

量取 100 μL 的东京化成工业株式会社巯基乙酸溶液加入到 250 mL 的棕色容量瓶中，加去离子水稀释定容至刻度线，摇匀超声 1~2 min 后，制得约为 6 mmol/L 的巯基乙酸溶液，置于冰箱中冷藏备用。

3. 其余溶液的配制

0.02 mol/L 的 $K_3[Fe(CN)_6]$ 的配制：称量 6.6 g 的 $K_3[Fe(CN)_6]$ 置于 100 mL 的烧杯中，加去离子水溶解，倒入 1 L 的容量瓶中，用去离子水润洗并定容至刻度线，摇匀超声后在暗室中储存备用。

0.01 mol/L 的 $Co(NO_3)_2$ 的配制：称量 1.4553 g 的 $Co(NO_3)_2$ 置于 50 mL 的烧杯中，加去离子水溶解，倒入 500 mL 的容量瓶中，剩余步骤同上。

0.01 mol/L 的 $Cu(NO_3)_2$ 的配制：称量 0.9378 g 的 $Cu(NO_3)_2$ 置于 50 mL 的烧杯中，剩余步骤同上。

1 mol/L 的 KOH 的配制：称量 28.055 g 的 KOH 固体溶解 250 mL 的烧杯中，剩余步骤同上。

5.2.4　性能测试

1. BPA 降解性能测试

量取 40 mL 浓度为 10 mg/L 的 BPA 溶液置于 50 mL 的烧杯中，称取 4 mg 的催化剂加入其中，超声分散 1 min 后，搅拌 15 min 使催化剂与 BPA 达到吸附动态平衡，加入 8 mg 的 PMS 后开始计时，每隔 5 min 抽取 1 mL 的样品并加入 0.5 mL 的乙醇猝灭，用针管和滤头将溶液吸取后过滤到样品管中准备测试，30 min 后停止取样，取样到测试时间控制在 3 h 以内，实验重复 3 次以上后取平均值即为最终数据。

催化剂循环实验测试：按照上述配方，在相同的环境下同时进行 5 组实验，
1 组进行测试，其余组通过离心收集催化剂，在下次循环实验中根据收集催化剂
的量进行 3 或 4 组实验，其中 1 组进行测试，以此类推，保证收集到催化剂的质
量满足 4 mg 的要求。离心后收集的固体可用于 XPS、FTIR、XRD 等表征。

2. SO_4^- / ·OH 自由基的检测

抽取 0.5 mL BPA 降解过程中的溶液，加入 20 μL DMPO 溶液(DMPO 试剂与
溶剂 H_2O 的体积比为 1∶10)，摇匀，用毛细管吸取部分液体，并用橡皮泥封住口
放入石英管中即可进行自由基检测分析。

3. 电化学性能测试

称取 2 mg 的催化剂溶解于 700 μL 的水与 270 μL 的乙醇的混合溶液中，加入
30 μL 的质量分数为 5%的 Nafion 溶液，超声分散成均一的料浆，抽取 10 μL 滴在
直径为 5 mm 的玻碳电极上，置于鼓风干燥箱中 35℃烘干。将制备好的电极作为
工作电极，Ag/AgCl 作为参比电极，Pt 片作为对电极形成三电极体系，1.0 mol/L
KOH 溶液作为电解液，测试时需通入氧气使溶液饱和，所有测试均在普林斯顿电
化学工作站进行。样品在测 LSV 曲线前需进行 40 圈扫描速度为 50 mV/s 的循环
伏安扫描活化处理；LSV 的工作电压窗口为 0～0.8 V，扫描速度为 5 mV/s；交流
阻抗谱的频率为 0.01～10^5 Hz，所得极化曲线需进行 IR 补偿，测试的电位需根据
公式 $E_{RHE} = E_{Ag/AgCl} + 0.977$ V 校准并转化为可逆氢电极(RHE)。

5.3 类普鲁士蓝类芬顿催化材料的制备、表征与高级氧化性能

5.3.1 核壳结构类普鲁士蓝及衍生氧化物的制备

称取 0.6 g 的 PVP 溶解于 20 mL 的乙醇与 20 mL 的去离子水的混合溶液中，
直至完全溶解，称取一定量的 $Fe_2(SO_4)_3$ 与 $MnSO_4$ 加入上述溶液中(详细用量及样
品代码见表 5-3)，室温下磁力搅拌 15 min 后(转速：600 r/min)超声 10 min 形成均
一的溶液，超声温度控制在(30±5)℃。量取 20 mL 浓度为 0.02 mol/L 的 $K_3[Fe(CN)_6]$
加入上述溶液中，室温下搅拌 1 h 后，离心并用乙醇洗涤 3 次，用去离子水洗涤
1 次后冷冻干燥 24 h 获得 Mn/Fe-X PBA[X 为三价铁在原料中的摩尔分数，
X=[Fe^{3+}]/([Fe^{3+}] + [Mn^{2+}])]。

表 5-3　原料用量及合成产物的代码

X_{Fe}	原材料用量		产物代码			
	$Fe_2(SO_4)_3$ (mg)	$MnSO_4$ (mg)	核壳结构 PBA@PBA	煅烧后 PBA@PBA	PBA 纳米笼	煅烧后 PBA 纳米笼
0.05	5.3	81.0	Mn/Fe-0.05	—	—	—
0.20	22.0	54.0	Mn/Fe-0.2	MnFeO-0.2	Mn/Fe-0.2E	MnFeO-0.2E
0.43	32.0	36.0	Mn/Fe-0.43	MnFeO-0.43	Mn/Fe-0.43E	MnFeO-0.43E
0.54	37.2	27.0	Mn/Fe-0.54	MnFeO-0.54	Mn/Fe-0.54E	MnFeO-0.54E

将上述合成的 Mn/Fe-X PBAs 以 2℃/min 的升温速率在空气中从室温升至 400℃，保温 1 h，随炉冷却后获得 MnFeO-X 氧化物。

5.3.2　中空结构类普鲁士蓝及衍生氧化物的制备

将上述合成的 Mn/Fe-X 称取 0.033 g 溶解于 25 mL 的去离子水中，超声 20 min 获得均一溶液。随后，量取 5 mL 浓度为 6 mmol/L 的巯基乙酸溶液加入上述溶液中，室温下磁力搅拌 6 h，离心并用乙醇洗涤 3 次，用去离子水洗涤 1 次后冷冻干燥 24 h 获得 Mn/Fe-X-E PBA。

将上述合成的 Mn/Fe-X-E PBA 以 2℃/min 的升温速率在空气中从室温升至 400℃，保温 1 h，随炉冷却后获得 MnFeO-X-E 氧化物。

5.3.3　类普鲁士蓝类芬顿催化材料的形貌调控与形成机制

1. 类普鲁士蓝类芬顿催化材料的形貌调控

继续加大反应中 Fe^{3+} 的比例可轻易地获得核壳结构的样品，如图 5-7(b)所示，当 X_{Fe}=0.2 时，核逐渐由立方体转变为截顶立方体，而棱角处附着的大量纳米颗粒逐渐增多，形成壳包裹在核的表面，从而获得色子状的核壳结构的样品，从图 5-7(f)可以清晰地看出核壳两相的衬度差异。当 X_{Fe} 增加到 0.43 时，如图 5-7(c)所示，所得产物由色子状演变为球状，其表面由许多纳米小颗粒组成，而图 5-7(g)的 TEM 图表明球体内部存在衬度更深的核，从而证实核壳结构球体的形成。X_{Fe} 继续增加至 0.54 时，如图 5-7(d)所示，产物中出现了大量的八面体形颗粒，但构成壳的纳米小颗粒与之前合成的样品相比，其尺寸有所增大且核的体积逐渐减小，如图 5-7(h)所示。此外，随着反应中 Fe^{3+} 比例的升高，PBA@PBA 的颗粒尺寸从约 700 nm 逐渐减小至约 300 nm，这是因为掺杂离子将 Mn^{2+} 的浓度稀释导致核晶体的生长受到了抑制，结论与 TEM 图观察到的一致。

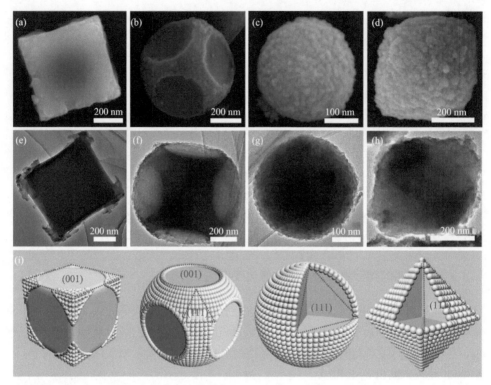

图 5-7　反应中不同 Fe^{3+} 比例所合成样品的(a～d)SEM 与(e～h)TEM 图：(a,e)0.05，(b,f)0.2，(c,g)0.43 和(d,h) 0.54；(i)核壳 Mn/Fe PBA 形貌衍化示意图

　　此外，当 X_{Fe} 增加至 66%以上时，反应所得产物是尺寸约为 20 nm 的纳米簇 [图 5-8(a、b)]，如图 5-8(b)插图所示，选区电子衍射(SAED)图谱出现衍射圆环，表明纳米簇为非晶态，这也从侧面说明壳的生长是依靠核的形成。综上所述，采用离子调控的方式可实现核壳结构 PBA@PBA 的一锅合成，同时，通过调控反应过程中 Fe^{3+} 的比例可实现核壳结构 PBA@PBA 的形貌衍化。

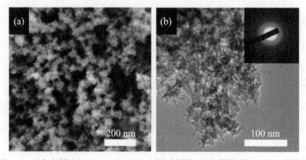

图 5-8　纳米簇的 SEM 和 TEM 图(插图：纳米簇的 SAED 图谱)

如图 5-9 所示，对 Mn/Fe-X(0.05≤X≤0.54)进行元素分布检测，结果表明，无论是立方体，还是色子状、球状、立方体形的样品，Fe，Mn，C，N 和 O 元素都均匀地分布其中，未出现核壳元素分布差异。

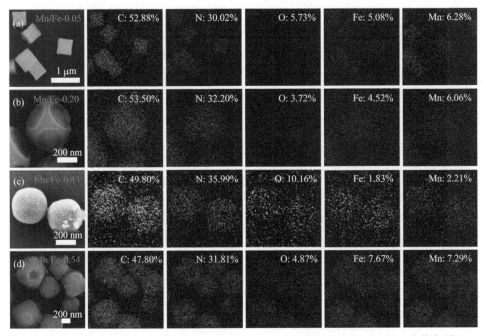

图 5-9　(a)Mn/Fe-0.05，(b)Mn/Fe-0.2，(c)Mn/Fe-0.43 和(d)Mn/Fe-0.54 的元素分布图

图 5-10(a)为所得产物的 XRD 图谱，结果表明其峰位与 Mn$_4$[Fe(CN)$_6$]$_{2.667}$ 图谱基本一致，但随着 Fe^{3+} 的比例增大，其峰强度略有下降，峰位置产生了轻微的偏移，未出现其他杂峰。但从 SEM 图能清晰看出两相的形貌差异，TEM 图中的明暗衬度也能印证这一点，预示核壳两物相结构相近，无法区分。因此，为了进一步确定核壳两物相的差异，利用 FTIR 进行表征，结果表明，如图 5-10(b)所示，在 NC—的伸缩振动区(约 2000～2200 cm^{-1})，原始样品 Mn$_4$[Fe(CN)$_6$]$_{2.667}$ 在 2149 cm^{-1} 与 2070 cm^{-1} 位置出现两种特征峰，分别归属于 Mn(Ⅱ)-NC-Fe(Ⅲ)与 Mn(Ⅲ)-NC-Fe(Ⅱ)，这表明原始样品是两种物相的混合相。随着 Fe^{3+} 的占比增大，Mn(Ⅲ)-NC-Fe(Ⅱ)峰强度相对于 Mn(Ⅱ)-NC-Fe(Ⅲ)逐渐升高，与此同时，通过拟合两种特征峰的峰面积计算出两种物相的相对含量，如图 5-10(c、d)所示，Mn(Ⅲ)-NC-Fe(Ⅱ)的含量随着 Fe^{3+} 的用量增多而呈现线性递增趋势，而 Mn(Ⅱ)-NC-Fe(Ⅲ)反之，这意味着 Fe^{3+} 可以促使 Mn(Ⅱ)-NC-Fe(Ⅲ)(化学式：Mn$_3$[Fe(CN)$_6$]$_2$)相转变为 Mn(Ⅲ)-NC-Fe(Ⅱ)(化学式：Mn$_2$[Fe(CN)$_4$]$_3$)相。

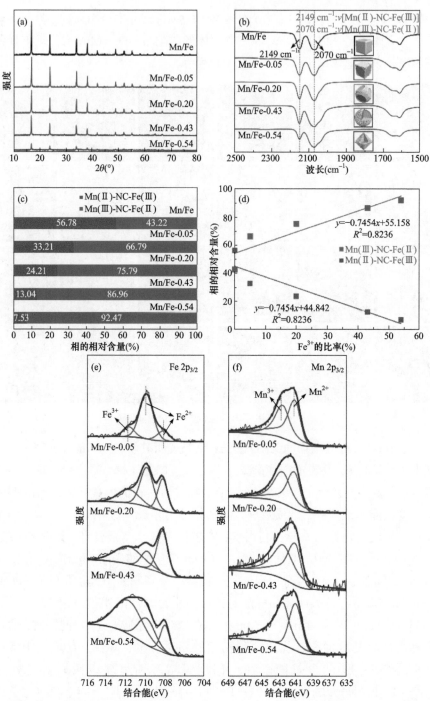

图 5-10　Mn/Fe-X PBAs 的(a)XRD 和(b)FTIR 的图谱；(c、d)Mn/Fe-X PBAs 中 Mn(Ⅱ)-NC-Fe(Ⅲ)和 Mn(Ⅲ)-NC-Fe(Ⅱ)的组分；Mn/Fe-X PBAs 的(e)Fe 2p$_{3/2}$ 和(f)Mn 2p$_{3/2}$ XPS 谱图

为了进一步验证两相的存在，利用 XPS 手段得到每种样品中 Fe，Mn 元素的价态谱图，如图 5-10(e)所示，将非对称 Fe 2p$_{3/2}$ 峰进行分峰拟合，结果显示在 711.9 eV，709.8 eV 与 708.2 eV 出现了三个峰，由参考文献可知，711.9 eV，709.8 eV 对应不同构型的 Fe^{3+}，708.2 eV 对应 Fe^{2+}，与此同时，将非对称 Mn 2p$_{3/2}$ 进行同样的处理，如图 5-10(f)所示，在 642.5 eV 与 641.1 eV 出现两个峰，分别对应 Mn^{3+} 与 Mn^{2+}，XPS 表征的分析表明 Fe^{2+}，Fe^{3+}，Mn^{2+} 和 Mn^{3+} 均存在于所有产物中。

2. 类普鲁士蓝类芬顿催化材料的形成机制

许多文献报道揭示：PBA 在受到外界刺激(如温度、压力、离子、可见光、X 射线)时会诱导相态转变[99]，在这些众多的因素中，Fe^{3+} 的掺入会驱动 Mn(Ⅱ)-NC-Fe(Ⅲ)(立方相)相转变为 Mn(Ⅲ)-NC-Fe(Ⅱ)(四方相)相，在体系中，相转变是由于配体到金属的电荷转移能带被掺杂离子所激发从而诱导电荷由 NC—向 Fe^{3+} 转移，随后电荷又从 Mn^{2+} 转移到 NC—，从而实现相态转变。立方相的 PBA 到四方相 PBA 的转变造成反应物的形貌由立方体向八面体演化[97]。此外，尽管相转变会导致晶格畸变，但两相的晶体参数相近，为壳外延生长提供了理论依据。相转变的表达式如式(5-1)所示。

$$Mn_3^{II}[Fe^{III}(CN)_6]_2 \longrightarrow Mn_2^{III}[Fe^{II}(CN)_4]_3 \qquad (5-1)$$

5.3.4　类普鲁士蓝类芬顿催化材料的表征

水中污染物的深度处理及净化一直是环境领域的研究热点。类芬顿反应被广泛应用于水中有机污染物的去除。而双金属氧化物被认为是一种有效改善能源环境催化活性的材料，因此将所合成的纳米笼样品进行煅烧获得双金属氧化物用于催化 PMS 降解 BPA。

如图 5-11(a)所示，经过煅烧后的样品在维持前驱体的基本框架的基础上，其表面的纳米小颗粒变得更致密，元素分布图显示，样品中只有 Fe(17.31%)、Mn(15.93%)、O(66.76%)三种元素，且(Fe+Mn)/O 元素的比例约为 1∶2。图 5-11(b)、(c)分别是中空球(MnFeO-0.43)与中空八面体(MnFeO-0.54)的 SEM 与元素分布图，其中包括 Fe、Mn 和 O 三种元素，(Fe+Mn)/O 元素的比例分别为 1∶2.7 与 1∶1.6，与色子状纳米笼的分析结果相似。XRD 图谱显示煅烧后的物相接近非晶态，但最强峰的位置与 Fe$_3$O$_4$ (JCPDS No.75-0449)较为吻合，Fe$_3$O$_4$ 中的 Fe/O 比为 1∶1.33，与 MnFeO-0.54 中(Fe+Mn)/O 的数值较为接近(图 5-12)。此外，在煅烧后样品的 FTIR 谱图上发现，在 550 cm^{-1} 处出现明显的 Fe—O 键的峰，结合以上表征，可以证实 Mn-Fe 双金属氧化物的形成，但具体物相还有待进一步考证。

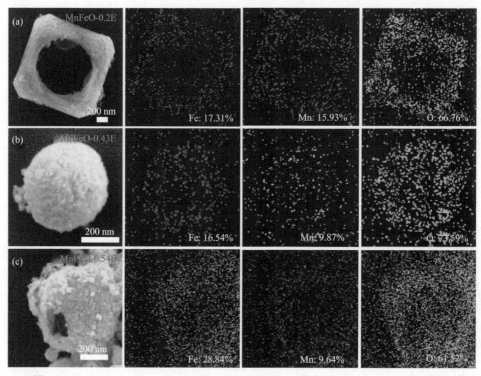

图 5-11　(a)MnFeO-0.2E，(b)MnFeO-0.43E 和(c)MnFeO-0.54E 的 SEM 和元素分布图

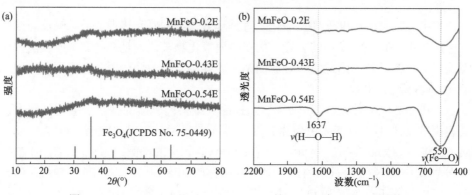

图 5-12　MnFeO-X-E(X=0.2，0.43，0.54)的(a)XRD 与(b)FTIR 图谱

　　作为对照组，将前驱体进行同样的煅烧处理。通过与上述相似的表征手段发现，如图 5-13 所示，煅烧后的所有样品均保持前驱体的实心结构，元素分布图显示，MnFeO-0.2，MnFeO-0.43 和 MnFeO-0.54 样品中(Fe+Mn)/O 的比例分别为 1：1.75、1：2、1：2，数值接近。XRD 图谱[图 5-14(a)]显示所得产物接近非晶态，其最强峰的位置与 Fe_3O_4(JCPDS No.75-0449)较为吻合，另外，在 599 cm^{-1} 处出现

了明显的 Fe—O 键的峰[图 5-14(b)]，结合以上表征，也可以证实实心结构 Mn-Fe 双金属氧化物的形成。

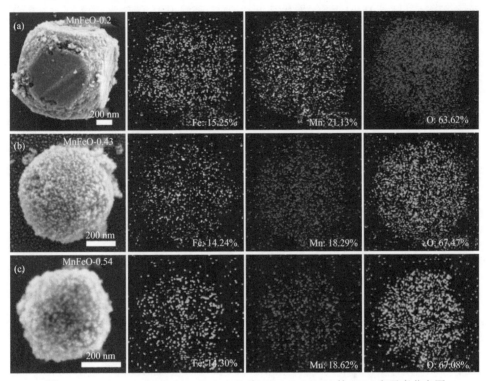

图 5-13 (a)MnFeO-0.2，(b)MnFeO-0.43 和(c)MnFeO-0.54 的 SEM 和元素分布图

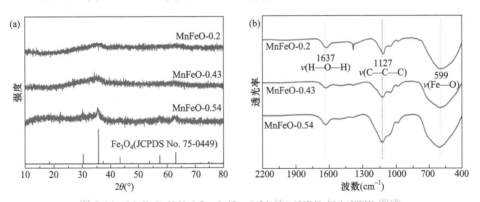

图 5-14 MnFeO-X(X=0.2，0.43，0.54)的(a)XRD 与(b)FTIR 图谱

5.3.5 类普鲁士蓝类芬顿催化材料的高级氧化性能

本节将 MnFeO-X-E 与 MnFeO-X 作为研究对象，通过平行的降解实验比较它们催化 PMS 降解 BPA 的性能差异。如图 5-15(a)所示，PMS，MnFeO-X 或 MnFeO-

X-E 单独降解 BPA 的效率几乎可忽略不计。但将催化剂(0.1 g/L)与 PMS(0.2 g/L)置于一起时，BPA 的去除效率明显提升，这说明 MnFeO 双金属氧化物可催化 PMS 降解 BPA，如图 5-15(b)所示，催化剂催化 PMS 降解 BPA 的效率顺序为：MnFeO-0.54(八面体)＜MnFeO-0.43(球形)＜MnFeO-0.2(色子状)＜MnFeO-0.54E(中空八面体)＜MnFeO-0.43E(中空球)＜MnFeO-0.2E(中空色子)。

其中，MnFeO-0.2E 催化剂在 20 min 内降解 BPA 的效率接近 99%，是所有催化剂中性能最好的。利用伪一级模型拟合可算出降解反应速率常数 k，如图 5-15(c)、图 5-16 所示，k 值的计算可根据式(5-2)得出：

$$\ln(C_t/C_0) = -kt \tag{5-2}$$

式中：C_0 是降解前 BPA 的浓度(mg/L)；C_t 是降解 t(min)后 BPA 的浓度(mg/L)；t 是反应时间(min)；k 是反应速率常数(min^{-1})。

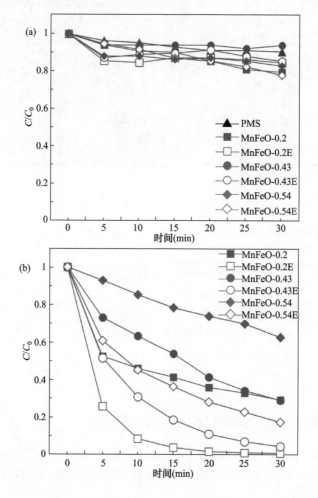

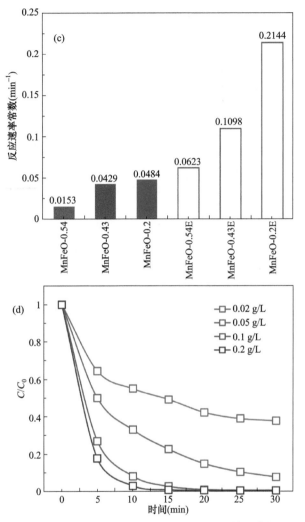

图 5-15　(a)PMS 或 MnFeO 降解 BPA 的效率；(b)PMS/MnFeO 体系降解 BPA 的效率；(c)降解 BPA 的反应速率常数；(d)催化剂的浓度对降解效率的影响；反应条件：BPA，10 mg/L；PMS，0.2 g/L；催化剂，0.1 g/L(a-c)

其中，MnFeO-0.2E 的 k 值为 $0.2144\,\mathrm{min^{-1}}$($R^2$ 为 0.9827)，高于大多数文献报道的 Mn-Fe 氧化物(表 5-4)。为了研究催化剂浓度对反应速率的影响，将浓度范围从 0.02 g/L 扩大到 0.2 g/L，结果表明催化剂的浓度与反应速率成正相关，如图 5-15(d) 所示，但当浓度升高至 0.2 g/L，反应速率提升效果不显著，因此，考虑经济成本和反应动力学因素，将催化剂的浓度设置为 0.1 g/L。

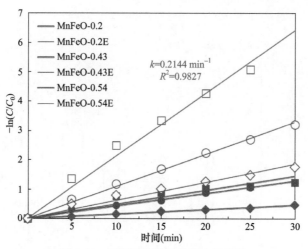

图 5-16　不同反应体系的动力学曲线

反应条件：BPA，10 mg/L；PMS，0.2 g/L；催化剂，0.1 g/L

表 5-4　MnFeO-0.2E 与目前已报道的 Mn-Fe 氧化物催化剂的催化性能对照

催化剂用量 (g/L)	污染物 (mg/L)	PMS 用量 (g/L)	转化率 (%)	k (min^{-1})	文献
$MnO_2/ZnFe_2O_4$ (0.2)	苯酚(20)	2.0	100%	0.032	[101]
β-MnO_2 (0.4)	苯酚(25)	2.0	100%	0.0723	[102]
α-Mn_2O_3@α-MnO_2-500 (0.15)	苯酚(25)	约 0.3	100%	0.05	[103]
Corolla-like δ-MnO_2 (0.2)	苯酚(20)	2.0	100%	0.19	[104]
δ-FeOOH (0.3)	AO7(50)	0.3	91.4%	0.099	[105]
Fe_3O_4@C/Co (0.2)	吖啶橙(20)	1.0	99%	无	[106]
Mn_2O_3@Mn_5O_8 (0.3)	4-氯苯酚(80)	约 0.5	100%	0.06836	[107]
Fe_3O_4/MnO_2 (0.2)	4-氯苯酚(50)	0.5	>95%	约 0.116	[108]
Fe_3O_4 (0.8)	醋氨酚(10)	0.06	98%	0.0118	[109]
Fe_3O_4@MnO_2 BBHs (0.3)	亚甲基蓝(30)	6.0	100%	0.0253	[110]
DPA-hematite (0.5)	BPA(15)	2.0	100%	0.262	[111]
$Fe_{1.8}Mn_{1.2}O_4$ (0.1)	BPA(10)	0.2	100%	0.1019	[112]
MnFeO-0.2E (0.1)	BPA(10)	0.2	100%	0.2144	本研究

5.4　本章小结

本章利用 Fe^{3+} 调控的合成策略，一锅合成形貌可调(立方块、色子状、球状、八面体)的核壳结构的 PBA@PBA。通过一系列表征手段证明核壳结构的生成，为了研究核壳两相的分布，首先利用巯基乙酸蚀刻色子状样品获得纳米笼，通过对其表征确定两相的分布，并结合上述表征和文献检索，确认其合成机理并将蚀刻方法应用到其他样品获得相应的中空结构。将所获得材料通过煅烧获得双金属氧化物并将其应用于催化 PMS 降解 BPA，讨论其催化剂的表征、性能和反应机理。具体结论如下。

(1) SEM、TEM 表明 Fe^{3+} 的掺入有助于核壳结构 PBA@PBA 的构筑，通过增大反应过程中 Fe^{3+} 的量可获得形貌由立方体向色子状、球状、八面体衍化的样品，且颗粒尺寸由约 700 nm 降低至约 300 nm，这是因为掺杂离子将 Mn^{2+} 的浓度稀释抑制了核晶体的生长。当 Fe^{3+} 的比例增加至 66% 以上时，反应所得产物为尺寸约 20 nm 的纳米簇。

(2) XRD、FTIR、XPS、EDS 结果表明：核壳两物相分别为：$Mn_3[Fe(CN)_6]_2$、$Mn_2[Fe(CN)_4]_3$ 且 Fe^{3+} 可以促使 $Mn(II)$-NC-$Fe(III)$(化学式：$Mn_3[Fe(CN)_6]_2$)相转变为 $Mn(III)$-NC-$Fe(II)$(化学式：$Mn_2[Fe(CN)_4]_3$)相。

(3) 通过将色子状前驱体用巯基乙酸蚀刻获得纳米笼的方法，结合 SEM、XRD、FTIR、EDS 等表征手段确定壳的主要成分是 $Mn_2[Fe(CN)_6]_3$，主要集中在外部，而核的成分主要是 $Mn_3[Fe(CN)_6]_2$，主要集中在内部。

(4) 通过对其机理探讨发现，Fe^{3+} 的掺入驱动 $Mn(II)$-NC-$Fe(III)$ 相转变为 $Mn(III)$-NC-$Fe(II)$ 的原因是配体到金属的电荷转移能带被掺杂离子激发从而诱导电荷由 NC—向 Fe^{3+} 转移，随后电荷又从 Mn^{2+} 转移到 NC—，从而实现相态转变。立方相的 PBA 到四方相 PBA 的转变造成反应物的形貌由立方体向八面体演化。

(5) 所合成核壳结构 PBA@PBA 的模板优势主要体现在：它可作为自牺牲模板通过蚀刻的手段构筑中空 MOFs 纳米笼，将此方法应用到其他形貌的样品中，均能得到中空结构的纳米笼，这种结构有助于催化反应的进行。此外，可利用 NH_4F 在壳的表面诱导生长出一层纳米片，实现了壳的选择性改性，这种复合结构在超级电容器上具有潜在的应用。

(6) 将所合成的纳米笼样品进行煅烧获得双金属化合物用于催化 PMS 降解 BPA。通过催化剂的表征和催化 PMS 降解 BPA 的性能测试可知：MnFeO-0.2E 纳米笼在 20 min 内降解 BPA 的效率接近 99%，反应速率常数 k 为 0.2144 min^{-1}，是所有样品中性能最出众的，高于大多数文献报道的 Mn-Fe 氧化物，说明所合成的催化剂具有良好的催化活性。

参 考 文 献

[1] Ludi A. Thumbnail sketches: Prussian blue, an inorganic evergreen[J]. Journal of Chemical Education, 1981, 58(12): 1013.

[2] Catala L, Mallah T. Nanoparticles of Prussian blue analogs and related coordination polymers: from information storage to biomedical applications[J]. Coordination Chemistry Reviews, 2017, 346: 32-61.

[3] Ma F, Li Q, Wang T, et al. Energy storage materials derived from Prussian blue analogues[J]. Science Bulletin, 2017, 62(5): 358-368.

[4] Kong B, Selomulya C, Zheng G, et al. New faces of porous Prussian blue: interfacial assembly of integrated hetero-structures for sensing applications[J]. Chemical Society Reviews, 2015, 44(22): 7997-8018.

[5] Aguilà D, Prado Y, Koumousi E S, et al. Switchable Fe/Co Prussian blue networks and molecular analogues[J]. Chemical Society Reviews, 2016, 45(1): 203-224.

[6] Itaya K, Uchida I, Neff V D. Electrochemistry of polynuclear transition metal cyanides: Prussian blue and its analogues[J]. Accounts of Chemical Research, 1986, 19(6): 162-168.

[7] Sato O, Iyoda T, Fujishima A, et al. Photoinduced magnetization of a cobalt-iron cyanide[J]. Science, 1996, 272(5262): 704-705.

[8] Bleuzen A, Escax V, Ferrier A, et al. Thermally induced electron transfer in a CsCoFe Prussian blue derivative: the specific role of the alkali-metal ion[J]. Angewandte Chemie International Edition, 2004, 43(28): 3728-3731.

[9] Coronado E, Giménez-López M C, Levchenko G, et al. Pressure-tuning of magnetism and linkage isomerism in iron(II) hexacyanochromate[J]. Journal of the American Chemical Society, 2005, 127(13): 4580-4581.

[10] Ohkoshi S I, Arai K I, Sato Y, et al. Humidity-induced magnetization and magnetic pole inversion in a cyano-bridged metal assembly[J]. Nature Materials, 2004, 3(12): 857-861.

[11] Higel P, Villain F, Verdaguer M, et al. Solid-state magnetic switching triggered by proton-coupled electron-transfer assisted by long-distance proton-alkali cation transport[J]. Journal of the American Chemical Society, 2014, 136(17): 6231-6234.

[12] Pintado S, Goberna-Ferrón S, Escudero-Adán E C, et al. Fast and persistent electrocatalytic water oxidation by Co-Fe Prussian blue coordination polymers[J]. Journal of the American Chemical Society, 2013, 135(36): 13270-13273.

[13] Zhang W, Hu S, Yin J J, et al. Prussian blue nanoparticles as multienzyme mimetics and reactive oxygen species scavengers[J]. Journal of the American Chemical Society, 2016, 138(18): 5860-5865.

[14] Cai X, Gao W, Ma M, et al. A Prussian blue-based core-shell hollow- structured mesoporous nanoparticle as a smart theranostic agent with ultrahigh pH-responsive longitudinal relaxivity[J]. Advanced Materials, 2015, 27(41): 6382-6389.

[15] 刘伟. 透明质酸修饰的普鲁士蓝纳米粒子的制备及光热性能研究[D]. 哈尔滨: 哈尔滨工业大学, 2014.

[16] Wang R Y, Wessells C D, Huggins R A, et al. Highly reversible open framework nanoscale electrodes for divalent ion batteries[J]. Nano Letters, 2013, 13(11): 5748-5752.

[17] Lee H W, Wang R Y, Pasta M, et al. Manganese hexacyanomanganate open framework as a high-capacity positive electrode material for sodium-ion batteries[J]. Nature Communications, 2014,

5(1): 5280.

[18] Lee S W, Yang Y, Lee H W, et al. An electrochemical system for efficiently harvesting low-grade heat energy[J]. Nature Communications, 2014, 5(1): 3942.

[19] Song J, Wang L, Lu Y, et al. Removal of interstitial H2O in hexacyano- metallates for a superior cathode of a sodium-ion battery[J]. Journal of the American Chemical Society, 2015, 137(7): 2658-2664.

[20] Eryiğit M, Temur E, Özer T Ö, et al. Electrochemical fabrication of Prussian blue nanocube-decorated electroreduced graphene oxide for amperometric sensing of NADH[J]. Electroanalysis, 2019, 31: 1-9.

[21] Morant-Giner M, Sanchis-Gual R, Romero J, et al. Prussian blue@MoS2 layer composites as highly efficient cathodes for sodium- and potassium-ion batteries[J]. Advanced Functional Materials, 2018, 28(27): 1706125.

[22] Zhou D, Zeng K, Yang M. Gold nanoparticle-loaded hollow Prussian blue nanoparticles with peroxidase-like activity for colorimetric determination of L-lactic acid[J]. Mikrochim Acta, 2019, 186(2): 121.

[23] Shaddad M N, Arunachalam P, Labis J, et al. Fabrication of robust nanostructured (Zr)BiVO4/ nickel hexacyanoferrate core/shell photoanodes for solar water splitting[J]. Applied Catalysis B: Environmental, 2019, 244: 863-870.

[24] Okubo M, Li C H, Talham D R. High rate sodium ion insertion into core-shell nanoparticles of Prussian blue analogues[J]. Chemical Communications, 2014, 50(11): 1353-1355.

[25] Zhang W, Song H, Cheng Y, et al. Core-shell Prussian blue analogs with compositional heterogeneity and open cages for oxygen evolution reaction[J]. Advanced Science, 2019, 6(7): 1801901.

[26] Huang Y, Xie M, Wang Z, et al. A chemical precipitation method preparing hollow-core-shell heterostructures based on the Prussian blue analogs as cathode for sodium-ion batteries[J]. Small, 2018, 14(28): 1801246.

[27] Cai X, Gao W, Ma M, et al. A Prussian blue-based core-shell hollow-structured mesoporous nanoparticle as a smart theranostic agent with ultrahigh ph-responsive longitudinal relaxivity[J]. Advanced Materials, 2015, 27(41): 6382-6389.

[28] Lou X W, Archer L A, Yang Z. Hollow micro-/nanostructures: synthesis and applications[J]. Advanced Materials, 2008, 20(21): 3987-4019.

[29] Wang X, Feng J, Bai Y, et al. Synthesis, properties, and applications of hollow micro-nanostructures[J]. Chemical Reviews, 2016, 116(18): 10983-11060.

[30] Liu Y, Goebl J, Yin Y. Templated synthesis of nanostructured materials[J]. Chemical Society Reviews, 2013, 42(7): 2610-2653.

[31] Liang G, Xu J, Wang X. Synthesis and characterization of organometallic coordination polymer nanoshells of Prussian blue using miniemulsion periphery polymerization (MEPP)[J]. Journal of the American Chemical Society, 2009, 131(15): 5378-5379.

[32] McHale R, Ghasdian N, Liu Y, et al. Prussian blue coordination polymer nanobox synthesis using miniemulsion periphery polymerization (MEPP)[J]. Chemical Communications, 2010, 46(25):

4574-4576.

[33] Wang Z, Luan D, Li C M, et al. Engineering nonspherical hollow structures with complex interiors by template-engaged redox etching[J]. Journal of the American Chemical Society, 2010, 132(45): 16271-16277.

[34] Nai J, Tian Y, Guan X, et al. Pearson's principle inspired generalized strategy for the fabrication of metal hydroxide and oxide nanocages[J]. Journal of the American Chemical Society, 2013, 135(43): 16082-16091.

[35] Chen Y M, Yu X Y, Li Z, et al. Hierarchical MoS_2 tubular structures internally wired by carbon nanotubes as a highly stable anode material for lithium-ion batteries[J]. Science Advances, 2016, 2(7): 1600021.

[36] Guan B Y, Yu L, Li J, et al. A universal cooperative assembly-directed method for coating of mesoporous TiO_2 nanoshells with enhanced lithium storage properties[J]. Science Advances, 2016, 2(3): 1501554.

[37] Wang W, Dahl M, Yin Y. Hollow nanocrystals through the nanoscale Kirkendall effect[J]. Chemistry of Materials, 2013, 25(8): 1179-1189.

[38] Li J, Zhang F, Hu Z, et al. Drug "Pent-Up" in hollow magnetic Prussian blue nanoparticles for NIR-induced chemo-photothermal tumor therapy with trimodal imaging[J]. Advanced Healthcare Materials, 2017, 6(14): 1700005.

[39] Hu M, Belik A A, Imura M, et al. Synthesis of superparamagnetic nanoporous iron oxide particles with hollow interiors by using Prussian blue coordination polymers[J]. Chemistry of Materials, 2012, 24(14): 2698-2707.

[40] Hu M, Furukawa S, Ohtani R, et al. Synthesis of Prussian blue nanoparticles with a hollow interior by controlled chemical etching[J]. Angewandte Chemie International Edition, 2012, 51(4): 984-988.

[41] Torad N L, Hu M, Imura M, et al. Large Cs adsorption capability of nanostructured Prussian blue particles with high accessible surface areas[J]. Journal of Materials Chemistry, 2012, 22(35): 18261-18267.

[42] Jia X, Cai X, Chen Y, et al. Perfluoropentane-encapsulated hollow mesoporous Prussian blue nanocubes for activated ultrasound imaging and photothermal therapy of cancer[J]. ACS Applied Materials & Interfaces, 2015, 7(8): 4579-4588.

[43] Chen W, Zeng K, Liu H, et al. Cell membrane camouflaged hollow Prussian blue nanoparticles for synergistic photothermal-/chemotherapy of cancer[J]. Advanced Functional Materials, 2017, 27(11): 1605795.

[44] Wang J G, Zhang Z, Zhang X, et al. Cation exchange formation of Prussian blue analogue submicroboxes for high-performance Na-ion hybrid super- capacitors[J]. Nano Energy, 2017, 39: 647-653.

[45] Hu L, Yan N, Chen Q, et al. Fabrication based on the Kirkendall effect of Co_3O_4 porous nanocages with extraordinarily high capacity for lithium storage[J]. Chemistry-a European Journal, 2012, 18(29): 8971-8977.

[46] Zhang L, Wu H B, Lou X W. Metal-organic-frameworks-derived general formation of hollow

structures with high complexity[J]. Journal of the American Chemical Society, 2013, 135(29): 10664-10672.

[47] Yu X Y, Feng Y, Jeon Y, et al. Formation of Ni-Co-MoS$_2$ nanoboxes with enhanced electrocatalytic activity for hydrogen evolution[J]. Advanced Materials, 2016, 28(40): 9006-9011.

[48] Zou H H, Yuan C Z, Zou H Y, et al. Bimetallic phosphide hollow nanocubes derived from a Prussian-blue-analog used as high-performance catalysts for the oxygen evolution reaction[J]. Catalysis Science and Technology, 2017, 7(7): 1549-1555.

[49] Yu L, Wu H B, Lou X W. Self-templated formation of hollow structures for electrochemical energy applications[J]. Accounts of Chemical Research, 2017, 50(2): 293-301.

[50] Zhang L, Wu H B, Madhavi S, et al. Formation of Fe$_2$O$_3$ microboxes with hierarchical shell structures from metal-organic frameworks and their lithium storage properties[J]. Journal of the American Chemical Society, 2012, 134(42): 17388-17391.

[51] Yan N, Hu L, Li Y, et al. Co$_3$O$_4$ nanocages for high-performance anode material in lithium-ion batteries[J]. Journal of Physical Chemistry C, 2012, 116(12): 7227-7235.

[52] Yu H, Fan H, Yadian B, et al. General approach for MOF-derived porous spinel AFe$_2$O$_4$ hollow structures and their superior lithium storage properties[J]. ACS Applied Materials & Interfaces, 2015, 7(48): 26751-26757.

[53] Wu S, Shen X, Zhu G, et al. Synthesis of ternary Ag/ZnO/ZnFe$_2$O$_4$ porous and hollow nanostructures with enhanced photocatalytic activity[J]. Applied Catalysis B: Environmental, 2016, 184: 328-336.

[54] Wang S, Lan H, Liu H, et al. Fabrication of FeOOH hollow microboxes for purification of heavy metal-contaminated water[J]. Physical Chemistry Chemical Physics, 2016, 18(14): 9437-9445.

[55] Xia X, Wang Y, Ruditskiy A, et al. 25th anniversary article: Galvanic replacement: a simple and versatile route to hollow nanostructures with tunable and well-controlled properties[J]. Advanced Materials, 2013, 25(44): 6313-6332.

[56] Fang Z, Wang Y, Liu C, et al. Rational design of metal nanoframes for catalysis and plasmonics[J]. Small, 2015, 11(22): 2593-2605.

[57] Kuo C H, Huang M H. Fabrication of truncated rhombic dodecahedral Cu$_2$O nanocages and nanoframes by particle aggregation and acidic etching[J]. Journal of the American Chemical Society, 2008, 130(38): 12815-12820.

[58] Han L, Yu X Y, Lou X W. Formation of Prussian-blue-analog nanocages via a direct etching method and their conversion into Ni-Co-mixed oxide for enhanced oxygen evolution[J]. Advanced Materials, 2016, 28(23): 4601-4605.

[59] Feng Y, Yu X Y, Paik U. Formation of Co$_3$O$_4$ microframes from MOFs with enhanced electrochemical performance for lithium storage and water oxidation[J]. Chemical Communications, 2016, 52(37): 6269-6272.

[60] Yu X Y, Yu L, Wu H B, et al. Formation of nickel sulfide nanoframes from metal-organic frameworks with enhanced pseudocapacitive and electrocatalytic properties[J]. Angewandte Chemie International Edition, 2015, 127(18): 5241-5425.

[61] Nai J, Guan B Y, Yu L, et al. Oriented assembly of anisotropic nanoparticles into frame-like

superstructures[J]. Science Advances, 2017, 3(8): 1700732.

[62] Yu L, Hu H, Wu H B, et al. Complex hollow nanostructures: synthesis and energy-related applications[J]. Advanced Materials, 2017, 29(15): 1604563.

[63] Zhou L, Zhuang Z, Zhao H, et al. Intricate hollow structures: controlled synthesis and applications in energy storage and conversion[J]. Advanced Materials, 2017, 29(20): 1602914.

[64] Hu M, Belik A A, Imura M, et al. Tailored design of multiple nano- architectures in metal-cyanide hybrid coordination polymers[J]. Journal of the American Chemical Society, 2013, 135(1): 384-391.

[65] Zakaria M B. Nanostructuring of nanoporous iron carbide spheres via thermal degradation of triple-shelled Prussian blue hollow spheres for oxygen reduction reaction[J]. RSC Advances, 2016, 6(13): 10341-10351.

[66] Zhang W, Zhao Y, Malgras V, et al. Synthesis of monocrystalline nanoframes of Prussian blue analogues by controlled preferential etching[J]. Angewandte Chemie International Edition, 2016, 128(29): 8368-8374.

[67] Su Y, Ao D, Liu H, et al. MOF-derived yolk-shell CdS microcubes with enhanced visible-light photocatalytic activity and stability for hydrogen evolution[J]. Journal of Materials Chemistry A, 2017, 5(18): 8680-8689.

[68] Macfarlane R J, Lee B, Jones M R, et al. Nanoparticle superlattice engineering with DNA[J]. Science, 2011, 334(6053): 204-208.

[69] Xu H, Xu Y, Pang X, et al. A general route to nanocrystal kebabs periodically assembled on stretched flexible polymer shish[J]. Science Advances, 2015, 1(2): 1500025.

[70] Feng W, Kim J Y, Wang X, et al. Assembly of mesoscale helices with near-unity enantiomeric excess and light-matter interactions for chiral semiconductors[J]. Science Advances, 2017, 3(3): 1601159.

[71] Gong Z, Hueckel T, Yi G R, et al. Patchy particles made by colloidal fusion[J]. Nature, 2017, 550(7675): 234-238.

[72] Lin L, Zhang J, Peng X, et al. Opto-thermophoretic assembly of colloidal matter[J]. Science Advances, 2017, 3(9): 1700458.

[73] Wang Q, Wang Z, Li Z, et al. Controlled growth and shape-directed self-assembly of gold nanoarrows[J]. Science Advances, 2017, 3(10): 1701183.

[74] Wu L, Willis J J, McKay I S, et al. High-temperature crystallization of nanocrystals into three-dimensional superlattices[J]. Nature, 2017, 548(7666): 197-201.

[75] Zion M Y B, He X, Maass C C, et al. Self-assembled three-dimensional chiral colloidal architecture[J]. Science, 2017, 358(6363): 633-636.

[76] Carné-Sánchez A, Imaz I, Cano-Sarabia M, et al. A spray-drying strategy for synthesis of nanoscale metal-organic frameworks and their assembly into hollow superstructures[J]. Nature Chemistry, 2013, 5(3): 203-211.

[77] Wang Z, Zhou L, Lou X W. Metal oxide hollow nanostructures for lithium-ion batteries[J]. Advanced Materials, 2012, 24(14): 1903-1911.

[78] Kim S W, Seo D H, Ma X, et al. Electrode materials for rechargeable sodium-ion batteries:

potential alternatives to current lithium-ion batteries[J]. Advanced Energy Materials, 2012, 2(7): 710-721.

[79] Yu X Y, Yu L, Lou X W. Metal sulfide hollow nanostructures for electrochemical energy storage[J]. Advanced Energy Materials, 2016, 6(3): 1501333.

[80] Hu P, Zhuang J, Chou L Y, et al. Surfactant-directed atomic to mesoscale alignment: metal nanocrystals encased individually in single-crystalline porous nanostructures[J]. Journal of the American Chemical Society, 2014, 136(30): 10561-10564.

[81] 唐阳. 普鲁士蓝复合材料的制备及其储钠性能研究[D]. 武汉: 华中科技大学, 2016.

[82] Ren W, Qin M, Zhu Z, et al. Activation of sodium storage sites in Prussian blue analogues via surface etching[J]. Nano Letters, 2017, 17(8): 4713-4718.

[83] Yu X Y, Yu L, Wu H B, et al. Formation of nickel sulfide nanoframes from metal-organic frameworks with enhanced pseudocapacitive and electrocatalytic properties[J]. Angewandte Chemie International Edition, 2015, 54(18): 5331-5335.

[84] Liang Y, Li Y, Wang H, et al. Strongly coupled inorganic/nanocarbon hybrid materials for advanced electrocatalysis[J]. Journal of the American Chemical Society, 2013, 135(6): 2013-2036.

[85] 苏建伟. 基于类普鲁士蓝前驱体制备电催化剂及其在碱性电解水中的应用[D]. 合肥: 中国科学技术大学, 2017.

[86] Zhu X, Liu M, Liu Y, et al. Carbon-coated hollow mesoporous FeP microcubes: an efficient and stable electrocatalyst for hydrogen evolution[J]. Journal of Materials Chemistry A, 2016, 4(23): 8974-8977.

[87] Yu X Y, Feng Y, Jeon Y, et al. Formation of Ni-Co-MoS$_2$ nanoboxes with enhanced electrocatalytic activity for hydrogen evolution[J]. Advanced Materials, 2016, 28(40): 9006-9011.

[88] Feng Y, Yu X Y, Paik U. Nickel cobalt phosphides quasi-hollow nanocubes as an efficient electrocatalyst for hydrogen evolution in alkaline solution[J]. Chemical Communications, 2016, 52(8): 1633-1636.

[89] Nai J, Yin H, You T, et al. Efficient electrocatalytic water oxidation by using amorphous Ni-Co double hydroxides nanocages[J]. Advanced Energy Materials, 2015, 5(10): 1401880.

[90] Kang B K, Woo M H, Lee J, et al. Mesoporous Ni-Fe oxide multi-composite hollow nanocages for efficient electrocatalytic water oxidation reactions[J]. Journal of Materials Chemistry A, 2017, 5(9): 4320-4324.

[91] Nai J, Lu Y, Yu L, et al. Formation of Ni-Fe mixed diselenide nanocages as a superior oxygen evolution electrocatalyst[J]. Advanced Materials, 2017, 29(41): 1703870.

[92] Guan B Y, Yu L, Lou X W. A dual-metal-organic-framework derived electrocatalyst for oxygen reduction[J]. Energy and Environmental Science, 2016, 9(10): 3092-3096.

[93] Li X, Liu J, Rykov A I, et al. Excellent photo-Fenton catalysts of Fe-Co Prussian blue analogues and their reaction mechanism study[J]. Applied Catalysis B: Environmental, 2015, 179: 196-205.

[94] Ding Y, Tang H, Zhang S, et al. Efficient degradation of carbamazepine by easily recyclable microscaled CuFeO$_2$ mediated heterogeneous activation of peroxymonosulfate[J]. Journal of Hazardous Materials, 2016, 317: 686-694.

[95] Li X, Wang Z, Zhang B, et al. Fe$_x$Co$_{3-x}$O$_4$ nanocages derived from nanoscale metal-organic

frameworks for removal of bisphenol A by activation of peroxymonosulfate[J]. Applied Catalysis B: Environmental, 2016, 181: 788-799.

[96] Zheng F, Zhu D, Shi X, et al. Metal-organic framework-derived porous $Mn_{1.8}Fe_{1.2}O_4$ nanocubes with an interconnected channel structure as high- performance anodes for lithium ion batteries[J]. Journal of Materials Chemistry A, 2015, 3(6): 2815-2824.

[97] Hirai K, Furukawa S, Kondo M, et al. Sequential functionalization of porous coordination polymer crystals[J]. Angewandte Chemie International Edition, 2011, 50(35): 8057-8061.

[98] Yang X, Yuan S, Zou L, et al. One-step synthesis of hybrid core-shell metal-organic frameworks[J]. Angewandte Chemie International Edition, 2018, 57(15): 3927-3932.

[99] Lummen T T A, Gengler R Y N, Rudolf P, et al. Bulk and surface switching in Mn-Fe-based Prussian blue analogues[J]. Journal of Physical Chemistry C, 2008, 112(36): 14158-14167.

[100] Luzon J, Castro M, Vertelman E J M, et al. Prediction of the equilibrium structures and photomagnetic properties of the Prussian blue analogue $RbMn[Fe(CN)_6]$ by density functional theory[J]. Journal of Physical Chemistry A, 2008, 112(125): 5742-5748.

[101] Wang Y, Sun H, Ang H M, et al. Facile synthesis of hierarchically structured magnetic $MnO_2/ZnFe_2O_4$ hybrid materials and their performance in heterogeneous activation of peroxymonosulfate[J]. ACS Applied Materials & Interfaces, 2014, 6(22): 19914-19923.

[102] Saputra E, Muhammad S, Sun H, et al. Different crystallographic one- dimensional MnO_2 nanomaterials and their superior performance in catalytic phenol degradation[J]. Environmental Science & Technology, 2013, 47(11): 5882-5887.

[103] Khan A, Wang H, Liu Y, et al. Highly efficient α-Mn_2O_3@α-MnO_2-500 nanocomposite for peroxymonosulfate activation: comprehensive investigation of manganese oxides[J]. Journal of Materials Chemistry A, 2018, 6(4): 1590-1600.

[104] Wang Y, Sun H, H. Ang M, et al. 3D-hierarchically structured MnO_2 for catalytic oxidation of phenol solutions by activation of peroxymonosulfate: structure dependence and mechanism[J]. Applied Catalysis B: Environmental, 2015, 164: 159-167.

[105] Fan J, Zhao Z, Ding Z, et al. Synthesis of different crystallographic FeOOH catalysts for peroxymonosulfate activation towards organic matter degradation[J]. RSC Advance, 2018, 8(13): 7269-7279.

[106] Xu Z, Lu J, Liu Q, et al. Decolorization of acid Orange II dye by peroxymonosulfate activated with magnetic Fe_3O_4@C/Co nanocomposites[J]. RSC Advance, 2015, 5(94): 76862-76874.

[107] Khan A, Zou S, Wang T, et al. Facile synthesis of yolk shell Mn_2O_3@Mn_5O_8 as an effective catalyst for peroxymonosulfate activation[J]. Physical Chemistry Chemical Physics, 2018, 20(20): 13909-13919.

[108] Liu J, Zhao Z, Shao P, et al. Activation of peroxymonosulfate with magnetic Fe_3O_4-MnO_2 core-shell nanocomposites for 4-chlorophenol degradation[J]. Chemical Engineering Journal, 2015, 262: 854-861.

[109] Tan C, Gao N, Deng Y, et al. Radical induced degradation of acetaminophen with Fe_3O_4 magnetic nanoparticles as heterogeneous activator of peroxymonosulfate[J]. Journal of Hazardous Materials, 2014, 276: 452-460.

[110] Zhang S, Fan Q, Gao H, et al. Formation of Fe_3O_4@MnO_2 ball-in-ball hollow spheres as a high performance catalyst with enhanced catalytic performances[J]. Journal of Materials Chemistry A, 2016, 4(4): 1414-1422.

[111] Oh W D, Lua S K, Dong Z, et al. High surface area DPA-hematite for efficient detoxification of bisphenol A via peroxymonosulfate activation[J]. Journal of Materials Chemistry A, 2014, 2(38): 15836-15845.

[112] Huang G X, Wang C Y, Yang C W, et al. Degradation of bisphenol A by peroxymonosulfate catalytically activated with $Mn_{1.8}Fe_{1.2}O_4$ nanospheres: synergism between Mn and Fe[J]. Environmental Science & Technology, 2017, 51(21): 12611-12618.

第6章 MOFs 芬顿催化材料的合成与高级氧化性能

6.1 MOFs 及其衍生物合成方法和应用

MOFs 是一类由大量金属离子与有机配体通过周期性排布构成的骨架材料,具有丰富的空间拓扑结构[1]。并且这种空间拓扑结构在特定的热解条件下,能够被部分保留在 MOFs 的衍生物中。因此,MOFs 常被用作前驱物,制备相应的衍生物材料。

6.1.1 中空多壳层结构 MOFs

中空多壳层结构(HoMS)是一类具有多壳层及多空腔的中空多级结构。多个壳层、多个空腔之间保持着严格的次序关系,这使得 HoMS 材料在能源储存、催化、药物缓释、吸波等应用领域中展现出独特且优异的性能[2]。许多研究团队围绕 HoMS 材料的设计与应用研究已经连续开展了十几年,特别是在 2009 年[3],首次使用并于 2011 年首次提出了次序模板法(STA)制备 HoMS 材料的概念[4],开启了 HoMS 功能材料研究的新纪元。

最近 Wang 等[5]前期围绕 HoMS 材料壳层数、壳层组分、壳层间距的调控与改性已经开展了大量基础研究工作,积累了丰富的研究经验与数据基础,这为合成具有特殊暴露晶面的 HoMS 材料奠定了基础。该研究团队发现具有十二面体结构的 ZIF-67 是合适的模板与前驱物材料,它富含钴离子,并且钴离子的空间排布方式,使其在形成金属氧化物过程中,模板结构不会急剧坍塌而遭破坏,最终经过多次模板作用,可望形成十二面体结构的 Co_3O_4HoMS 材料,形成的不同壳层的 Co_3O_4 结构如图 6-1 所示。

6.1.2 中空结构 MOFs

MOFs 材料由于具有多种拓扑结构和高比表面积等优势,适合于分子的固定和传递,近年来被广泛应用在气体吸附、药物传递和催化领域。作为生物活性分子的固定化载体,也引起了广泛的关注。最近 Shao 等[6]首先采用简易溶剂热法在石墨烯泡沫(GF)基体上生长 Ni 基 MOF 空心微球,然后将 Ni-MOF/GF 煅烧后得到

图 6-1　ZIF-67 的(a)SEM 和(b)TEM 结果；(c)双壳层和(d)三壳层 Co₃O₄ 的 TEM 结果；四壳层
Co₃O₄的(e)TEM 和(f)SEM 结果[5]

NiO/GF 复合材料。得到的 NiO/GF 可用作锂离子电池的独立式阳极，显示出优异的比容量和循环稳定性。对纯 NiO 和 GF 来说，优化的复合材料在 100 mA/g 下 50 次循环后表现出 640 mAh/g 的容量。即使在 1 A/g 的高电流密度下，容量仍然达到约 330 mAh/g。

6.1.3　核壳结构 MOFs 衍生物

近年来，MOFs 作为催化剂在合成化学领域发展迅速。近日，Qi 等[7]制备新的双官能核壳 UiO-66@SNW-1 作为有效的非均相催化剂并应用于一锅脱缩醛-Knoevenagel 缩合反应。其合成过程如图 6-2 所示。

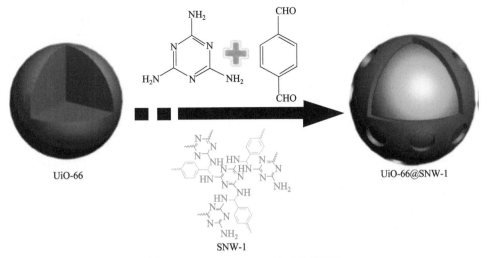

图 6-2　UiO-66@SNW-1 合成示意图[7]

近期，He 等[8]使用 Mn 掺杂的 Fe 基金属有机骨架(Mn 掺杂的 MIL-53)前体，通过在 Ar 气氛中简单的一步退火，制备分级的 MnO 掺杂的 $Fe_3O_4@C$ 复合纳米球。MnO 掺杂的 $Fe_3O_4@C$ 复合粒子具有均匀的纳米球结构，直径约为 100 nm，每个纳米球由聚集的初级纳米粒子和无定形碳壳组成，形成独特的分层纳米结构。所制备的分级 MnO 掺杂的 $Fe_3O_4@C$ 复合纳米球的锂储存性能显著增强，在 200 mA/g 下 200 次循环后具有 1297.5 mAh/g 的大容量。通过分析不同循环的恒电流放电/充电电压曲线和电化学阻抗谱，阐明了循环性能。分层 MnO 掺杂的 $Fe_3O_4@C$ 复合纳米球的独特微观结构和 Mn 元素掺杂导致其锂储存性能增强。Zhang 等[9]通过协调 Co-沸石咪唑酯骨架(ZIF-67)晶体的生长与四乙氧基硅烷的水解/缩合，合成出核壳结构的 $Co_3O_4/C@SiO_2$ 纳米反应器(YSCCSs)。为了展示 YSCCSs 作为催化剂的优点，选择基于硫酸根的高级氧化工艺用于双酚 A 降解作为模型反应。结果显示其对双酚 A 有着较好的降解效果。最近 Sakineh 等[10]通过三步法成功制备了基于负载在纳米多孔碳复合物(NPCC)上的 Cu-Pd 双金属纳米颗粒的新型催化剂，并用作对氢析出反应(HER)的电催化剂。具体做法为用 MOF-199 作为模板，通过在 N_2 气氛下直接碳化制备 Cu/NPCC，然后通过 Pd^{2+} 和金属进行电化学置换形成 Cu-Pd/NPCC。电化学测量表明，由该方法制备的 MOFs 衍生的 Cu-Pd/NPCC 在 H_2SO_4 溶液中具有较好的 HER 催化活性。

6.1.4 不同孔道结构 MOFs 材料

MOFs 材料是一类基于有机分子通过配位键构筑的晶态多孔材料。孔径的大小和通道的尺寸是这些分子基多孔材料的关键指标，通道的尺寸决定了多大的客体分子可以进入孔内，而孔径的大小决定了孔道中可以容纳客体分子的数目。与微孔 MOFs 相比，介孔或大孔 MOFs 能够容纳更大的客体分子，因此，MOFs 的研究能够由传统的气体相关应用拓展到更大分子量的客体。

近期，Jeong 等[11]通过使用腐蚀的方式制备多级孔的 MOFs 材料，并且这种腐蚀方式不会破坏原有的 MOFs 材料。引入的孔包括均匀的大孔和介孔。相对稳定的 MOFs 材料也可以通过这种方式得到多级孔道结构。实验证明，脱羧 MOFs 膜对尺寸接近的蛋白质的流动辅助分离具有 pH 响应，其制备多级孔示意图如图 6-3 所示。

Shen 等[12]合作，在 MOFs 单晶中构建了高度取向和有序的大孔，以单晶形式打开了三维有序宏观微孔材料(即含有宏观和微孔的材料)的区域。这种方法依赖于聚苯乙烯纳米球整体模板的强烈成形效果和双溶剂诱导的异相成核方法。该过程协同地使得 MOFs 在有序空隙内原位生长，使得单晶具有取向和有序的大孔-微孔结构。与传统的相比，这种分级框架的改进的质量扩散特性以及它们强大的单晶性质赋予它们大体积分子反应的优异催化活性和可回收性。最终得到具有高度有序的超过 200 nm 的大孔-微孔结构三维 ZIF-8 单晶(SOM-ZIF-8)，制备过程如图 6-4 所示。

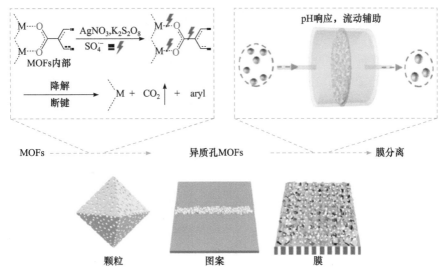

图 6-3　银催化脱羧刻蚀制备多级孔 MOFs 颗粒、图案和膜及其分离应用[11]

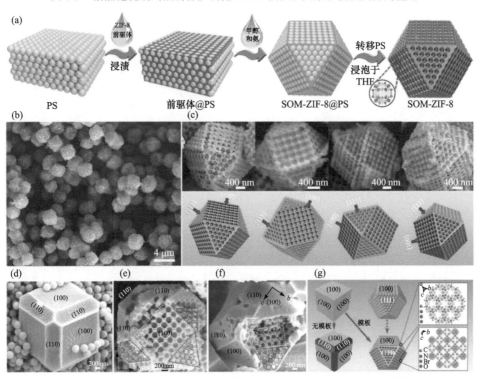

图 6-4　原位制备有序大孔-微孔 SOM-ZIF-8 示意图及电镜照片[12]

6.1.5　其他 MOFs 衍生物

Chen 等[13]设计了一种多功能的碳杂化物,金属有机骨架衍生氮掺杂多孔碳锚定在石墨烯片上作为固硫主体构建了一种新型的硫正极载体(NPC/G)。一方面，高比表面积和碳纳米颗粒的氮掺杂能够通过物理结合和化学吸附实现多硫化物的有效固定；另一方面，高导电性石墨烯提供互连的导电框架，以促进快速电子传输，提高硫利用率。NPC/G 基硫阴极具有 1372 mAh/g 的高比容量，在 300 次循环中具有良好的循环稳定性。该方法为用于高性能 Li-S 电池的 MOFs 衍生碳材料的设计提供了有前途的方法。NPC/G 的制备过程如图 6-5 所示。

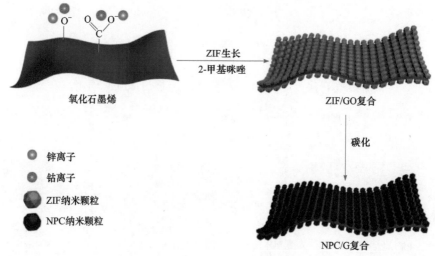

图 6-5　NPC/G 混合物制备过程示意图[13]

近日，Dou 等[14]报道了通过配体掺杂促进 MOFs 材料活性，从而促进 CO_2 还原的策略。将 1,10-菲咯啉的强电子给体分子掺入到沸石咪唑酯骨架-8(ZIF-8)的 Zn 基 MOFs 中作为 CO_2 还原电催化剂。实验和理论证据表明，菲咯啉的给电子性能使电荷转移，从而在 sp^2 处诱导相邻的活性位点。咪唑配体中的 C 原子具有更多的电子，并促进·COOH 的产生。通过该实验方案，该掺杂型 ZIF-8 在一定的电位下展现出优异的 CO 法拉第效率(90.57%)。该研究工作也为增强 MOFs 电催化活性方法提供了一条新的方式方法。其掺杂过程如图 6-6 所示。

Lu 等[15]报道了与碳杂化的 Ni 掺杂的 FeP 纳米晶体所形成的均匀中空纳米棒，并且用其作为电催化 HER 的电催化剂。基于金属有机骨架和植酸之间的蚀刻和配位反应，进行热解，制备这些中空纳米棒。得益于丰富的活性位点，电荷传输能力得到有效改善，调节 Ni 掺杂 FeP/C 的量得到的中空纳米棒表现出优异的 HER 活性(图 6-7)，在 10 mA/cm^2 的电流密度下，在酸性、中性和碱性介质中分别具有 72 mV，117 mV 和 95 mV 的过电位，以及优异的稳定性。

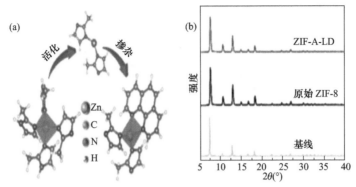

图6-6　配位掺杂ZIF-8过程(a)和掺杂后的XRD图谱(b)[14]

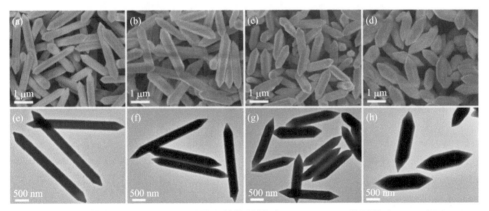

图6-7　镍离子掺杂量对MIL-88A形貌和结构的影响：(a～d)SEM的图像和(e～h)相应TEM
的图像[15]

MOFs具有有序的孔结构和丰富多样的有机配体。自2008年报道[16]以来，MOFs作为模板或前驱体制备多孔碳材料受到了广泛的关注。基于此，Wang等[17]通过含氮金属-有机骨架的碳化物制备分级多孔碳，然后在氢氧化钾水溶液中进行超声波活化。碳化后的碳作为固定超细钯(Pd)纳米颗粒[(1.1±0.2)nm]的载体。因此，在具有微孔和介孔的N掺杂多孔碳上制备的Pd纳米颗粒表现出优异的甲酸脱氢活性，在60℃时显示出高的活性(TOF, 14400 h⁻¹)，其制备过程如图6-8所示。

Zhang等[1]成功地将二维(2D)与稳定的MOFs集成在一起。通过将NH$_2$-UiO-66共价锚定在TpPa-1-COF表面，合成了一种具有高比表面积、多孔骨架和高结晶度的新型MOF/COF杂化材料。得到的分级多孔杂化材料在可见光照射下显示出高效的光催化产H$_2$性能。特别是NH$_2$-UiO-66/TpPa-1-COF(4：6)光催化H$_2$析出速率最大为23.41 mmol/(g·h)(TOF为402.36 h⁻¹)，相比于纯TpPa-1-COF提高了约20倍。其在各种基于MOF和COF的光催化剂中，展现出最佳的光催化产H$_2$活性。NH$_2$-UiO-66/TpPa-1-COF的合成图如图6-9所示。

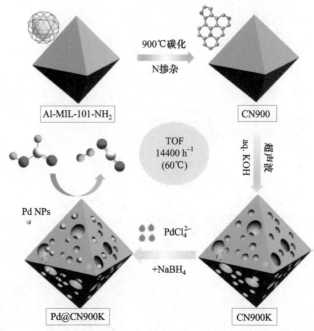

图 6-8　Pd@CN900K 的合成机理图[16]

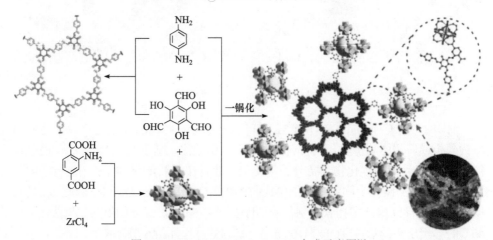

图 6-9　NH₂-UiO-66/TpPa-1-COF 合成示意图[1]

　　近期, Li 等[18]展示了一种有效的策略, 通过对 MOFs 材料精确梯度 N 和 P 的掺杂得到 C@N-C@N, P-C 分级异质结构。重要的是, 梯度 N 和 P 掺杂可以改变 MOFs 所衍生的碳材料的电子结构, 如 DFT 计算所证明的, 并导致电荷重新分布进而诱导出分级能级并且在 C@N-C@N, P-C 级别杂原子界面形成了内置电场, 从而促进界面电荷转移和加速反应动力学。此外, C@N-C@N 的比表面积大、孔隙率高, P-C 分级异质结构可有效吸收电解质并增强阴离子转运动力学。正如所料，设计的梯度 N，P 掺杂 C@N-C@N，具有内置界面电场的 P-C 异质结构，可以促进电子和 AlCl$_4^-$ 阴离子自发转移在 N，P-C，N-C 和 C 梯度组分之间，在 5 A/g 的高电流密度下经过 2500 次循环之后表现出 98 mAh/g 的优异的容量，其合成过程如图 6-10 所示。

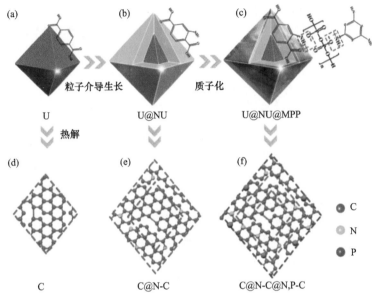

图 6-10　C，C@N-C，C@N-C@N,P-C 异质八面体合成过程[18]

6.1.6　MOFs 材料衍生物的应用

1. 环境方面

对于 MOFs 衍生物在环境方面的应用及在有机物的去除方面的应用，近期 Ramezanalizadeh 等[19]通过简便的合成路线成功制备了一种新的基于 MOFs 的复合材料 MOF/CuWO$_4$，将不同质量比的复合材料对亚甲基蓝(MB)和 4-硝基苯酚进行降解，与不同类型的复合体系相比，质量比为 1∶1 的 MOF/CuWO$_4$ 复合材料在 LED 光照射下对亚甲基蓝和 4-硝基苯酚污染物的降解具有优异的光催化活性。所有获得的结果表明，与纯 MOFs 和 CuWO$_4$ 结构相比，MOF/CuWO$_4$ 复合物对亚甲基蓝和 4-硝基苯酚具有高效的光降解效果。Feng 等[20]采用化学质子化涂层和光沉积法制备了一种新型三元复合光催化剂(UiO-66/g-C$_3$N$_4$/Ag)，结果表明适当添加 g-C$_3$N$_4$ 和 Ag 有效地增强了光致电荷的分离和迁移，并改善了可见光吸收，从而改善了催化性能。对污染物如罗丹明 B(RhB)染料和 2,4-二氯苯氧基乙酸的降解实验表明，UiO-66/g-C$_3$N$_4$/Ag 的光催化能力与母体材料相比，表现出优异的降解性能。

2. 电池方面

　　具有低成本效益的金属基纳米结构混合物已广泛用于能量存储和转换方面。Du 等[21]开发了一种简便的方法，通过伴随催化热解的立体选择性自组装合成精确的碳杂化纳米结构。聚丙烯腈纤维膜不仅有利于金属-聚合物配位，而且有利于确保定向组装形成碳杂化物的纳米结构。在化学气相沉积(CVD)期间，钴纳米颗粒催化的由有机分子(如三聚氰胺)形成的碳纳米管展现出分级碳杂化物。得到的碳杂化物对金属离子电池表现出优异的电化学性能，例如，经过 320 次循环(Li-储存)，具有 680 mAh/g 的高比容量，经过 500 次循环(Na-储存)后具有 220 mAh/g 的高比容量。其合成示意图如图 6-11 所示。

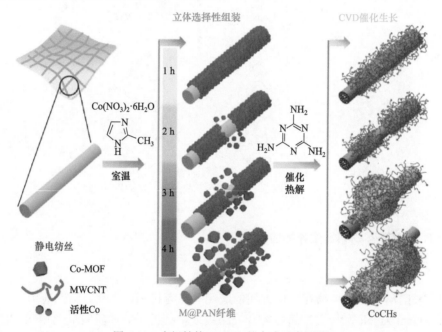

图 6-11　多级结构 CoCHs 的合成示意图[21]

　　Guo 等[22]报道了基于 S 锚定在碳化的 HKUST-1 基质(S@HKUST-1-C)上的 Al-S 电池的复合阴极。S@HKUST-1-C 复合物在 75 次循环后仍然具有 600 mA/g 的可逆容量，在 1A/g 的电流密度下循环 500 次仍然具有 460 mA/g 的可逆容量，库仑效率约为 95%。X 射线衍射和俄歇光谱结果表明，HKUST-1 中的 Cu 形成 S-Cu 离子簇有助于促进电化学反应并改善充电/放电期间 S 的可逆性。另外，Cu 增加碳基质/S 界面处的电子传导性，以显著降低电池操作期间硫物质转化。

3. 催化

　　Hou 等[23]合成了具有 1.66 nm 直径的 1D 通道的多孔无贵金属的金属有机骨

架用于催化反应，其表现出优异的酸/碱稳定性，并且在腐蚀性三乙胺中能稳定存在一个月。催化研究表明，在温和条件下不需要添加任何溶剂，它是 CO_2 环化制备炔丙醇的有效催化剂，并且转换数可以达到 14400。机理研究表明，Cu^I 和 In^{III} 之间的协同催化作用在 CO_2 转化中起关键作用。

Sun 等[24]通过水热法成功制备了结晶多孔 Ni-MOF 催化剂，并显示出对 NH_3-SCR 具有优异的催化性能。制备的 Ni-MOF 显示出比其他报道的 Cu-BTC 或 MIL-100(Fe)的 SCR 催化剂材料更好的热稳定性。当反应温度达到 440℃时，它可以保持令人满意的稳定晶体结构。此外，发现在 N_2 气氛下预热处理后，Ni-MOF 的催化活性显著提高。在 220℃下，Ni-MOF 催化剂实现了超过 92%的 NO 转化效率，具有 275~440℃的操作温度窗口。

4. 超级电容器

近期，Rahmanifar 等[25]报告了通过一锅共合成一种新型水稳性镍基金属有机骨架(Ni-MOF)-Co-MOF-rGO(还原氧化石墨烯)。(Ni-MOF)/Co-MOF-rGO 纳米复合材料在 1.0 A/g 下显示出 860 F/g 的高比电容。不对称活性炭 Ni/Co-MOF-rGO 装置在 850 W/kg 时提供 72.8 Wh/kg 的比能量，在 42.5 kW/kg 的高比功率下仍能保持 15.1 Wh/kg，以及长的循环寿命(在 1 A/g，充电放电循环 6000 次后，电容保持率为 91.6%)。

Yang 等[26]直接制备合成出非晶态金属有机骨架(aMOF)UiO-66(Zr-MOF)。并且所制备的非晶态 UIO-66 已被成功地用作超级电容器的电极材料，表现出高的比电容(10 mV/s，920 F/g)，其结果明显优于结晶 UIO-66。通过透射电子显微镜分析，反应后的材料仍然可以保持非晶态。实验证明非晶 UiO-66 经过 5000 次循环后，比电容仍然可以保持 610 F/g。

5. 其他方面

近日，Lu 等[27]第一次报道了金属有机骨架(MOFs) Zr-PDI，这种 MOFs 材料是以三维苝二酰亚胺(PDI)为组分的，这样的结构可以有效稳定自身所形成的阴离子自由基，而这种自由基可以很好地被 MOFs 材料的框架屏蔽掉。Zr-PDI 材料还具有优异的近红外升温效果，具有较高的光热转化效率(52.3%)，其合成过程如图 6-12 所示。

Chen 等[28]进行了深入的思考和研究，报道了首例可调色本征发光 MOFs 凝胶。他们选择了镧系金属离子(Ln^{3+}、Eu^{3+}、Tb^{3+} 及 Dy^{3+})和带有非均匀分布羧基的有机配体(如间苯二甲酸衍生物)，通过金属离子和有机配体的各向异性生长，先组装成带状结构，然后这些纳米带缠绕在一起凝胶化形成 MOFs 凝胶。制备过程与 MOFs 十分相似。更重要的是，通过这种方法所制备的单金属 MOFs 凝胶具备良

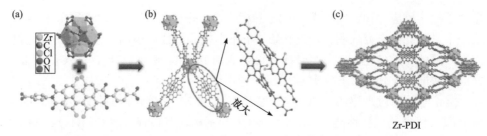

图 6-12　3D 多孔 Zr-PDI 的合成路线图[27]

好的荧光效果，具体为它具有本征三原色荧光的特性，并且通过改变镧系金属离子的种类和比例制备出混合金属 MOFs 凝胶。该混合金属 MOFs 凝胶具有全色发射的特点。其制备过程如图 6-13 所示。

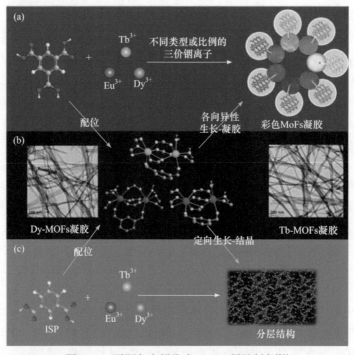

图 6-13　可调色本征发光 MOFs 凝胶制备[28]

6.1.7　本章主要内容及意义

由于工业的快速发展，不管是在我国还是在其他国家，都不同程度地出现了大气污染、水环境污染、垃圾处理问题等环境污染问题。并且我国将水污染问题列入了第二大环境污染问题，足以看出解决这个问题的迫切性。

因金属有机骨架材料具有多孔、比表面积较大、可修饰性较强等优势，其应用在生活和工业中的不同领域，包括气体存储与分离、催化、传感等领域。而 MOFs

衍生物在很大程度上也保留了原有的优势，如多孔结构和较大的比表面积。多孔结构和较大的比表面积都可以提供较多的反应活性位点，使其可以和反应物底物充分接触。

CuO$_x$(CuO 和 Cu$_2$O 混合结构)可以和 H$_2$O$_2$ 或过硫酸盐等形成良好的类芬顿降解催化体系[29-35]。因此对于类芬顿体系来说 CuO$_x$ 是理想的催化剂。而与其他方法制备出的金属氧化物相比，以 MOFs 为前驱体制备出的金属氧化物会保留 MOFs 材料多孔、高比表面积的优势，利用 MOFs 材料 Cu$_3$(BTC)$_2$ 的衍生物 CuO$_x$ 和 PMS 搭建类芬顿体系用于处理环境污染中的水污染问题。但是 MOFs 材料经过煅烧变为金属氧化物的过程中，经常会出现团聚现象，并且所形成的金属氧化物晶粒尺寸过大，而团聚和晶粒尺寸过大都会对其性能产生影响。所以以 MOFs 为前驱体制备出的晶粒尺寸较小，均匀分散的金属氧化物仍然是一个挑战[36-45]。

具有空心结构的 CuO$_x$ 是一种很常见的材料，并且在很多方面都表现出优异性能，因此有很多研究者将空心 CuO$_x$ 用于不同的反应体系，如催化[46]、传感[47]、电池[48]，由于 MOFs 具有独特的优势，所以通过 MOFs 为前驱体所制备的空心 CuO$_x$ 与其他方式合成的空心 CuO$_x$ 相比，具有更高的比表面积，在反应中可以提供更多的活性位点。以 MOFs 材料 Cu$_3$(BTC)$_2$ 为前驱体制备具有空心结构的 CuO$_x$，并将其应用于有机物降解。

本章用 NH$_3$·H$_2$O 对块状 Cu$_3$(BTC)$_2$ 材料进行腐蚀，制备成低维 Cu$_3$(BTC)$_2$ 金属有机骨架材料，同时利用 NH$_3$·H$_2$O 的还原性使得一部分 Cu$_3$(BTC)$_2$ 被还原成 Cu$_2$O，并且这些 Cu$_2$O 纳米小颗粒均匀地分布在这些低维纳米材料的表面，进而形成了 Cu$_2$O/Cu$_3$(BTC)$_2$ 复合结构材料。然后将其煅烧形成所需的 CuO$_x$。再用 CuO$_x$ 和 PMS 构建类芬顿体系用于降解苯酚溶液。

本章通过(NH$_4$)$_2$CO$_3$ 溶液对 Cu$_3$(BTC)$_2$ 进行腐蚀,得到了中空结构 Cu$_3$(BTC)$_2$。主要的研究内容如下。

(1) 对 NH$_3$·H$_2$O 溶液的 pH 在一个较小范围进行调整，然后用不同 pH 的 NH$_3$·H$_2$O 腐蚀 Cu$_3$(BTC)$_2$ 从而得到不同的低维的金属有机骨架材料 Cu$_3$(BTC)$_2$，当 NH$_3$·H$_2$O 溶液的 pH=10 时，得到的低维纳米材料为纳米线，当 pH=10.5 时得到的纳米材料为低维纳米片，当 pH=11 时得到的低维纳米材料为纳米棒。

(2) 利用 NH$_3$·H$_2$O 的还原性在形成低维纳米材料的同时将部分 Cu$_3$(BTC)$_2$ 还原成 Cu$_2$O，形成的 Cu$_2$O 纳米颗粒均匀分布在低维纳米材料上，形成了 Cu$_2$O/Cu$_3$(BTC)$_2$ 这种结构的材料。并且这些 Cu$_2$O 纳米颗粒的尺寸可以通过 NH$_3$·H$_2$O 溶液的 pH 进行调整，当 pH 从 10.5 变到 11 时，Cu$_2$O 的平均颗粒尺寸从 12.9 nm 减小到 5.2 nm。

(3) 对不同 NH$_3$·H$_2$O 的 pH 腐蚀后得到的 Cu$_2$O/Cu$_3$(BTC)$_2$ 进行煅烧，正是均匀分布在低维 Cu$_3$(BTC)$_2$ 上的 Cu$_2$O 纳米颗粒的固定作用，阻止了 Cu$_3$(BTC)$_2$ 在

煅烧过程中形成 CuO_x 晶粒尺寸过大，形成分散均匀的，晶粒尺寸较小的 CuO_x，并用其降解有机物。

(4) 通过 $(NH_4)_2CO_3$ 溶液对 $Cu_3(BTC)_2$ 进行腐蚀，得到具有空心结构的 MOFs 材料，然后对其进行煅烧，得到空心结构 CuO_x，将空心 CuO_x 应用于有机物降解。

6.2　实验部分

6.2.1　实验试剂及仪器设备

1. 主要试剂

本实验所用主要试剂见表 6-1。

表 6-1　主要实验试剂

名称	化学式	规格	生产厂家
九水硝酸铜	$Cu(NO_3)_2 \cdot 9H_2O$	AR	西陇科学股份有限公司
乙醇	C_2H_6O	AR	西陇科学股份有限公司
均苯三甲酸	$C_9H_6O_6$	AR	西陇科学股份有限公司
苯酚	C_6H_5OH	AR	国药集团化学试剂有限公司
双酚 A	$C_{15}H_{16}O_2$	AR	国药集团化学试剂有限公司
氢氧化钠	NaOH	AR	国药集团化学试剂有限公司
氨水	$NH_3 \cdot H_2O$	AR	国药集团化学试剂有限公司
DMPO	$C_6H_{11}NO$	AR	阿拉丁试剂(上海)有限公司
碳酸铵	$(NH_4)_2CO_3$	AR	阿拉丁试剂(上海)有限公司
过二硫酸钾	$K_2S_2O_8$	AR	国药集团化学试剂有限公司

2. 主要仪器

本实验所用主要仪器见表 6-2。

表 6-2　主要实验仪器

仪器	型号	生产厂家
电子天平	SQP	赛多利斯科学仪器(北京)有限公司
反应釜	100 mL	南京瑞尼克科技开发有限公司
干燥箱	DHG-9031 A	上海一恒科学仪器有限公司

续表

仪器	型号	生产厂家
电热鼓风干燥箱	DHG-9123 A	上海一恒科学仪器有限公司
真空冷冻干燥机	YB-FD-1	上海亿倍实业有限公司
多头磁力加热搅拌器	HJ-2	江苏省金坛市江南仪器厂
高速台式离心机	TGL-16 C	上海安亭科学仪器厂
坩埚	25 mL	合肥科晶材料技术有限公司
马弗炉	JZ-5-1200	上海精钊机械设备有限公司
超声机	ZEALWAY	致微(厦门)仪器有限公司
傅里叶红外光谱仪	Nicolet 5700	美国热电公司
同步热分析仪	STA449-F5	德国耐驰仪器制造有限公司
pH计	pH 510	美国热电公司
X射线粉末衍射分析仪	MiniFlex 600	日本理学株式会社
比表面积与孔径分析仪	3Flex	美国麦克仪器公司
场发射扫描电子显微镜	SUPRA 55	德国卡尔蔡司
透射电子显微镜	TECNAI G2 F20	美国FEI公司
X射线光电子能谱仪	ESCALAB 250	美国Thermo Fish公司
原子吸收分光光度计	ASC-6880	日本岛津公司
总有机碳测试仪	TOC-V CPH	日本岛津公司
电子自旋共振波谱仪	A 300	德国布鲁克公司
电感耦合等离子体发射光谱仪	OPTIMA 8000	美国PerkinElmer公司
高效液相色谱仪	Agilent 1200	德国安捷伦科技公司
N_2吸附-脱附仪	Micromeritics AsAP 2460	麦克默瑞提克(上海)仪器有限公司

6.2.2　材料主要表征方法

本章所采用的主要表征仪器包括以下几种：场发射扫描电子显微镜、X射线粉末衍射分析仪(XRD)、氮气吸附-脱附仪、X射线光电子能谱仪(XPS)、透射电子显微镜(TEM)、电子自旋共振波谱仪(ESR)、总有机碳测试仪(TOC)、同步热分析仪(TG-DSC)、高效液相色谱仪(HPLC)等。

1. 场发射扫描电子显微镜

本章用场发射扫描电子显微镜观察$Cu_3(BTC)_2$样品及其衍生物。具体方法为，将样品均匀分散到水溶液当中，然后将样品溶液滴到洁净的硅片上，在 60℃烘箱当中烘干，再喷金 30 s，然后放到场发射扫描电子显微镜里扫描。在获得样品形貌的同时对其进行元素信息采集。

2. 透射电子显微镜

本章对透射电子显微镜的使用主要有观测 $Cu_3(BTC)_2$ 衍生物表面的晶格条纹从而验证对衍生物表面存在小颗粒的猜想。

先将待测样品均匀分散到水中，然后将其用滴管滴在铜网上，再将其烘干进行晶格条纹的测量。

3. X 射线粉末衍射分析仪

本章利用 X 射线粉末衍射分析仪对得到的物质物相进行鉴别和通过得到的图谱进行晶粒尺寸的计算。在鉴别之前应该先制样，通常的制样方法为先将样品粉末分布在硅片上，然后用玻璃片压平，硅片倾斜但是粉末不掉落则证明制样成功。然后将制备好的样品放入到仪器中进行测试。扫描范围为 5°～80°，扫描速度为 5°/min。

4. 傅里叶红外光谱仪

本章使用傅里叶红外光谱是为了得到样品的内部的官能团信息，在测试以前进行制样，先将溴化钾放在烘箱中烘干，然后取少量放在研钵当中，把溴化钾和待测样品按照 100：1 的比例进行混合研磨，等到研磨均匀以后对其进行压片，压片的压强是 15 kPa 左右，压片的时间为 30 s，然后样品制备成功，再将制备成功的样品放入到仪器中进行测试。

5. X 射线光电子能谱

本章中所用 X 射线光电子能谱是用其对样品表面的价态进行分析，在样品测试以前需要制样，具体为先将样品粉末放在压片的模具当中，然后对其进行加压，压强为 15 kPa，保压时间为 30 s，然后将压好的样品放到仪器当中进行测试。

6. 比表面积与孔径分析仪

本章用比表面积与孔径分析仪是为了得到样品的比表面积和孔径分布，在测试以前对样品进行称量，测得质量为 M_1，再进行脱气处理，脱气处理的温度为 120℃，脱气时间为 12 h，在样品脱气完后再进行质量测量，记为 M_2，然后将这些数值输入到仪器中进行测试。

7. 高效液相色谱

高效液相色谱的基本原理：固定相和流动相对于流经的溶液的每一个组分的

吸附程度不尽相同，导致溶液中的各个组分流出色谱柱的时间不一样，在流出的时候可以用一定的手段对其进行检测，从而使每一个溶液中的每一个组分都被检测出来。

本章所使用的高效液相色谱仪为 Agilent 1200，在实验检测时液相色谱柱的温度为 40℃，流动相为去离子水和甲醇，并且水和甲醇的体积比为 30∶70。流速选择 1 mL/min。每次进样的量为 10 μL，停留时间为 6 min。检测波长为 270 nm。

8. 同步热分析仪

同步热分析仪是指利用一台仪器对一个样品同时进行热重分析(TG)和差示扫描量热分析(DSC)。研究样品在不同温度下的化学反应、晶体变化等一切引起热量和质量变化的过程，其优势是显而易见的：对于 TG 和 DSC 信号(DSC 温度范围：<1450℃，TG 温度范围：<2400℃)，测试条件完全一致(气氛、气压、气体流动相、升温速率、对坩埚和传感器的热接触、辐射效应等)，而且它减少了样品用量，一次测试即可获取更多信息。热重法就是让设备温度按照规定的程序升高，得到样品的质量随温度变化的结果。一般在惰性气体或空气中对样品进行加热。

本章的测试条件是 25～800℃，升温速率为 5℃/min，气氛为空气气氛。

9. 总有机碳测试仪

总有机碳(total organic carbon，TOC)分析是非常适用于清洁验证的分析方法。与传统的 HPLC 方法相比较，TOC 法的灵敏度更高，对于少数不溶于水的有机化合物也能检测到，而且验证过程简单方便，无须设置其他参数。对于 TOC 法来说，将有机物设为专属物质时，无论其来源是产品、清洁剂、化学品、溶剂，还是副产物及微生物污染，想要知道剩余物的浓度都是非常容易的。只要被检测物质的化学分子中具有碳元素，就可以通过这种办法鉴别出剩余物质浓度大小。

本章中所使用的 TOC 测试仪用来检测催化剂降解苯酚后的溶液中的碳量从而确定降解后溶液的洁净程度。每次测试前准备 10 mL 的样品等待测试。仪器是自动进样。

10. 电子自旋共振波谱仪

本章利用电子自旋共振(EPR)波谱仪测试催化剂在降解过程中的自由基,从而确定降解过程是一个芬顿催化降解过程。

11. 电感耦合等离子体发射光谱仪

电感耦合等离子体(ICP)发射光谱仪是将特定功率的高频射频信号加载在电感线圈，因此在这种情况下，具有一定温度的等离子体束会在线圈内部形成，在气体的作用下，从而使得等离子体的持续电离和平衡得到保证，被分析样品由蠕动泵送入雾化器形成气溶胶，由载气带入等离子体焰炬中心区，发生蒸发、分解、激发和电离。在具有特定温度的等离子体作用下，绝大多数元素失去一个电子形成相应的金属离子，从而可以得出金属离子的浓度。

本章利用 ICP 检测腐蚀样品后铜离子的浸出量和催化剂降解苯酚后铜离子的浸出量。在测试前应先将反应后的溶液过滤，然后准备 5 mL 的溶液用来测试。

6.2.3　溶液配制及自由基检测

1. 苯酚和双酚 A 溶液配制

用天平称取 20 mg 的苯酚，然后将其倒入 50 mL 的烧杯当中，加去离子水至 50 mL，将其搅拌 20 min，再将其用玻璃棒引流至 1 L 的容量瓶当中，然后将烧杯反复清洗 3 次，并且将清洗后的溶液全部倒入容量瓶中。最后用去离子水加至容量瓶 1 L 位置处，反复上下摇荡若干次即可。

双酚 A 溶液的配制方法和苯酚溶液的配制方法相同。

2. 氢氧化钠溶液的配制

用天平称量 4 g 的氢氧化钠固体，然后倒入装有 50 mL 去离子水的烧杯当中，搅拌 20 min，再将其用玻璃棒引流到 100 mL 的容量瓶当中，反复摇荡若干次，即可得到 1 mol/L 的氢氧化钠溶液。

3. $(NH_4)_2CO_3$ 溶液的配制

用天平称量 0.2 g 的 $(NH_4)_2CO_3$ 固体，然后倒入装有 250 mL 去离子水的烧杯当中，搅拌 90 s。搅拌器的转速为 300 r/min，得到反应所需要的 $(NH_4)_2CO_3$ 溶液。$(NH_4)_2CO_3$ 溶液要现配现用。$(NH_4)_2CO_3$ 固体受热容易分解，因此要将 $(NH_4)_2CO_3$ 保存在温度较低的条件下。

4. ·OH 自由基和 SO_4^{-} 自由基的检测

取正在降解的苯酚溶液 0.5 mL，将已经配制好的 DMPO 溶液(20 μL)加入到 0.5 mL 的苯酚溶液中，使其混合均匀，然后用毛细管取部分液体用电子自旋共振波谱仪进行自由基测试。其中 DMPO 溶液的配制为 DMPO 与去离子水的溶液体积比为 1∶10。

6.3　铜族 MOFs 芬顿催化材料的制备、表征与高级氧化性能

将三维的金属有机骨架(MOFs)材料变成低维的 MOFs 材料(纳米量子点、纳米棒、纳米线和纳米片)，可以使得 MOFs 材料的应用变得更加广泛[49]。目前，很多文献报道通过使用表面活性剂控制晶体生长的方向来获得纳米材料，但这种方法获得的纳米材料一般为无机纳米材料、一些金属氧化物[50]、硫化物[51]或是贵金属纳米颗粒[52]。可能是由于表面活性剂会破坏或改变 MOFs 材料的骨架，因此使用表面活性剂将 MOFs 三维材料变成低维 MOFs 的报道尚未见到。

腐蚀方式一直受到人们的关注，因为它可以改变材料的结构和尺寸，与此同时还保持着材料的原有结构[53]。选择一定溶液对 MOFs 材料腐蚀，可以使得 MOFs 材料表面形成大孔，也可以通过改变腐蚀溶液的阴阳离子或浓度从而得到具有大孔或中空结构的 MOFs 材料[54,55]。尽管有这么多优点，通过控制腐蚀过程来得到低维纳米材料仍然是一个挑战。因为通过腐蚀得到的低维 MOFs 材料没有驱动力。块状材料剥落变成纳米片得益于块状材料最初的片层结构[56]，这一点对于 MOFs 材料来说是不可能的，因为 MOFs 材料不具备这种片层结构。材料的性能又是和材料的尺寸及形状密切相关[57]，正是形成低维 MOFs 材料困难，限制了低维纳米 MOFs 材料的深度研究。

除了材料的尺寸和形貌会影响材料的性能以外，将不同材料复合，往往也是提升材料性能的常用方法[13]。但是通过腐蚀来实现这种复合结构又是困难的，因为通过腐蚀 MOFs 材料往往得到的是单一结构的材料，如腐蚀后的材料仍然具有单一 MOFs 结构[58](如形成氧化物或硫化物)[51,59]。为了得到这种复合结构，经常需要对原有 MOFs 两步处理[60]，通常是通过添加其他的物质使其在 MOFs 材料的表面定向生长。添加物质一般是在初步合成溶液中进行添加而不是直接使其和 MOFs 材料相互作用得到这种复合结构。但是这种直接在合成过程中添加物质使其最后生长在 MOFs 材料表面，出现的一个问题就是这些纳米颗粒经常会出现团聚现象。因而一般来说通过这种方法得到的复合结构材料的性能不佳。

这里提出一种策略，$NH_3 \cdot H_2O$ 可以使得块状 $Cu_3(BTC)_2$ 材料变成低维的纳米材料，具体为通过在一个较小范围 $NH_3 \cdot H_2O$ 的 pH 的调整来实现 $Cu_3(BTC)_2$ 的结构和形貌的变化。特别是当 $NH_3 \cdot H_2O$ 的 pH=11 时，$NH_3 \cdot H_2O$ 表现出弱的还原性，将部分 $Cu_3(BTC)_2$ 还原成 Cu_2O，同时使得块状 $Cu_3(BTC)_2$ 变成纳米线。正是 $NH_3 \cdot H_2O$ 腐蚀和还原的协同作用，使得原位形成的 Cu_2O 均匀分布在同时形成的 $Cu_3(BTC)_2$ 纳米线上。因此通过 $NH_3 \cdot H_2O$ 对块状 $Cu_3(BTC)_2$ 的作用形成了低维的 $Cu_2O/Cu_3(BTC)_2$ 这种复合结构。并且对低维的 $Cu_2O/Cu_3(BTC)_2$ 这种复合

结构的形成机理和催化性能做了一定程度的研究。

本章主要围绕经 $NH_3 \cdot H_2O$ 腐蚀 $Cu_3(BTC)_2$ 合成低维的 $Cu_2O/Cu_3(BTC)_2$ 纳米线，并且对这一复合结构进行相关表征，并进一步对这一复合结构在材料中的优势进行说明。具体包括，通过控制 $NH_3 \cdot H_2O$ 的浓度使其 pH=11 的条件下得到低维的 $Cu_2O/Cu_3(BTC)_2$ 纳米棒这种复合结构，使用 SEM、XRD、FTIR、TEM、TG-DSC 等表征手段对其表征。MOFs 材料在进行煅烧处理时会出现明显的团聚，而 Cu_2O 均匀分布在低维 $Cu_3(BTC)_2$ 纳米线的这种结构会阻碍 $Cu_3(BTC)_2$ 在煅烧时的团聚现象。将经过煅烧 $Cu_2O/Cu_3(BTC)_2$ 纳米棒后所形成的 CuO_x 命名为 CuO_x-NH_3-11。并且 CuO_x-NH_3-11 的晶粒尺寸会明显小于其他方式得到的 CuO_x 的晶粒尺寸。正是由于 CuO_x-NH_3-11 的晶粒尺寸小，其表现出优异的催化性能。

6.3.1 块状 $Cu_3(BTC)_2$ 的制备

用天平称取 0.875 g $Cu(NO_3)_2 \cdot 3H_2O$ 溶于 12 mL 的去离子水当中，与此同时用天平称取 0.45 g 的均苯三甲酸溶于 12 mL 的乙醇当中，两者分别搅拌 30 min，然后将搅拌均匀的硝酸铜溶液和均苯三甲酸溶液混合，继续搅拌 30 min，将混合好的溶液置于 50 mL 的水热釜当中，在 120℃下保温 12 h，然后将反应后的水热釜取出，过滤上层溶液，得到的蓝色沉淀即为所制备的 $Cu_3(BTC)_2$。用去离子水对其进行两次清洗，再用乙醇对其进行两次清洗[61]。

6.3.2 低维 $Cu_2O/Cu_3(BTC)_2$ 的制备

在室温下，将 50 mL 的烧杯装满去离子水，用滴管将浓 $NH_3 \cdot H_2O$ 滴入烧杯当中，同时将 pH 计插入到溶液当中，读取溶液的 pH，当溶液的 pH=11 时，用天平称取 40 mg 的 $Cu_3(BTC)_2$ 放入 25 mL 的烧杯当中，将配制好的 $NH_3 \cdot H_2O$ 溶液取 7 mL 再倒入烧杯中，进行搅拌，搅拌器转速为 300 r/min，搅拌时间为 3 min。然后将混合溶液进行离心，离心机的转速为 8000 r/min。将上清液取出，得到沉淀。再次向 25 mL 的烧杯中加入 7 mL 刚刚配制的 $NH_3 \cdot H_2O$ 溶液，将离心取出上清液的沉淀转移至装有 7 mL $NH_3 \cdot H_2O$ 溶液的 25 mL 的烧杯当中。搅拌器转速不变。按照这样的步骤总共反复 3 次。也就是对 $Cu_3(BTC)_2$ 进行 3 次腐蚀。将得到的衍生物命名为 CuBTC-NH_3-11。用同样的方法得到 $NH_3 \cdot H_2O$ 的 pH=10 和 pH=10.5 的衍生物，将其分别命名为 CuBTC-NH_3-10 和 CuBTC-NH_3-10.5。

用同样的方法利用不同 pH(10,10.5,11) 的 NaOH 溶液经过 3 次腐蚀得到的样品分别命名为 CuBTC-NaOH-10，CuBTC-NaOH-10.5，CuBTC-NaOH-11。

6.3.3 Cu_2O 芬顿催化材料的制备

将 $Cu_3(BTC)_2$ 的衍生物 CuBTC-NH_3-11 置于坩埚中，放入马弗炉中，升温速率为 5℃/min。在 350℃保温 1.5 h，在空气气氛下，得到的产物命名为 CuO$_x$-NH$_3$-11。用同样的方法得到 Cu$_3$(BTC)$_2$，CuBTC-NH$_3$-10 和 CuBTC-NH$_3$-11 的衍生物分别命名为 CuO$_x$、CuO$_x$-NH$_3$-10，CuO$_x$-NH$_3$-10。用同样的方法可以得到 CuO$_x$-NaOH-10，CuO$_x$-NaOH-10.5，CuO$_x$-NaOH-11。

6.3.4　低维 Cu$_2$O/Cu$_3$(BTC)$_2$ 的形貌分析及表征

1. Cu$_3$(BTC)$_2$ 的 XRD 物相分析和 SEM 微观形貌分析

从图 6-14(a)可以看出，所合成样品的 XRD 图谱和文献中给出的图谱是一样的，这也证明通过这种方法成功制备出 Cu$_3$(BTC)$_2$。从图 6-14 (b)可以看出合成的 Cu$_3$(BTC)$_2$ 微观形貌是八面体，其尺寸为 10 μm 左右，从图 6-14 (c)分析可以看出在合成的样品中三种元素是均匀分布的。并且三种元素原子分数比为 Cu：O：C=7.19：28.87：63.94。为了得到低维纳米材料，将合成后的 Cu$_3$(BTC)$_2$ 用一定 pH 的 NaOH 溶液或 NH$_3$·H$_2$O 进行腐蚀。

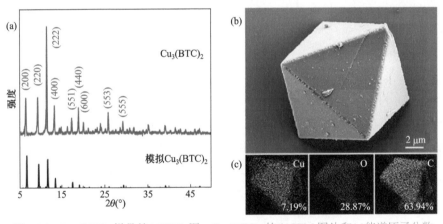

图 6-14　Cu$_3$(BTC)$_2$ 样品的(a)XRD 图；Cu$_3$(BTC)$_2$ 的(b)SEM 图片和(c)能谱原子分数

2. Cu$_2$O/Cu$_3$(BTC)$_2$ 的 SEM 微观形貌分析

在常温下，将 Cu$_3$(BTC)$_2$ 放入到不同 pH 的 NaOH 溶液中腐蚀，时间选择 3 min，腐蚀后的微观形貌如图 6-15(a～c)所示，说明当 pH＜11 时，腐蚀后的样品形貌基本没有发生改变，当 pH=11 时块状的 Cu$_3$(BTC)$_2$ 变成由许多纳米线构成的八面体，并将其命名为 CuBTC-NaOH-11。用 pH=11.5 的 NaOH 溶液腐蚀 Cu$_3$(BTC)$_2$ 所得到的产物形貌和结构(图 6-16)与 CuBTC-NaOH-11 基本相似。

这种低维的纳米结构也可以由 NH$_3$·H$_2$O 替换 NaOH 腐蚀 Cu$_3$(BTC)$_2$ 得到，得到的产物扫描图片见图 6-15(d～f)，从所得到的形貌图片上看，在相同的 pH 条件下，NH$_3$·H$_2$O 的 NaOH 腐蚀更加剧烈，当把 Cu$_3$(BTC)$_2$ 置于 pH=11.5 的 NH$_3$·H$_2$O

图 6-15　CuBTC-NaOH-10(a~a″)，CuBTC-NaOH-10.5(b~b″)，CuBTC-NaOH-11(c~c″)，CuBTC-
NH₃-10(d~d″)，CuBTC-NH₃-10.5(e~e″)，CuBTC-NH₃-11(f~f″)的 SEM 图像和元素原子分数

中的时候，$Cu_3(BTC)_2$ 溶解到溶液中了。因此对 $NH_3 \cdot H_2O$ 的 pH 进行精确控制，将其范围控制在 10~11 之间，得到了三种低维纳米材料，将其分别命名为 CuBTC-NH₃-$n(n=10$~11)。在不同的 pH 下面 CuBTC-NH₃-n 有着不同的形貌。CuBTC-NH₃-10 是由纳米线构成的八面体，如图 6-15(d)所示，而 CuBTC-NH₃-10.5 和 CuBTC-NH₃-11 分别是由纳米片和纳米棒所构成的八面体。

图 6-16　CuBTC-NaOH-11.5 的形貌和元素原子分数

3. Cu₂O/Cu₃(BTC)₂ 的 XRD 和 FTIR 分析

到目前为止，制备形貌和尺寸可控的 MOFs，并且保持原有 MOFs 的骨架结构仍然具有挑战性[62]。为了说明用上述方法腐蚀后所得到的纳米材料的物相和结构特点，对用不同 pH 的 $NH_3 \cdot H_2O$ 和 NaOH 溶液腐蚀后所得到的样品进行了 XRD 表征和 FTIR 表征，所得到的图谱如图 6-17 所示。它们的 XRD 图谱如图 6-17(a)所示，从图谱分析得到的用不同 pH 条件的 NaOH 腐蚀所得到的样品，其物相和 $Cu_3(BTC)_2$ 保持一致，从图 6-15(a″～c″)中的元素分析可以看出，原子分数和 $Cu_3(BTC)_2$ 也是基本一致。而经过不同 pH(pH=10,10.5)的 $NH_3 \cdot H_2O$ 腐蚀后的样品物相和 $Cu_3(BTC)_2$ 也保持一致。从图 6-15(d″～e″)的元素分析也可以看出，其元素原子分数和 $Cu_3(BTC)_2$ 也是一致的。经过 $NH_3 \cdot H_2O$ 和 NaOH 溶液腐蚀后的 FTIR 图谱如图 6-17(b)所示，图中主要官能团出现的峰是由 $Cu_3(BTC)_2$ 中的苯环中 C═C 的振动和 BTC 有机配体的振动而来[63]。从图谱中很明显地看出经过 $NH_3 \cdot H_2O$ 和 NaOH 腐蚀后的样品都保持着 $Cu_3(BTC)_2$ 的 BTC 有机配体的骨架。这表明通过这两种溶液腐蚀 $Cu_3(BTC)_2$ 所得到的材料是由低维的 $Cu_3(BTC)_2$ 组成。

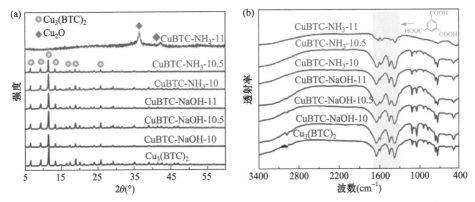

图 6-17　$Cu_3(BTC)_2$，CuBTC-NaOH-n(n=10, 10.5, 11)和 CuBTC-NH₃-n(n=10, 10.5, 11)的 XRD 图谱及 FTIR 图谱

当用 pH=11 的 $NH_3 \cdot H_2O$ 腐蚀 $Cu_3(BTC)_2$ 的时候，其 XRD 图谱如图 6-18(c)所示，物相发生明显的变化，由 $Cu_3(BTC)_2$ 的衍射峰变为两个很明显的峰，峰的位置是 36.5°和 42.4°，这说明经过腐蚀后物相由 $Cu_3(BTC)_2$ 已经完全转变为 Cu_2O(JCPDS 65-3288)。因此可以看出整个块状的 $Cu_3(BTC)_2$ 都已经被完全腐蚀掉了。XRD 图谱、FTIR 图谱、SEM 图像(图 6-18)都证明用 pH=11 的 $NH_3 \cdot H_2O$ 腐蚀 $Cu_3(BTC)_2$ 的时候，经过 1 min，整个 $Cu_3(BTC)_2$ 被完全转化为 Cu_2O。将这种条件下得到的样品命名为 CuBTC-NH₃-11-1。

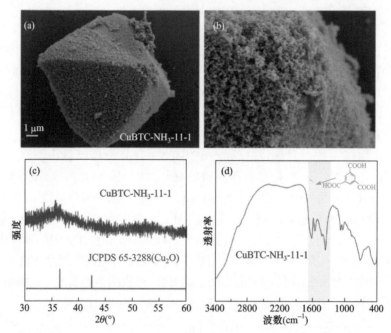

图 6-18　CuBTC-NH₃-11-1 的 SEM 图像(a、b)、XRD(c)、FTIR 图谱(d)

4. $Cu_2O/Cu_3(BTC)_2$ 的 TEM 和 BET 分析

如图 6-18(c)所示，根据 CuBTC-NH₃-11-1 的 XRD 图谱，通过谢乐公式可以得到在其表面原位形成的 Cu_2O 纳米颗粒尺寸不超过 6 nm，TEM[图 6-22(a~c)]所得到的结果也证明了此结果。相应地，从图 6-15(f″)发现 CuBTC-NH₃-11 的 Cu 元素含量(约 20.5%)明显升高。很有趣的是，CuBTC-NH₃-11 仍然保持着大量的 C 含量(46.5%)，并且从 FTIR 图像可以明显看出 CuBTC-NH₃-11 和 $Cu_3(BTC)_2$ 的官能团峰是一样的，这也说明出现较高 C 含量的原因是 BTC 配体和苯环中 C═C 的振动[图 6-17(d)]。同时可以从 CuBTC-NH₃-11 的热重图像[图 6-27(f~g)]可以看出，在 310℃附近出现了一个失重峰，这个失重峰就是由 BTC 配体导致的[64]。这意味着 CuBTC-NH₃-11 中除了 Cu_2O 还有一定量的 $Cu_3(BTC)_2$。Cu 元素在 $Cu_3(BTC)_2$ 和 Cu_2O 的质量分数分别为约 27% 和约 89%，因此从中可以推断出在 CuBTC-NH₃-11 中，Cu_2O 所占的质量分数为 50%。如图 6-19 所示，铜离子的浸出量可以清晰地得到。腐蚀时间延长到 6 min，其浸出量不再发生明显变化，这说明 $Cu_2O/Cu_3(BTC)_2$ 这种混合结构是比较稳定的。

图 6-20 是经过 6 min 腐蚀后的 SEM 图像和其元素分析情况。经过 6 min 的腐蚀形貌结构也不会发生大的变化，C、O、Cu 元素的原子分数和经过 3 min 腐蚀基本保持一致。

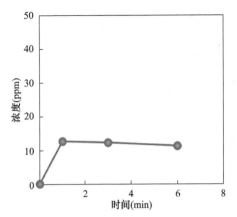

图 6-19　在 pH=11 的条件下铜离子的浸出量随时间的变化情况

图 6-20　在 pH=11 的条件下，腐蚀 6 min 得到的 SEM 图片和元素分析

　　CuBTC-NH$_3$-11 的 TME 图片如图 6-21 所示，Cu$_2$O/Cu$_3$(BTC)$_2$ 这种结构也可以从 TEM 图片看出。如 TEM 图显示，经测量其上的晶格条纹的宽度为 0.246 nm 和 0.213 nm，与 Cu$_2$O 的(111)和(200)晶面是相对应的，这些 Cu$_2$O 的平均晶粒尺寸为 5.2 nm(图 6-22)。这也验证了 CuBTC-NH$_3$-11 具有很多小的 Cu$_2$O 纳米颗粒。

　　在 TEM 图上，无定形的纳米颗粒是 Cu$_3$(BTC)$_2$。这些无定形的 Cu$_3$(BTC)$_2$ 可能是其结晶性变低和晶粒尺寸太小导致的。因此从 XRD 图谱中没有发现 Cu$_3$(BTC)$_2$ 的物相。值得注意的是，分布在 CuBTC-NH$_3$-10.5 的 Cu$_2$O 纳米颗粒晶粒尺寸的平均值为 12.9 nm，比分布在 CuBTC-NH$_3$-11 的 Cu$_2$O 纳米颗粒大一点(图 6-22)。Cu$_2$O 纳米颗粒的尺寸大小是和反应时的溶液的 pH 有密切关系的，pH 越高，腐蚀的速率越快，因此产生的 Cu$_2$O 的量越大，根据经典形核理论，溶液的饱和度越高，形核的概率越大，但是形成的纳米颗粒晶粒尺寸越小。在 Cu$_3$(BTC)$_2$ 的基础上形成 Cu$_2$O 表示在腐蚀的过程中发生还原反应；因为在 Cu$_3$(BTC)$_2$ 中 Cu 元素是以 Cu(Ⅱ)的形式存在的[65]。

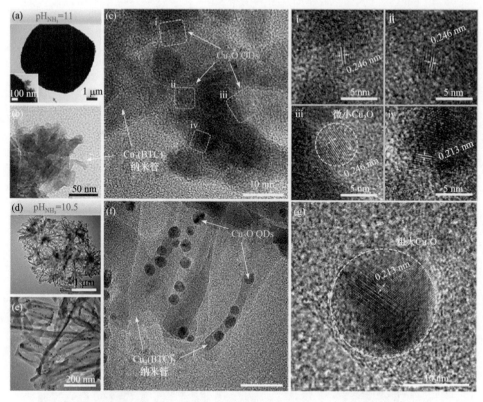

图 6-21　CuBTC-NH₃-11 的 TEM 图片(a, b)和高分辨图片(c)；CuBTC-NH₃-10.5 的 TEM 图片
(d～f)和高分辨图片(g)；图片(i～iv)显示的是平面 C 的放大图

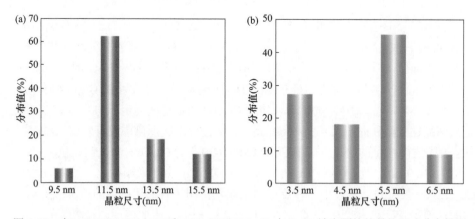

图 6-22　在(a)CuBTC-NH₃-10.5 和(b)CuBTC-NH₃-11 中 Cu₂O 纳米颗粒的晶粒尺寸分布情况

在不同 pH 条件下对 Cu₃(BTC)₂ 腐蚀得到的材料进行 N₂ 吸附-脱附实验，CuBTC-
NH₃-10，CuBTC-NH₃-10.5，CuBTC-NH₃-11 的比表面积(BET)和孔径分布情况

如图 6-23 所示。从数据分析可以看出，随着 pH 的增加，其比表面积从 1455 m²/g (CuBTC-NH₃-10)减少到 434 m²/g(CuBTC-NH₃-10.5)再减少到 93 m²/g(CuBTC-NH₃-11)，BET 的减少是由于微孔数量减少[66]。如图 6-23 所示，CuBTC-NH₃-10 的孔径尺寸主要集中在微孔(<2 nm)，在低压的时候显示出滞回环，而 CuBTC-NH₃-11 的孔径主要集中在介孔(2~45 nm)，在中高压显示出滞后环。值得注意的是，CuBTC-NH₃-11 具有多级孔道结构，其仍然保持着一部分微孔结构，形成的微孔来源于有机骨架结构,这也再次证明仍然有一部分 CuBTC 存在于 CuBTC-NH₃-11 中。

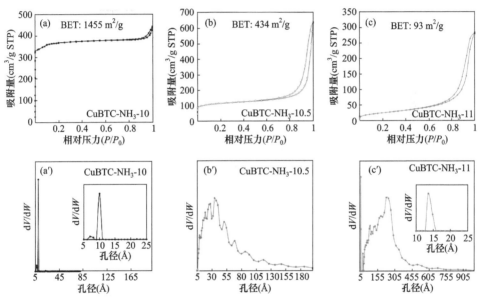

图 6-23　CuBTC-NH₃-10，CuBTC-NH₃-10.5 和 CuBTC-NH₃-11 的 N₂ 吸附-脱附曲线和相应的孔径分布

5. Cu₂O/Cu₃(BTC)₂ 形成的机理

从 Cu₃(BTC)₂ 被 NH₃·H₂O 和 NaOH 腐蚀的样品中可以得出，将 Cu₃(BTC)₂ 变成 Cu₂O 的是 NH₃ 而不是氢氧根(OH⁻)，为了证明 NH₃ 的还原性，用(NH₄)₂CO₃ 溶液将 NH₃·H₂O 替换，此时(NH₄)₂CO₃ 的 pH=9，用同样的方法腐蚀 Cu₃(BTC)₂，发现 Cu₃(BTC)₂ 仍然被还原成 Cu₂O(图 6-24)，因此可以得出，经过 NH₃·H₂O 腐蚀呈现出的 Cu₂O 均匀分散在 Cu₃(BTC)₂ 纳米片和纳米棒(图 6-24)上的 Cu₂O/Cu₃(BTC)₂ 混合结构是在 NH₃·H₂O 的腐蚀和还原共同作用下形成的。

推测将 NH₃·H₂O 的腐蚀性和还原性结合起来可以使得 MOFs 形成 NPs/MOF 这种复合结构的材料，这种方式可以拓展到其他 MOFs 材料，因为

$NH_3 \cdot H_2O$ 经常作为腐蚀剂来形成多级结构的材料[67]。一个关键的因素是如何在腐蚀的过程当中引发其还原 MOFs 材料这一性能。这需要 MOFs 材料的氧化电位和 $NH_3 \cdot H_2O$ 还原电位的匹配。同时，腐蚀还需要一个平衡，就是要避免腐蚀速率过快，应当让整个还原过程在适中的条件下进行，这可以通过调节其 pH 来实现。

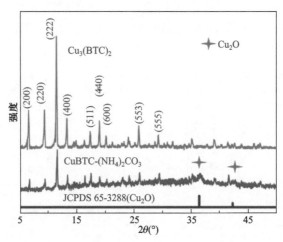

图 6-24　$Cu_3(BTC)_2$ 在 0.01 g/mL 的$(NH_4)_2CO_3$溶液下腐蚀得到的 XRD 图谱

6.3.5　CuO_x 的形貌分析及表征

1. CuO_x 的 XRD 分析

目前 MOFs 材料应用的一个新的方向就是将 MOFs 材料转化为功能氧化物，因为其拥有 MOFs 材料的形貌和优异的性质。例如，$Cu_3(BTC)_2$ 的功能氧化物 CuO_x 是一种具有优异的降解有机物性能的催化剂[68]。然而催化剂的催化性能和它的晶粒尺寸及纳米单元的分散状态密切相关。为了说明以上产物的结构优势，将 $Cu_3(BTC)_2$ 和所得到的其他衍生物在 350℃煅烧，将其全部转化为 CuO (JCPDS 48-1548)，同时也伴随着 Cu_2O(JCPDS 65-3288)的生成(图 6-25)。在这种方法下，煅烧策略是影响 MOFs 衍生物尺寸的可控因素，然而高温经常导致较大晶粒尺寸的颗粒的形成。$Cu_3(BTC)_2$ 经过煅烧后所形成的 CuO_x 的晶粒尺寸达到 18.6 nm(图 6-25)。有趣的是，从低维的 $Cu_3(BTC)_2$ 中形成的 CuO_x 尺寸减少。如表 6-3 所示，经过谢乐公式计算，不同 CuO_x 的晶粒尺寸大小为：CuO_x-$Cu_3(BTC)_2$ (18.6 nm)＞CuO_x-NH_3-10 (16.6 nm) ≈ CuO_x-NaOH-n(n=10, 10.5, 11, 约 15.7 nm)＞CuO_x-NH_3-10.5(11.9 nm)＞CuO_x-NH_3-11 (9.4 nm)。

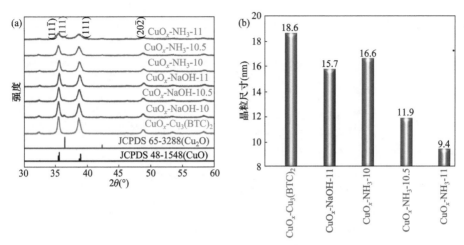

图 6-25 CuO$_x$-Cu$_3$(BTC)$_2$，CuO$_x$-NH$_3$-n(n=10、10.5、11)和 CuO$_x$-NaOH-n(n=10、10.5、11)的
(a)XRD 图谱和相应的(b)晶粒尺寸

表 6-3 不同样品的半峰宽和晶粒尺寸

试样	半峰宽(°)	晶粒尺寸(nm)
CuO$_x$-Cu$_3$(BTC)$_2$	0.54	18.6
CuO$_x$-NaOH-11	0.62	15.7
CuO$_x$-NH$_3$-10	0.59	16.6
CuO$_x$-NH$_3$-10.5	0.79	11.9
CuO$_x$-NH$_3$-11	0.97	9.4

值得注意的是，由 CuBTC-NH$_3$-11 生成的 CuO$_x$ 的晶粒尺寸不超过 10 nm。形成这样较小尺寸的 CuO$_x$ 可能是由于 CuBTC-NH$_3$-11 的低维结构和多级结构，并且这种结构可以有效阻止 CuO$_x$ 在煅烧过程中快速长大。

2. CuO$_x$ 的 SEM 和 TEM 分析

低维结构还可以控制氧化物的分散状态。如图 6-26 所示，Cu$_3$(BTC)$_2$ 显示出高度团聚的状态，从图 6-27 的热重图像可以看出，在升温过程中，它的分解速率非常快。出现高度团聚可能是这个原因造成的。如图 6-26 所示，CuO$_x$-Cu$_3$(BTC)$_2$ 和其他的 CuO$_x$ 对比也说明，在某种程度上，低维 Cu$_3$(BTC)$_2$ 多级结构有助于阻止团聚，形成分散比较均匀的样品。

最应该值得注意的是 CuBTC-NH$_3$-11 所形成的 CuO$_x$。经过煅烧后，其仍然保持着原有的低维结构(图 6-27)，CuO$_x$-NH$_3$-11 的 TEM 图像见图 6-27(e 和 h)，由图可以看出，CuO$_x$ 的晶粒尺寸不超过 10 nm。这一点也验证了 XRD 图谱的分析。这些 Cu$_2$O 均匀分散在无定形的 Cu$_3$(BTC)$_2$ 上，如图 6-27(h)所示。CuO$_x$-NH$_3$-11 的

XPS 数据证明 Cu(Ⅰ)和 Cu(Ⅱ)都存在于产物当中(图 6-28)。FTIR 图谱也证明 CuOₓ-NH₃-11 存在于 Cu₃(BTC)₂ 中(图 6-28)。

图 6-26　Cu₃(BTC)₂，CuBTC-NH₃-n(10, 10.5, 11)和 CuBTC-NaOH-11 的(a～e)SEM 图像及相应的 CuOₓ 的(a′～e′)SEM 图和(a″～e″)放大图

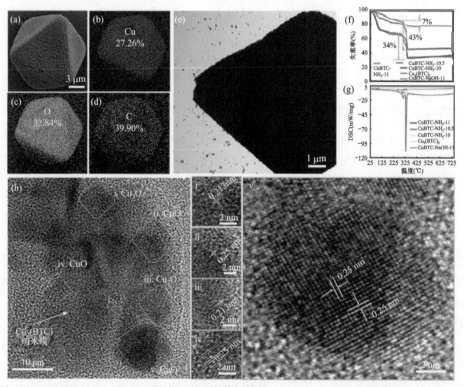

图 6-27　CuOₓ-NH₃-11 的 SEM 图片(a)和元素分析结果(b～d)。CuOₓ-NH₃-11 的 TEM 图片(e)和高分辨图片(h)。(i～v)为图(h)的放大图。不同样品的 TG-DSC 曲线(f，g)

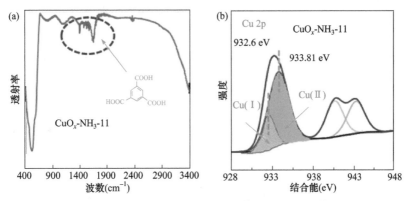

图 6-28　CuO$_x$-NH$_3$-11 的 FTIR 图谱(a)和 XPS 图谱(b)

这就暗示了在 CuO$_x$-NH$_3$-11 中，较小 Cu$_2$O 纳米颗粒分散在无定形的 CuBTC 上。这样的多级结构阻止了 CuBTC 分解，也同时阻止了 CuO$_x$ 纳米颗粒长大。因此 CuO$_x$-NH$_3$-11 可以保持原有的低维结构。

6.3.6　CuO$_x$ 样品的高级氧化性能

本节以 CuO$_x$ 对苯酚和双酚 A 的降解效率来阐明 CuO$_x$ 的高级氧化性能。

CuO$_x$ 可以作为催化剂用来降解有机物，其过程是 CuO$_x$ 激活过二硫酸钾(PDS)产生 SO$_4^-$ 自由基，SO$_4^-$ 自由基可以和苯酚发生反应，从而将其降解。在常温下，本实验用 10 mg 的 CuO$_x$ 和 20 mg 的 PDS 降解 20 mg/L 25mL 的苯酚溶液。实验发现 CuO$_x$-NH$_3$-11 可以在 5 min 之内将苯酚溶液完全降解(图 6-29)。在相同的条件下，只用 PDS 或 CuO$_x$-NH$_3$-11 降解苯酚，其效果比较差(图 6-30)。

这就排除了单独使用 PDS 或 CuO$_x$-NH$_3$-11 对苯酚降解的可能，也说明苯酚的降解是在 PDS 和 CuO$_x$-NH$_3$-11 共同作用下完成的，不是因为 CuO$_x$-NH$_3$-11 的吸附作用或 PDS 的氧化作用而使苯酚浓度降低。在 CuO$_x$/PDS 的共同作用下，苯酚的

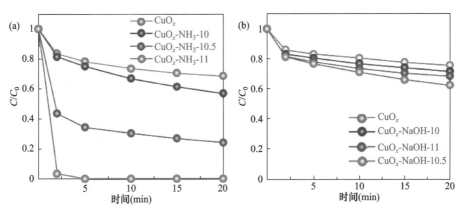

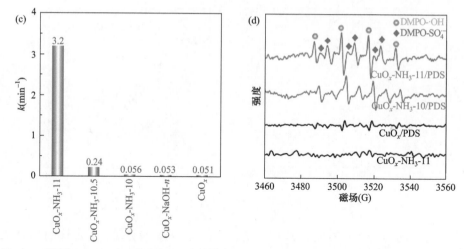

图 6-29　不同的 CuO_x 对于苯酚的(a,b)去除效率和(c)反应速率常数 k；反应过程中的(d)ESR 图谱

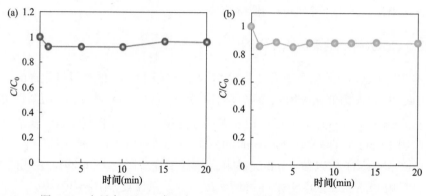

图 6-30　在只有 PDS(a)或 CuO_x-NH$_3$-11(b)的情况下、苯酚的降解效率

降解效率出现明显提升，降解顺序为 PDS(8%)＜CuO_x(22%)＜CuO_x-NH$_3$-10 (26%)≈CuO_x-NaOH-n(n=10, 10.5, 11)(27%)＜CuO_x-NH$_3$-10.5(64%)＜CuO_x-NH$_3$-11(100%)。$\ln(C/C_0)$和时间 t 的一级线性关系决定了苯酚去除效率 k 值的大小，C_0 和 C 分别代表最初始的苯酚浓度和反应进行 t 时间后的苯酚浓度。如图 6-29 所示，CuO_x-NaOH-10.5，CuO_x-NaOH-11 和 CuO_x-NaOH-10 对于苯酚的去除效率是相似的，都表现出较低的反应速率常数 k，其 k 值范围为 0.051～0.056 min^{-1}。值得注意的是这三种样品的晶粒尺寸也是很相似的。ESR 图谱有助于理解反应过程中自由基的产生情况。如图 6-29 所示，降解效率比较低的 CuO_x/PDS 显示出弱的 ·OH 和 SO$_4^-$ 自由基的信号，相比之下，降解效率好的 CuO_x/PDS 产生较强的 ·OH 和 SO$_4^-$ 自由基信号。这也符合以前的研究内容[69]。

　　相比之下，CuO_x-NH$_3$-10.5 具有较高的反应速率常数，k=0.24 min^{-1}，其性能的提升可能和它具有较小的晶粒尺寸有关，因此其也展现出较好的催化性能。

CuO$_x$-NH$_3$-11 具有最小的晶粒尺寸，所以 CuO$_x$-NH$_3$-11 具有最好的催化性能，在 5 min 可以将苯酚完全降解。它展现出更大的反应速率常数，k=3.2 min^{-1}。CuO$_x$-NH$_3$-11 的催化反应速率是 CuO$_x$-NH$_3$-10.5 的 13 倍。从图 6-29 可以看出，CuO$_x$-NH$_3$-11/PDS 在反应降解的过程当中产生了大量的 SO$_4^{-}$ 和·OH 自由基。相比于·OH 自由基，SO$_4^{-}$ 具有更高的氧化还原电位。因此在快速降解过程中，SO$_4^{-}$ 起到主要的氧化作用[69]。

根据所查阅的文献(表 6-4)发现，相比于其他铜基纳米材料，CuO$_x$-NH$_3$-11 展现出优异的催化性能。CuO$_x$-NH$_3$-11 具有的优异性能得益于其 CuO$_x$ 较小的晶粒尺寸和好的分散性。如图 6-31 所示，经过降解之后其物相仍然是 CuO$_x$，然后有少量的 Cu$_2$O 转化成 CuO。这和 CuO$_x$/PDS 类芬顿体系催化降解苯酚的规律是一致的[70]。

表 6-4　不同铜基材料对于苯酚的降解效率

材料	合成方法	C_0 (mg/L)	添加剂	降解率 (%)	k (min^{-1})	文献
CuO-Fe$_3$O$_4$	水热法	9.4	PS	95	0.038	[71]
TiO$_2$/RGO/Cu(Ⅱ)	水热法与浸渍法	10	可见光	100	0.023	[72]
CuO	煅烧	0.47	PDS	80	0.043	[73]
Cu-Au-TiO$_2$	共沉淀加氢处理	—	紫外光	100	0.78	[74]
CuMgFe-LDO	共沉淀和煅烧	9.4	PS	95.3	0.147	[75]
CuO-Co$_3$O$_4$@MnO$_2$	浸渍和煅烧	30	PMS	100	0.031	[76]
Fe(ox)Fe-CuO$_x$	氧化还原反应	100	紫外光	100	0.0216	[77]
CuO/TiO$_2$	搅拌干燥	40	紫外光	50	0.0033	[78]
CuO/Ag/AgCl/TiO$_2$	反向微乳液	20	可见光	71	0.026	[79]
c-CuLDO	蚀刻	10	PDS	100	0.335	[69]
POM@Cu$_3$(BTC)$_2$	液体辅助磨削法	200	H$_2$O$_2$	98	0.017	[80]
Cu(BDC)	水热法	100	H$_2$O$_2$	96	0.023	[81]
CoFe$_2$O$_4$，源自 MIL-100	煅烧	50	PMS	90	0.038	[82]
CuO$_x$-NH$_3$-11	蚀刻和煅烧	20	PDS	100	3.2	本研究

注：C_0 为降解前苯酚初始浓度；PMS 为过硫酸盐；PS/PDS 为过硫酸钾或过二硫酸钾；k 为根据一级动力学方程得到的反应速率常数。

另外，对 CuO$_x$-NH$_3$-11 催化剂的循环性能也做了研究(图 6-32)。反应体系在 pH=11 时，可以表现出 3 次循环性能。

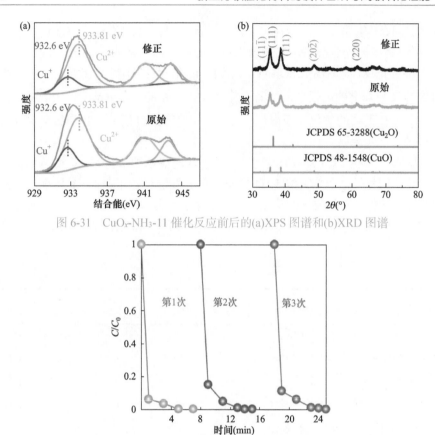

图 6-31   CuO$_x$-NH$_3$-11 催化反应前后的(a)XPS 图谱和(b)XRD 图谱

图 6-32   CuO$_x$-NH$_3$-11 的循环降解性能

经过降解反应之后 CuO$_x$-NH$_3$-11 仍然能保持原有的低维结构。其结构如图 6-33
所示。

图 6-33   CuO$_x$-NH$_3$-11 反应降解之后的 SEM 图片

在反应体系 pH=11 时，反应之后铜离子浸出量为 0.04 mg/L，利用 TOC 仪
测出反应后所剩余的有机碳量，结果显示剩余的总有机碳量为 12.1%。这也说明

经过催化降解以后大部分的苯酚被转化为 CO_2 和 H_2O。本节对催化剂使用量和降解性能的关系也做了讨论，结果如图 6-34 所示。随着催化剂量的增加，其降解性能有所提升，但是不是特别明显，因此本实验还是采用 20 mg 催化剂来降解苯酚。

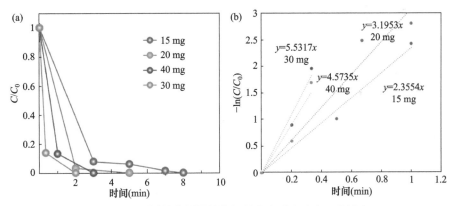

图 6-34　不同催化剂量的降解效率和反应速率 k 的拟合

同时使用 CuO_x-NH_3-11 催化剂来降解双酚 A(BPA)，在相同的条件下，将 20 mg/L 25 mL 的双酚 A 溶液在 90 s 之内完全降解。结果如图 6-35 所示。

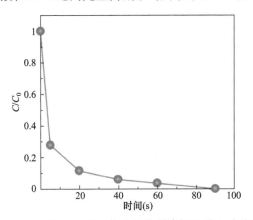

图 6-35　CuO_x-NH_3-11/PDS 作为催化剂降解双酚 A 溶液的效率

6.3.7　本节小结

本节通过用不同 pH 的 $NH_3 \cdot H_2O$ 对 $Cu_3(BTC)_2$ 进行腐蚀，得到了不同维度 $Cu_3(BTC)_2$ 的纳米材料(纳米线、纳米片、纳米棒)，与此同时，由于 $NH_3 \cdot H_2O$ 的还原性，一部分 $Cu_3(BTC)_2$ 被还原成 Cu_2O，因此形成了 $Cu_2O/Cu_3(BTC)_2$ 的复合结构，并且 Cu_2O 是均匀分散在 $Cu_3(BTC)_2$ 低维纳米结构上。更重要的是这样的复合结构导致 $Cu_2O/Cu_3(BTC)_2$ 在煅烧后所形成的 CuO_x 呈现出较小的晶粒尺寸。

原因在于均匀分布的 Cu_2O 阻止了 CuO_x 团聚,从而形成了晶粒尺寸较小的 CuO_x。由于形成较小晶粒尺寸的 CuO_x,其表现出较好的催化性能。而且这种方法为阻止 MOFs 材料形成其金属氧化物团聚提供新的思路。

6.4　中空结构铜族 MOFs 芬顿催化材料的制备、表征与高级氧化性能

最近,中空纳米结构因其突出的特性而得到了广泛的探索[83]。更重要的是,这些中空结构不仅可以为反应提供更多的活性位点,而且还可以使反应时的底物与其充分接触,从而提高反应速率[84]。因此,各种中空纳米结构的制备引起了人们的浓厚兴趣。中空纳米结构一般是通过模板辅助方法制备。然而,各种模板的使用在形状保持和可控表面方面遇到各种困难,并且模板的移除需要消耗额外能量[85]。因此,迫切需要优化模板辅助方法以制备所需的中空结构纳米材料。金属有机骨架(MOFs)已被广泛用于制造多孔纳米结构材料中作为自牺牲模板,已证明 MOFs 是制备多孔碳和金属氧化物的有效模板[86,87]。与其他模板相比,MOFs 具有一定的优越性,这与其自身所具有的微孔结构有密切关系。此外,MOFs 原来所具有的优势可以保留在所获得的中空结构材料中。更重要的是,Li 等[88]以 MOFs (MIL-101)材料为前驱体所形成的 Fe_3O_4/C 催化剂对降解亚甲基蓝有好的效果。然而,到目前为止,几乎很少有报道关于由 MOFs 衍生的 CuO_x 空心八面体,并将其应用于类芬顿催化降解有机污染物方面。

本章没有采用目前经常使用的模板法制备空心结构的 CuO_x,而是经过两步法制备空心结构的 CuO_x。先用 $(NH_4)_2CO_3$ 溶液对 $Cu_3(BTC)_2$ 进行腐蚀,形成空心结构的 MOFs 材料,接着在一定温度下煅烧形成具有空心结构的 CuO_x。与一般方法合成的 CuO_x 相比,由 MOFs 材料合成的 CuO_x 具有更多的活性位点,所以在催化反应时具有一定的优势。

6.4.1　块体 $Cu_3(BTC)_2$ 的制备

用天平称取 0.875 g $Cu(NO_3)_2 \cdot 3H_2O$ 溶于 12 mL 的去离子水当中,与此同时用天平称取 0.45 g 的均苯三甲酸溶于 12 mL 的乙醇中,两者分别搅拌 30 min,然后将搅拌均匀的硝酸铜溶液和均苯三甲酸溶液混合,继续搅拌 30 min,将混合好的溶液置于 50 mL 的水热釜中,在 120℃下保温 12 h,然后将反应后的水热釜取出,过滤上层溶液,得到的蓝色沉淀为所制备的 $Cu_3(BTC)_2$。用去离子水对其进行两次清洗,再用乙醇对其进行两次清洗[61]。

6.4.2　中空结构 $Cu_3(BTC)_2$ 的制备

在室温下，取 7 mL 配制好的 $(NH_4)_2CO_3$ 溶液倒入烧杯中，进行搅拌，搅拌器转速为 300 r/min，搅拌时间为 3 min。然后将混合溶液进行离心，离心机的转速为 8000 r/min。然后将上清液取出，得到沉淀。再次向 25 mL 的烧杯中加入 7 mL 刚刚配制的 $(NH_4)_2CO_3$ 溶液，将离心取出上清液的沉淀转移至装有 7 mL $(NH_4)_2CO_3$ 溶液的 25 mL 烧杯中。搅拌器转速不变。按照这样的步骤重复 2 次，也就是对 $Cu_3(BTC)_2$ 进行 2 次腐蚀，将得到的衍生物命名为 $Cu_3(BTC)_2$-0.2-2。

6.4.3　中空结构 $Cu_3(BTC)_2$ 样品的形貌分析及表征

1. 中空结构 $Cu_3(BTC)_2$ 的 XRD 物相分析和 FTIR 分析

将用 $(NH_4)_2CO_3$ 腐蚀的 $Cu_3(BTC)_2$-0.2-2 进行 XRD 表征(图 6-36)，从 XRD 图谱中可以得到样品的物相信息和结晶性的强弱。将得到的 XRD 图谱和 $Cu_3(BTC)_2$ 进行对比，发现两者的 XRD 图谱基本保持一致，这说明通过 $(NH_4)_2CO_3$ 溶液腐蚀所得到的样品物相还是 $Cu_3(BTC)_2$[89]，证明通过这种腐蚀方式所得到的样品保持了原有的物相。XRD 的峰的强度比较强，这说明得到的样品的结晶性良好[90]，并且没有其他杂峰出现，说明得到的样品纯净。

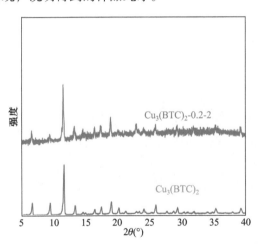

图 6-36　$Cu_3(BTC)_2$ 和 $Cu_3(BTC)_2$-0.2-2 的 XRD 图谱

$Cu_3(BTC)_2$-0.2-2 和 $Cu_3(BTC)_2$ 的 FTIR 光谱如图 6-37 所示，可以看出，经过腐蚀后的 MOFs 材料主要峰位和 $Cu_3(BTC)_2$ 是一致的，这说明经过腐蚀后的材料的官能团和 $Cu_3(BTC)_2$ 的完全一样。在 1644 cm^{-1} 附近的峰是因为 H—O—H 的振动，这也说明了 $Cu_3(BTC)_2$-0.2-2 含有少量的结晶水，在 1557 cm^{-1} 附近的峰则是由苯环中的 C=C 的振动引起的，在 723 cm^{-1} 和 764 cm^{-1} 的谱带是由苯环中的 H 位置被 Cu 取代引起[91]。因此可以认为 $Cu_3(BTC)_2$-0.2-2 中含有 $Cu_3(BTC)_2$。

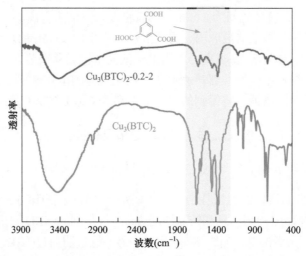

图 6-37　$Cu_3(BTC)_2$-0.2-2 和 $Cu_3(BTC)_2$ 的 FTIR 光谱

2. 中空结构 $Cu_3(BTC)_2$ 的 SEM 和 TEM 的微观结构形貌分析

经过水热制备的 $Cu_3(BTC)_2$ 样品的 SEM 图如图 6-38 所示,从 SEM 图片可以看出其形貌和尺寸的大小。$Cu_3(BTC)_2$ 的形貌是八面体形状,尺寸为 10 μm。从图中也可以看出其表面比较平滑。从 SEM 图片也可以看出 $Cu_3(BTC)_2$ 具有非常密实的结构。

图 6-38　不同放大倍数下的 $Cu_3(BTC)_2$ 的 SEM 图片

对原有样品进行腐蚀之后,得到的 SEM 图像如图 6-39 所示,从图 6-39 看出,经过腐蚀之后的样品形貌发生明显变化,其形貌仍然维持原有的八面体形貌。将在这种条件下腐蚀得到的样品命名为 $Cu_3(BTC)_2$-0.2-2。其八面体的每一个顶角都出现了较小的孔。从图 6-39(a) 的插图可以看出经过腐蚀后的 $Cu_3(BTC)_2$ 是空心结构。从 XRD 图(图 6-36)也可以看出物相仍然是原来的物相,从 FTIR 图谱也可以看出腐蚀后得到的样品和 Cu₃(BTC)₂ 具有相同的官能团。这意味着通过这种方式得到了空心结构的 Cu₃(BTC)₂ 材料。Cu₃(BTC)₂-0.2-2 的能谱分析如图 6-39(a″) 所示，能谱分析的元素有 C、O、Cu 三种，并且这三种元素是均匀分布的。和 Cu₃(BTC)₂ 相比 Cu 元素和 O 元素的原子分数有所提升[图 6-14(b、c)]，但是从 XRD 图谱(图 6-36)和 FTIR 图谱(图 6-37)可以看出 Cu₃(BTC)₂-0.2-2 仍然保持着 Cu₃(BTC)₂ 的结构。元素比例发生变化是因为在形成空心 Cu₃(BTC)₂ 的同时也形成了 Cu₂O，这和 6.3 节的研究结果是一致的。因为 Cu₃(BTC)₂ 在一定条件下经过 (NH₄)₂CO₃ 腐蚀可以形成 Cu₂O(图 3-24)。

图 6-39　Cu₃(BTC)₂-0.2-2 的 SEM 图片和元素分析(原子分数)

　　Cu₃(BTC)₂-0.2-2 的 TEM 图片如图 6-40 所示，从 TEM 图片可以看出经过腐蚀得到的材料具有中空结构。因此结合 SEM 图片和 TEM 图片，可以确定通过这种腐蚀方法得到了中空结构的 MOFs，也就是得到了空心的 Cu₃(BTC)₂。并且从 TEM 也可以看出其形状保持了原来的八面体结构，也基本保持了原来的尺寸，基本上保持在 10 μm 左右，并且也可以看出在八面体的顶角有一个小孔，说明整个腐蚀过程是从顶部开始，可能是由于尖锐的顶部表面能较大。

图 6-40　Cu₃(BTC)₂-0.2-2 的 TEM 图片

3. 中空结构 Cu₃(BTC)₂ 的 BET 分析

Cu₃(BTC)₂ 和 Cu₃(BTC)₂-0.2-2 的 N₂ 吸附-脱附曲线和相应的孔径分布如图 6-41 所示，可以看出，Cu₃(BTC)₂ 的 BET 为 1185 m²/g，从孔径分布可以看出，其孔径主要集中在微孔的范围，且大小为 0.8 nm。而 Cu₃(BTC)₂-0.2-2 的比表面积和 Cu₃(BTC)₂ 相比 BET 下降得比较明显，只有 67 m²/g，孔径分布也出现了大的变化

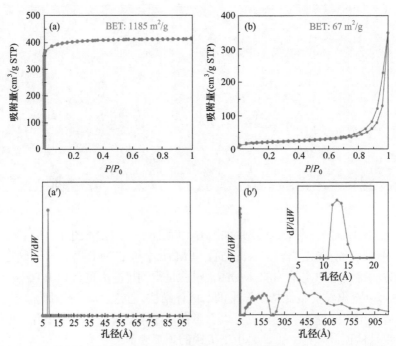

图 6-41　(a)Cu₃(BTC)₂ 和(b)Cu₃(BTC)₂-0.2-2 的 N₂ 吸附-脱附曲线和相应的(a', b')孔径分布

[图 6-41(b′)]，从原来的微孔变为多级孔、微孔、介孔和大孔。从其 N_2 吸附-脱附曲线也可以看出，在高压部分出现明显的滞后环，这也说明有大孔存在。因此可以推测比表面积发生较大变化的原因可能是由原来实心的八面体变为空心的八面体。孔径分布的变化也是造成 BET 下降的一个原因。

从孔径分布中可以看出[图 6-41(b′)]，$Cu_3(BTC)_2$-0.2-2 仍然保持着微孔结构，微孔的大小为 1.2 nm。MOFs 材料的孔径尺寸主要为微孔，这也说明经过腐蚀所形成的中空 $Cu_3(BTC)_2$ 仍然保持着原有的 MOFs 结构。

4. 中空结构 $Cu_3(BTC)_2$ 的 XPS 分析

$Cu_3(BTC)_2$ 和 $Cu_3(BTC)_2$-0.2-2 的 XPS 图谱如图 6-42 所示，由 $Cu_3(BTC)_2$ 的图谱可以看出，$Cu_3(BTC)_2$ 的 Cu 元素价态显示的是 Cu^{2+}，这和文献上的报道也是一致的[92]。而从 $Cu_3(BTC)_2$-0.2-2 的 XPS 图谱可以看出 Cu^+ 和 Cu^{2+} 都是存在的。Cu^{2+} 出现的原因就是在 $Cu_3(BTC)_2$-0.2-2 中存在 $Cu_3(BTC)_2$。而 Cu^+ 的出现是因为在腐蚀形成中空 $Cu_3(BTC)_2$ 的同时，一部分 $Cu_3(BTC)_2$ 被还原成 Cu_2O。形成 Cu_2O 的机理在第 3 章已经进行详细说明。从图 6-42 可以看出 Cu^{2+} 的比例要比 Cu^+ 高很多，这说明 $Cu_3(BTC)_2$-0.2-2 中大部分 Cu 元素是以 $Cu_3(BTC)_2$ 形式存在的。

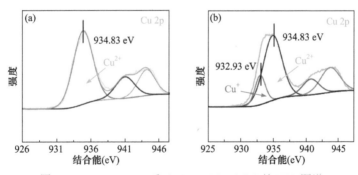

图 6-42　(a)$Cu_3(BTC)_2$ 和(b)$Cu_3(BTC)_2$-0.2-2 的 XPS 图谱

5. 中空结构 $Cu_3(BTC)_2$ 的 TG 分析

$Cu_3(BTC)_2$ 和 $Cu_3(BTC)_2$-0.2-2 的热重曲线如图 6-43 所示，$Cu_3(BTC)_2$ 随着温度的升高共有两个失重峰，当温度升高到 100℃附近的时候，出现第一个失重峰，这是因为 $Cu_3(BTC)_2$ 中水分子丢失。随着温度继续上升，在 310℃左右出现的失重峰是有机配体 BTC 的损失造成。从图 6-43 也可以看出，中空结构的 $Cu_3(BTC)_2$ 在 310℃有一个失重峰。这说明经过腐蚀得到的材料具有原始的 $Cu_3(BTC)_2$，也同时证明了 XRD、FTIR、XPS 的数据的正确性。

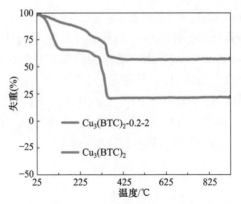

图 6-43　Cu₃(BTC)₂ 和 Cu₃(BTC)₂-0.2-2 的 TG 曲线

6.4.4　中空结构 Cu₃(BTC)₂ 样品煅烧后的表征及分析

1. 中空结构 Cu₃(BTC)₂ 煅烧后的 XRD 分析

对 Cu₃(BTC)₂ 和 Cu₃(BTC)₂-0.2-2 在空气气氛下进行煅烧处理,升温速率为 5℃/min,在 350℃下保温 1.5 h。煅烧后得到的 XRD 图谱如图 6-44 所示,煅烧后样品的 XRD 都有四个主要的衍射峰,峰位置分别在 35.4°、38.8°、48.6°、36.4°,通过查阅文献[93,94],36.4°对应的是 Cu₂O 的(111)晶面。而 35.4°、38.8°和 48.6°分别对应的是 CuO 的(11$\bar{1}$)、(111)、(20$\bar{2}$)晶面。因此 Cu₃(BTC)₂ 和 Cu₃(BTC)₂-0.2-2 煅烧后所形成的产物都具有 CuO 和 Cu₂O。将两者煅烧后的产物分别命名为 CuOₓ 和 CuOₓ-0.2-2。

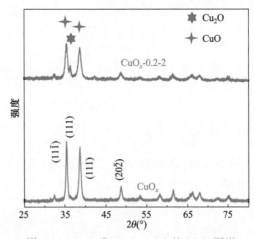

图 6-44　CuOₓ 和 CuOₓ-0.2-2 的 XRD 图谱

2. 中空结构 CuOₓ 的 SEM 分析

空心 CuOₓ 的 SEM 图片如图 6-45 所示,经过煅烧后,空心的 Cu₃(BTC)₂ 的基本形貌得到保持，仍为八面体结构，基本尺寸仍为 10 μm。因为在煅烧时，温度较高，MOFs 材料在高温下不稳定，所以从图中可以看出，出现一些破碎的 CuO_x。因为前驱体是空心结构，煅烧后仍然保持原有的空心结构。这种空心结构的材料在进行催化反应时，与反应物和 PDS 会有较大的接触面积，所以可能会表现出优异的性能。

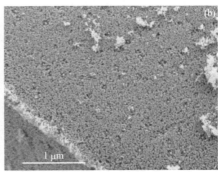

图 6-45　空心 CuO_x 的(a)SEM 图片和(b)单个空心 CuO_x 的表面

6.4.5　中空结构 CuO_x 样品的高级氧化性能

为了说明中空结构在高级氧化性能方面的优势，用得到的具有中空结构的 CuO_x 降解苯酚溶液，将苯酚溶液调为碱性(pH=11)，分别称取 10 mg 的 CuO_x 和 CuO_x-0.2-2 催化剂及 20 mg 的 PDS 对 20 mg/L 25mL 的苯酚溶液进行降解。得到的降解效率曲线如图 6-46 所示，具有中空结构的 CuO_x-0.2-2 在 3 min 将苯酚降解完成。而将 $Cu_3(BTC)_2$ 直接进行煅烧后获得的样品在 20 min 还没有将样品降解完全，两者出现明显的性能差异，出现明显的性能差异的原因可能是两者结构上的巨大差异。因为 CuO_x-0.2-2 本身的结构为八面体，且每一个角都有一个小孔，还具有中空结构，因此在反应时，PDS 和苯酚分子可以从那些小孔进入到 CuO_x-0.2-2 的空腔内部，从而使空心结构的 CuO_x 充分地与 PDS 和苯酚接触，更容易产生大量的 ·OH 和 SO_4^-，因此降解的效果会更好。而对于 CuO_x 的结构在 6.3 节已经讨论过，CuO_x 具有实心的结构，因此在反应时反应物与 PDS 和催化剂的接触只有在其表面进行，所以反应速率没有 CuO_x-0.2-2 反应速率快。

6.4.6　本节小结

通过使用$(NH_4)_2CO_3$ 溶液对 $Cu_3(BTC)_2$ 进行腐蚀，形成空心结构的 $Cu_3(BTC)_2$，然后对其进行煅烧形成具有空心结构的金属氧化物 CuO_x。本章所有的办法是在常温下直接腐蚀得到中空结构的 MOFs，然后煅烧形成空心结构的氧化物。与模板

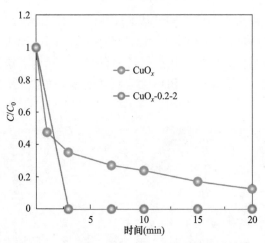

图 6-46　CuO$_x$ 和 CuO$_x$-0.2-2 对苯酚的去除效率

法相比，这种方法有独特的优势，因为模板法在去除模板的过程中会引入一系列的化学反应，而这些化学反应可能会损坏已经形成的空心结构，并且利用这种方法可以为制备空心结构的 MOFs 提供新思路。

6.5　本 章 小 结

本章通过用 NH$_3$·H$_2$O 腐蚀 MOFs 材料 Cu$_3$(BTC)$_2$ 得到 Cu$_2$O/Cu$_3$(BTC)$_2$，并且 Cu$_2$O 是均匀分散在 Cu$_3$(BTC)$_2$ 上。对 NH$_3$·H$_2$O 在 pH 很小的范围内(10~11)进行调节，得到了具有不同形貌的 Cu$_2$O/Cu$_3$(BTC)$_2$，当 pH=10 时形成纳米线结构，当 pH=10.5 时，形成的是纳米片结构，pH=11 时形成纳米棒结构，形成 Cu$_2$O 是因为 NH$_3$·H$_2$O 弱的还原性，并且 Cu$_2$O 纳米颗粒的尺寸和 pH 密切相关，当 pH 由 10.5 变为 11 时，Cu$_2$O 的纳米颗粒尺寸由 12.9 nm 减小到 5.2 nm。正是由于所形成的 Cu$_2$O 均匀分散在 Cu$_3$(BTC)$_2$ 上的这种结构，对 Cu$_2$O/Cu$_3$(BTC)$_2$ 进行煅烧，发现 Cu$_2$O/Cu$_3$(BTC)$_2$ 所形成的 CuO$_x$ 具有较小的晶粒尺寸，并且 CuO$_x$ 是均匀分散的。这说明经过腐蚀所形成的 Cu$_2$O/Cu$_3$(BTC)$_2$ 这种结构对在 Cu$_3$(BTC)$_2$ 煅烧过程当中阻止 CuO$_x$ 晶粒尺寸长大和团聚起到了至关重要的作用。

对 MOFs 材料 Cu$_3$(BTC)$_2$ 用(NH$_4$)$_2$CO$_3$ 溶液进行腐蚀，形成了具有中空结构的 Cu$_3$(BTC)$_2$，然后对其进行煅烧，形成了具有中空结构的 CuO$_x$。MOFs 材料具有高比表面积、较多活性位点，因此以 MOFs 材料为前驱体制备的金属氧化物会将 MOFs 材料的这些优势保存下来，通过这种方法制备的空心结构的 CuO$_x$ 具有独特的优势。

参 考 文 献

[1] Zhang F, Sheng J, Yang Z, et al. Rational design of MOF/COF hybrid materials for photocatalytic H_2 evolution in the presence of sacrificial electron donors[J]. Angewandte Chemie International Edition, 2018, 57(37): 12106-12110.

[2] Mao D, Wan J, Wang J, et al. Sequential templating approach: a groundbreaking strategy to create hollow multishelled structures[J]. Advanced Materials, 2018: 1802874- 1802893.

[3] Li Z, Lai X, Wang H, et al. General synthesis of homogeneous hollow core-shell ferrite microspheres[J]. Journal of Physical Chemistry C, 2009, 113(7): 2792-2797.

[4] Lai X, Li J, Korgel B A, et al. General synthesis and gas-sensing properties of multiple-shell metal oxide hollow microspheres[J]. Angewandte Chemie International Edition, 2011, 50(12): 2738-2741.

[5] Wang L, Wan J, Zhao Y, et al. Hollow multi-shelled structures of Co_3O_4 dodecahedron with unique crystal orientation for enhanced photocatalytic CO_2 reduction[J]. Journal of the American Chemical Society, 2019, 141(6): 2238-2241.

[6] Shao J, Zhou H, Feng J, et al. Facile synthesis of MOF-derived hollow NiO microspheres integrated with graphene foam for improved lithium-storage properties[J]. Journal of Alloys and Compounds, 2019, 784: 869-876.

[7] Qi M, Gao M, Liu L, et al. Robust bifunctional core-shell MOF@POP catalyst for one-pot tandem reaction[J]. Inorganic Chemistry, 2018, 57(23): 14467-14470.

[8] He Z, Wang K, Zhu S, et al. MOF-derived hierarchical MnO-Doped Fe_3O_4@C Composite nanospheres with enhanced lithium storage[J]. ACS Applied Materials & Interfaces, 2018, 10(13): 10974-10985.

[9] Zhang M, Wang C, Liu C, et al. Metal-organic framework derived Co_3O_4/C@SiO_2 yolk-shell nanoreactors with enhanced catalytic performance[J]. Journal of Materials Chemistry A, 2018, 6(24): 11226-11235.

[10] Mandegarzad S, Raoof J B, Hosseini S R, et al. MOF-derived Cu-Pd/nanoporous carbon composite as an efficient catalyst for hydrogen evolution reaction: a comparison betwee n hydrothermal and electrochemical synthesis[J]. Applied Surface Science, 2018, 436: 451-459.

[11] Jeong G, Singh A K, Kim M, et al. Metal-organic framework patterns and membranes with heterogeneous pores for flow-assisted switchable separations[J]. Nature Communications, 2018, 9: 3968-3977.

[12] Shen K, Zhang L, Chen X, et al. Ordered macro-microporous metal-organic framework single crystals[J]. Science, 2018, 359(6372): 206-210.

[13] Chen K, Sun Z, Fang R, et al. Metal-organic frameworks (MOFs)-derived nitrogen doped porous carbon anchored on graphene with multifunctional effects for lithium-sulfur batteries[J]. Advanced Functional Materials, 2018, 28: 1707592-1707600.

[14] Dou S, Song J, Xi S, et al. Boosting electrochemical CO_2 reduction on metal-organic frameworks via ligand doping[J]. Angewandte Chemie International Edition, 2019, 131, 4081-4085.

[15] Lu X F, Yu L, Lou X W D. Highly crystalline Ni-doped FeP/carbon hollow nanorods as all-pH efficient and durable hydrogen evolving electrocatalysts[J]. Science Advances, 2019, 5(2): 6009-6018.

[16] Liu B, Shioyama H, Akita T, et al. Metal-organic framework as a template for porous carbon synthesis[J]. Journal of the American Chemical Society, 2008, 130(16): 5390-5391.

[17] Wang Q, Tsumori N, Kitta M, et al. Fast dehydrogenation of formic acid over palladium nanoparticles immobilized in nitrogen-doped hierarchically porous carbon[J]. ACS Catalysis, 2018, 8(12): 12041-12045.

[18] Li C, Dong S, Tang R, et al. Heteroatomic interface engineering in MOF-derived carbon heterostructures with built-in electric-field effects for high performance Al-ion batteries[J]. Energy & Environmental Science, 2018, 11(11): 3201-3211.

[19] Ramezanalizadeh H, Manteghi F. Synthesis of a novel MOF/CuWO$_4$ heterostructure for efficient photocatalytic degradation and removal of water pollutants[J]. Journal of Cleaner Production, 2018, 172: 2655-2666.

[20] Feng S, Wang R, Feng S, et al. Synthesis of Zr-based MOF nanocomposites for efficient visible-light photocatalytic degradation of contaminants[J]. Research on Chemical Intermediates, 2019, 45(3): 1263-1279.

[21] Du M, Song D, Huang A, et al. Stereoselectively assembled MOF host for self-boosting catalytic synthesis of carbon hybrids[J]. Angewandte Chemie International Edition, 2019, 131: 1-6.

[22] Guo Y, Jin H, Qi Z, et al. Carbonized-MOF as a sulfur host for aluminum-sulfur batteries with enhanced capacity and cycling life[J]. Advanced Functional Materials, 2019, 29: 1807676-1807682.

[23] Hou S, Dong J, Jiang X, et al. A noble-metal-free metal-organic framework (MOF) catalyst for the highly efficient conversion of CO$_2$ with propargylic alcohols[J]. Angewandte Chemie International Edition, 2019, 58(2): 577-581.

[24] Sun X, Shi Y, Zhang W, et al. A new type Ni-MOF catalyst with high stability for selective catalytic reduction of NO$_x$ with NH$_3$[J]. Catalysis Communications, 2018, 114: 104-108.

[25] Rahmanifar M S, Hesari H, Noori A, et al. A dual Ni/Co-MOF-reduced graphene oxide nanocomposite as a high performance supercapacitor electrode material[J]. Electrochimica Acta, 2018, 275: 76-86.

[26] Yang F, Li W, Tang B. Facile synthesis of amorphous UiO-66 (Zr-MOF) for supercapacitor application[J]. Journal of Alloys and Compounds, 2018, 733: 8-14.

[27] Lu B, Chen Y, Li P, et al. Stable radical anions generated from a porous perylenediimide metal-organic framework for boosting near-infrared photothermal conversion[J]. Nature Communications, 2019, 10: 767-775.

[28] Chen F, Wang Y, Guo W, et al. Color-tunable lanthanide metal-organic framework gels[J]. Chemical Science, 2019, 10(6): 1644-1650.

[29] 黄瑾. 橡胶促进剂生产废水处理工艺的研究[D]. 北京: 北京化工大学, 2007.

[30] Song Z, Williams C J, Edyvean R. Treatment of tannery wastewater by chemical coagulation [J]. Desalination, 2004, 164: 249-259.

[31] 严福平. 两段 A/O 工艺处理高氮化工废水研究[D]. 杭州: 浙江大学, 2009.

[32] Gong J, Liu Y, Sun X. O₃ and UV/O₃ oxidation of organic constituents of biotreated municipal wastewater[J]. Water Research, 2008, 42(4-5): 1238-1244.

[33] Gaffney V D J, Cardoso V V, Benoliel M J, et al. Chlorination and oxidation of sulfona mides by free chlorine: identification and behaviour of reaction products by UPLC- MS/MS[J]. Journal of Environmental Management, 2016, 166: 466-477.

[34] Comninellis C, Pulgarin C. Electrochemical oxidation of phenol for wastewater treatment using SnO₂ anodes[J]. Journal of Applied Electrochemistry, 1993, 23(2): 108-112.

[35] 刘会娥, 黄扬帆, 马雁冰, 等. 石墨烯基气凝胶对有机物的饱和吸附能力[J]. 化工学报, 2019, 70(1): 280-289.

[36] 孙杰, 李海燕, 左志军. 化工废水处理技术进展[J]. 武汉科技学院学报, 2001, 4: 7-10.

[37] Muruganandham M, Swaminathan M. Photochemical oxidation of reactive azo dye with UV-H₂O₂ process[J]. Dyes and Pigments, 2004, 62(3): 269-275.

[38] Yuan B, Li X, Graham N. Reaction pathways of dimethyl phthalate degradation in TiO₂-UV-O₂ and TiO₂-UV-Fe(VI) systems[J]. Chemosphere, 2008, 72(2): 197-204.

[39] Kang S F, Liao C H, Po S T. Decolorization of textile wastewater by photo-Fenton oxidation technology[J]. Chemosphere, 2000, 41(8): 1287-1294.

[40] Shemer H, Kunukcu Y K, Linden K G. Degradation of the pharmaceutical Metronidazole via UV, Fenton and photo-Fenton processes[J]. Chemosphere, 2006, 63(2): 269-276.

[41] Hou X, Huang X, Jia F, et al. Hydroxylamine promoted goethite surface Fenton degradati on of organic pollutants[J]. Environmental Science & Technology, 2017, 51 (9): 5118-5126.

[42] Qin Y, Song F, Ai Z, et al. Protocatechuic acid promoted alachlor degradation in Fe(III)/H₂O₂ fenton system[J]. Environmental Science & Technology, 2015, 49(13): 7948- 7956.

[43] Zhang L, Xu D, Hu C, et al. Framework Cu-doped AlPO₄ as an effective Fenton-like catalyst for bisphenol A degradation [J]. Applied Catalysis B: Environmental, 2017, 207: 9-16.

[44] Jin H, Tian X, Nie Y, et al. Oxygen vacancy promoted heterogeneous Fenton-like degradation of ofloxacin at pH 3.2-9.0 by Cu substituted magnetic Fe₃O₄@FeOOH nanocomposite[J]. Environmental Science & Technology, 2017, 51(21): 12699-12706.

[45] Zhang Y, He J, Shi R, et al. Preparation and photo Fenton-like activities of high crystalline CuO fibers[J]. Applied Surface Science, 2017, 422: 1042-1051.

[46] Huang X, Ren Z B, Zheng X H, et al. A facile route to batch synthesis CuO hollow microspheres with excellent gas sensing properties[J]. Journal of Materials Science: Materials in Electronics, 2018, 29(7): 5969-5974.

[47] Li R, Liu X, Wang H, et al. Sandwich nanoporous framework decorated with vertical CuO nanowire arrays for electrochemical glucose sensing[J]. Electrochimica Acta, 2019, 299: 470-478.

[48] Wu R, Qian X, Yu F, et al. MOF-templated formation of porous CuO hollow octahedra for lithium-ion battery anode materials[J]. Journal of Materials Chemistry A, 2013, 1(37): 111 26-11129.

[49] He T, Ni B, Zhang S, et al. Ultrathin 2D zirconium metal-organic framework nano-sheets: preparation and application in photocatalysis[J]. Small, 2018, 14: 1703929-170393 5.

[50] Mo Q, Wei J, Jiang K, et al. Hollow alpha-Fe₂O₃ nanoboxes derived from metal organic

frameworks and their superior ability for fast extraction and magnetic separation of trace Pb^{2+}[J]. ACS Sustainable Chemistry & Engineering, 2017, 5(2): 1476-1484.

[51] Liu J, Wu C, Xiao D, et al. MOF-Derived hollow Co_9S_8 nanoparticles embedded in graphitic carbon nanocages with superior Li-ion storage[J]. Small, 2016, 12(17): 2354-2 364.

[52] Kijima T, Yoshimura T, Uota M, et al. Noble-metal nanotubes (Pt, Pd, Ag) from lyotropic mixed-surfactant liquid-crystal templates[J]. Angewandte Chemie International Edition, 2004, 43(2): 228-232.

[53] Hu M, Ju Y, Liang K, et al. Void engineering in metal-organic frameworks via synergistic etching and surface functionalization[J]. Advanced Functional Materials, 2016, 26(32): 5827-5834.

[54] Han L, Yu X, Lou X W D. Formation of Prussian-blue-analog nanocages via a direct etching method and their conversion into Ni-Co-mixed oxide for enhanced oxygen evolution[J]. Advanced Materials, 2016, 28(23): 4601-4605.

[55] Hu M, Belik A A, Imura M, et al. Tailored design of multiple nanoarchitectures in metal-cyanide hybrid coordination polymers[J]. Journal of the American Chemical Society, 2013, 135(1): 384-391.

[56] Xiong D, Li X, Bai Z, et al. Recent advances in layered $Ti_3C_2T_x$ mXene for electroche- mical energy storage[J]. Small, 2018, 14: 1703419-1703448.

[57] Zhan G, Zeng H C. Synthesis and functionalization of oriented metal-organic-frame work nanosheets: toward a series of 2D catalysts[J]. Advanced Functional Materials, 2016, 26 (19): 3268-3281.

[58] Wu S, Zhuang G, Wei J, et al. Shape control of core-shell MOF@MOF and derived MOF nanocages via ion modulation in a one-pot strategy[J]. Journal of Materials Chemistry A, 2018, 6(37): 18234-18241.

[59] Hu M, Jiang J, Zeng Y. Prussian blue microcrystals prepared by selective etching and their conversion to mesoporous magnetic iron(III) oxides[J]. Chemical Communications, 2010, 46 (7): 1133-1135.

[60] Shu Y, Yan Y, Chen J, et al. Ni and NiO nanoparticles decorated metal-organic framework nanosheets: facile synthesis and high-performance nonenzymatic glucose detection in human serum[J]. ACS Applied Materials & Interfaces, 2017, 9(27): 22342-2 349.

[61] Chui S, Lo S, Charmant J, et al. A chemically functionalizable nanoporous material $[Cu_3(TMA)_2(H_2O)_3]_n$[J]. Science, 1999, 283(5405): 1148-1150.

[62] Ning Y, Lou X, Li C, et al. Ultrathin cobalt-based metal-organic framework nanosheets with both metal and ligand redox activities for superior lithium storage[J]. Chemistry-A European Journal, 2017, 23(63): 15984-15990.

[63] Lin S, Song Z, Che G, et al. Adsorption behavior of metal-organic frameworks for methylene blue from aqueous solution[J]. Microporous and Mesoporous Materials, 2014, 193: 27- 34.

[64] Lin K, Adhikari A K, Ku C, et al. Synthesis and characterization of porous HKUST-1 metal organic frameworks for hydrogen storage[J]. International Journal of Hydrogen Energy, 2012, 37(18): 13865-13871.

[65] Chen H, Wang L, Yang J, et al. Investigation on hydrogenation of metal-organic frameworks

HKUST-1, MIL-53, and ZIF-8 by hydrogen spillover[J]. Journal of Physical Chemistry C, 2013, 117(15): 7565-7576.

[66] Qiu L, Xu T, Li Z, et al. Hierarchically micro- and mesoporous metal-organic framework with tunable porosity[J]. Angewandte Chemie International Edition, 2008, 47(49): 9487-9491.

[67] Han L, Yu T, Lei W, et al. Nitrogen-doped carbon nanocones encapsulating with nickel-cobalt mixed phosphides for enhanced hydrogen evolution reaction[J]. Journal of Materials Chemistry A, 2017, 5(32): 16568-16572.

[68] Chu C, Huang M H. Facet-dependent photocatalytic properties of Cu_2O crystals probed by using electron, hole and radical scavengers[J]. Journal of Materials Chemistry A, 2017, 5 (29):15116-15123.

[69] Guo S, Jiang Y, Li L, et al. Thin CuO_x-based nanosheets for efficient phenol removal benefitting from structural memory and ion exchange of layered double oxides[J]. Journal of Materials Chemistry A, 2018, 6(9): 4167-4178.

[70] Wang Q, Wang B, Ma Y, et al. Enhanced superoxide radical production for ofloxacin removal via persulfate activation with Cu-Fe oxide[J]. Chemical Engineering Journal, 2018, 354: 473-480.

[71] Lei Y, Chen C, Tu Y, et al. Heterogeneous degradation of organic pollutants by persulfate activated by $CuO-Fe_3O_4$: mechanism, stability, and effects of pH and bicarbonate Ions[J]. Environmental Science & Technology, 2015, 49(11): 6838-6845.

[72] Zhang H, Guo L, Wang D, et al. Light-induced efficient molecular oxygen activation on a Cu(II)-grafted TiO_2/Graphene photocatalyst for phenol degradation[J]. ACS Applied Materials & Interfaces, 2015, 7(3):1816-1823.

[73] Zhang T, Chen Y, Wang Y, et al. Efficient peroxydisulfate activation process not relying on sulfate radical generation for water pollutant degradation[J]. Environmental Science & Technology, 2014, 48(10): 5868-5875.

[74] Hai Z, El Kolli N, Uribe D B, et al. Modification of TiO_2 by bimetallic Au-Cu nanoparticles for wastewater treatment[J]. Journal of Materials Chemistry A, 2013, 1(36): 10829-10835.

[75] Chen Y, Yan J, Ouyang D, et al. Heterogeneously catalyzed persulfate by CuMgFe layered double oxide for the degradation of phenol[J]. Applied Catalysis A: General, 2017, 538: 19- 26.

[76] Khan A, Liao Z, Liu Y, et al. Synergistic degradation of phenols using peroxymonosulfate activated by $CuO-Co_3O_4@MnO_2$ nanocatalyst[J]. Journal of Hazardous Materials, 2017, 329: 262-271.

[77] Sarmah K, Pratihar S. Synthesis, characterization, and photocatalytic application of iron oxalate capped Fe, Fe-Cu, Fe-Co, and Fe-Mn oxide nanomaterial[J]. ACS Sustainable Chemistry & Engineering, 2017, 5(1): 310-324.

[78] Chen H, Xu Y. Cooperative effect between cation and anion of copper phosphate on the photocatalytic activity of TiO_2 for phenol degradation in aqueous suspension[J]. Journal of Physical Chemistry C, 2012, 116(46): 24582-24589.

[79] Shah Z H, Wang J, Ge Y, et al. Highly enhanced plasmonic photocatalytic activity of Ag/AgCl/TiO_2 by CuO co-catalyst[J]. Journal of Materials Chemistry A, 2015, 3(7): 3568- 3575.

[80] Zhong X, Lu Y, Luo F, et al. A Nanocrystalline POM@MOFs catalyst for the degradation of

phenol: effective cooperative catalysis by metal nodes and POM guests[J]. Chemistry A European Journal, 2018, 24(12): 3045-3051.

[81] Huang K, Xu Y, Wang L, et al. Heterogeneous catalytic wet peroxide oxidation of simulated phenol wastewater by copper metal-organic frameworks[J]. RSC Advances, 2015, 5(41): 32795-32803.

[82] Qin F, Jia S, Liu Y, et al. Metal-organic framework as a template for synthesis of magnetic CoFe$_2$O$_4$ nanocomposites for phenol degradation[J]. Materials Letters, 2013, 101: 93-95.

[83] Xiao Y, Hwang J, Belharouak I, et al. Superior Li/Na-storage capability of a carbon-free hierarchical CoS$_x$ hollow nanostructure[J]. Nano Energy, 2017, 32: 320-328.

[84] Joo J B, Vu A, Zhang Q, et al. A Sulfated ZrO$_2$ hollow nanostructure as an acid catalyst in the dehydration of fructose to 5-hydroxymethylfurfural[J]. ChemSusChem, 2013, 6: 2001-2008.

[85] Sun X M, Liu J F, Li Y D. Use of carbonaceous polysaccharide microspheres as templates for fabricating metal oxide hollow spheres[J]. Chemistry-A European Journal, 2006, 12(7): 2039-2047.

[86] Zou F, Hu X, Li Z, et al. MOF-derived porous ZnO/ZnFe$_2$O$_4$/C octahedra with hollow interiors for high-rate lithium-ion batteries[J]. Advanced Materials, 2014, 26(38): 6622-6628.

[87] Chaikittisilp W, Ariga K, Yamauchi Y. A new family of carbon materials: synthesis of MOF-derived nanoporous carbons and their promising applications[J]. Journal of Materials Chemistry A, 2013, 1(1): 14-19.

[88] Li W, Wu X, Li S, et al. Magnetic porous Fe$_3$O$_4$/carbon octahedra derived from iron-based metal-organic framework as heterogeneous Fenton-like catalyst[J]. Applied Surface Science, 2018, 436: 252-262.

[89] Sachse A, Ameloot R, Coq B, et al. In situ synthesis of Cu-BTC (HKUST-1) in macro- mesoporous silica monoliths for continuous flow catalysis[J]. Chemical Communications, 2012, 48(39): 4749-4751.

[90] Hu J, Cai H, Ren H, et al. Mixed-matrix membrane hollow fibers of Cu$_3$(BTC)$_2$ MOF and polyimide for gas separation and adsorption[J]. Industrial & Engineering Chemistry Research, 2010, 49(24): 12605-12612.

[91] Prestipino C, Regli L, Vitillo J G, et al. Local structure of framework Cu(II) in HKUST-1 metallorganic framework: spectroscopic characterization upon activation and interaction with adsorbates[J]. Chemistry of Materials, 2006, 18(5): 1337-1346.

[92] Samarasekara P, Karunarathna P G D C, Weeramuni H P, et al. Electrical properties of spin coated Zn doped CuO films[J]. Materials Research Express, 2018, 5: 066418-066426.

[93] Yang M, Zhu J J. Spherical hollow assembly composed of Cu$_2$O nanoparticles[J]. Journal of Crystal Growth, 2003, 256(1-2): 134-138.

[94] Shen J, Rao C, Fu Z, et al. The influence on the structural and redox property of CuO by using different precursors and precipitants for catalytic soot combustion[J]. Applied Surface Science, 2018, 453: 204-213.